北極がなくなる日

A Farewell to Ice
A Report from the Arctic

ピーター・ワダムズ【著】Peter Wadhams

【日本語版監修】
榎本浩之［国立極地研究所教授］
武藤崇恵【訳】

原書房

［1］1970 年 8 月、アラスカの北岸を進むカナダの海洋調査船〈ハドソン〉号。周囲を多年氷に囲まれている。（ヘリコプターから撮影）

［2］ボーフォート海南の典型的なはちの巣氷。2014 年 8 月、米国沿岸警備隊船〈ヒーリー〉号での遠征調査中に観測した。

［3］ グリーンランド海の氷煙で覆われた冬期の水路。

［4］ 滑らかな一年氷が雪に覆われている、典型的な冬景色。氷の厚さは1メートルから1.5メートル。右手にある再凍結した水路は、外観も厚さも周囲の氷と相違はない。こうした光景は現在の北極ではよく目にする。

[5&6]（上）2003 年冬、遠征調査中に北極海スバールバル諸島の北にあるイェルマク海台でキャンプをした。翌朝氷にできた水路。（下）その後数時間で水路は急速に大きく成長した。テントと比較するとその規模が理解できる。

[7]2007年4月、ボーフォート海の一週間前に形成された氷丘脈。

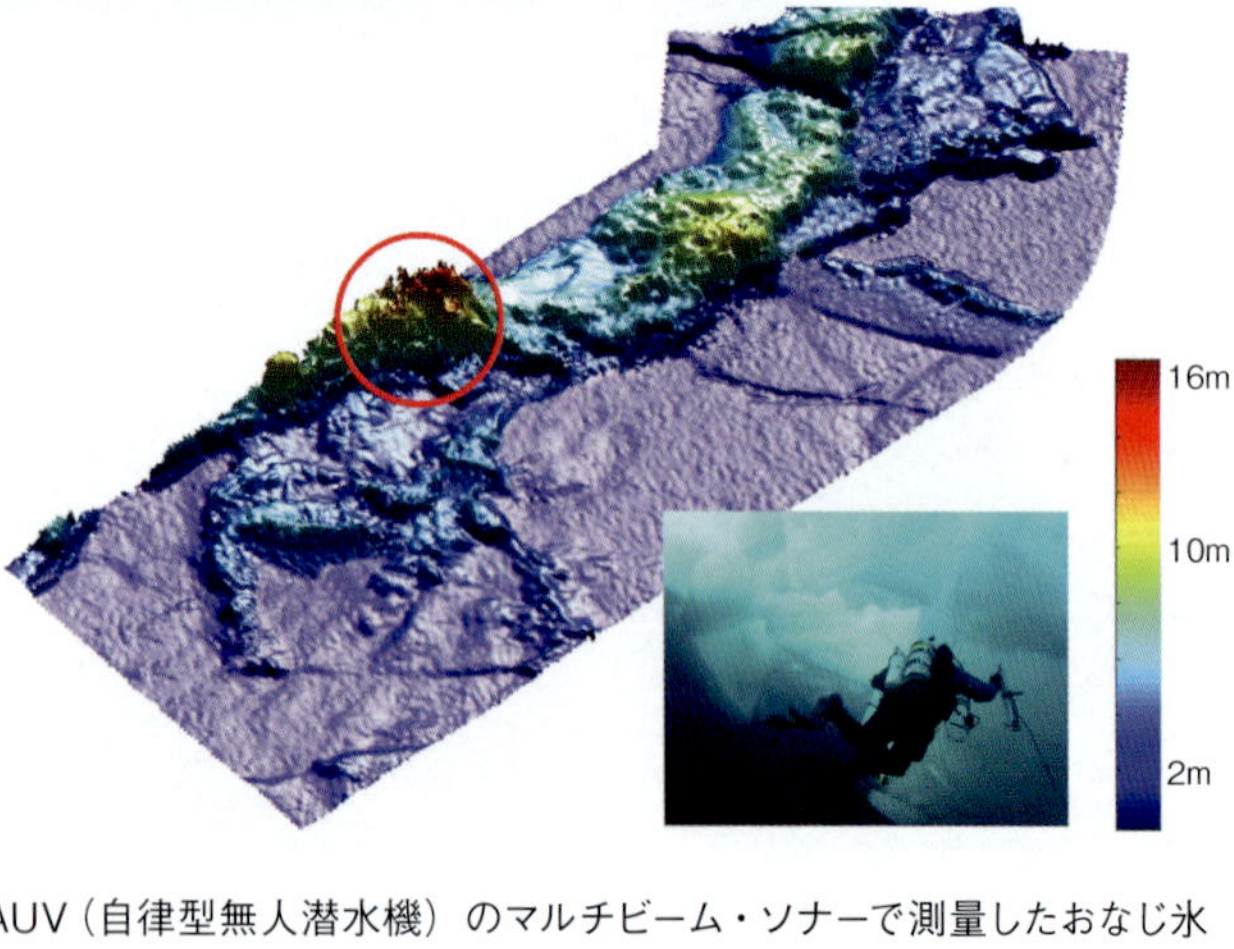

[8] 小型AUV(自律型無人潜水機)のマルチビーム・ソナーで測量したおなじ氷丘脈。カラー・スケールは1メートル単位で色分けしてある。赤い円で囲んだ部分はダイバーがいた場所。(差し込み図を参照)

[9] 2012 年 7 月、グリーンランド海を漂流していたスタムーハ。てっぺんに見える黄色の機材は、全体のトポグラフ撮影に使用した。

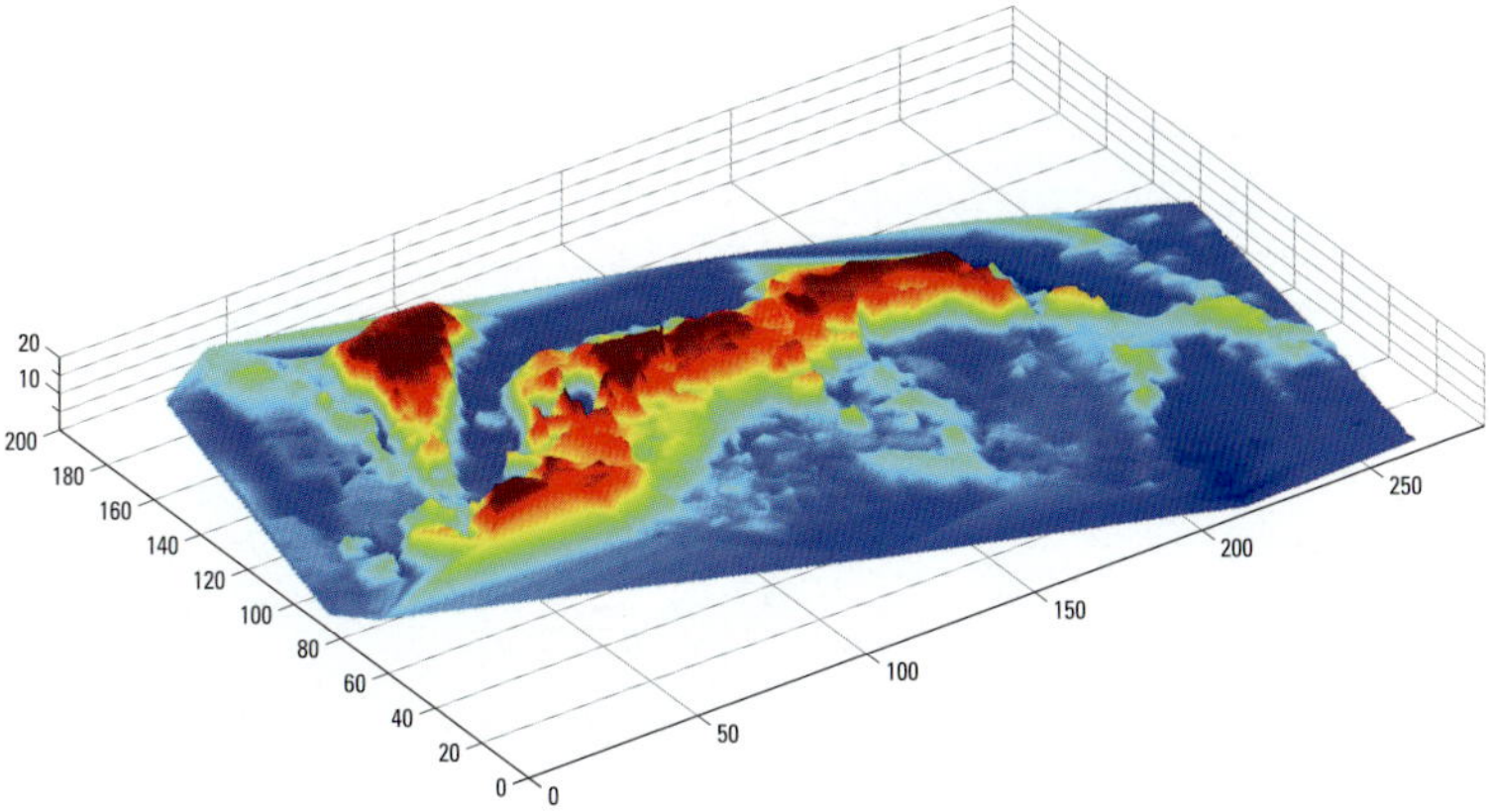

[10] 2007 年 3 月、英国海軍の潜水艦〈タイヤレス〉号のマルチビーム・ソナーで測量した多年氷の氷丘脈。目盛の単位はメートル。

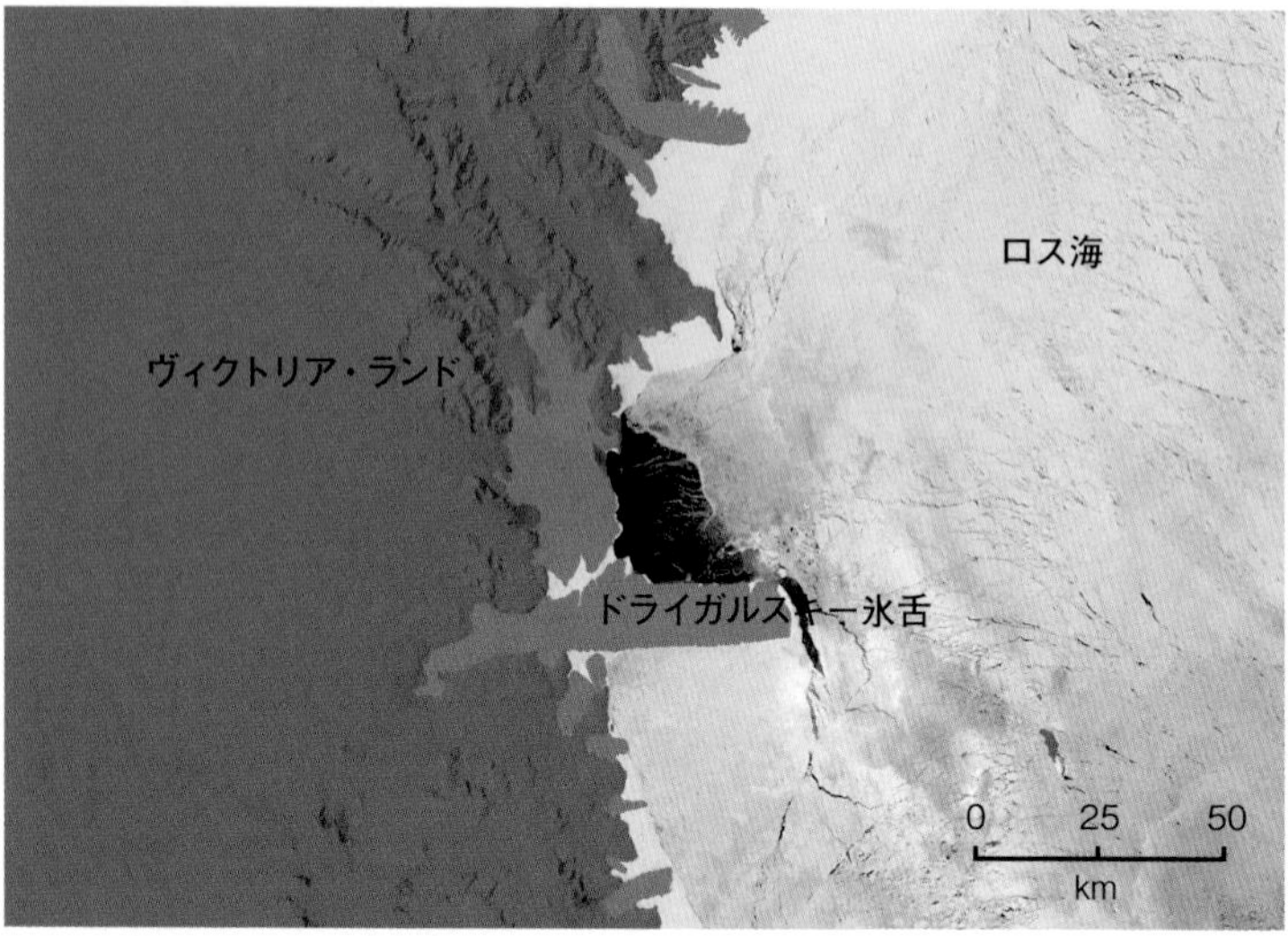

［11］2014 年 10 月、ロス海テラ・ノヴァ湾のポリニア。ポリニアの開水域は黒っぽく、周辺の棚氷から吹きつける滑降風が運んでくる雲の筋は白く見えている。

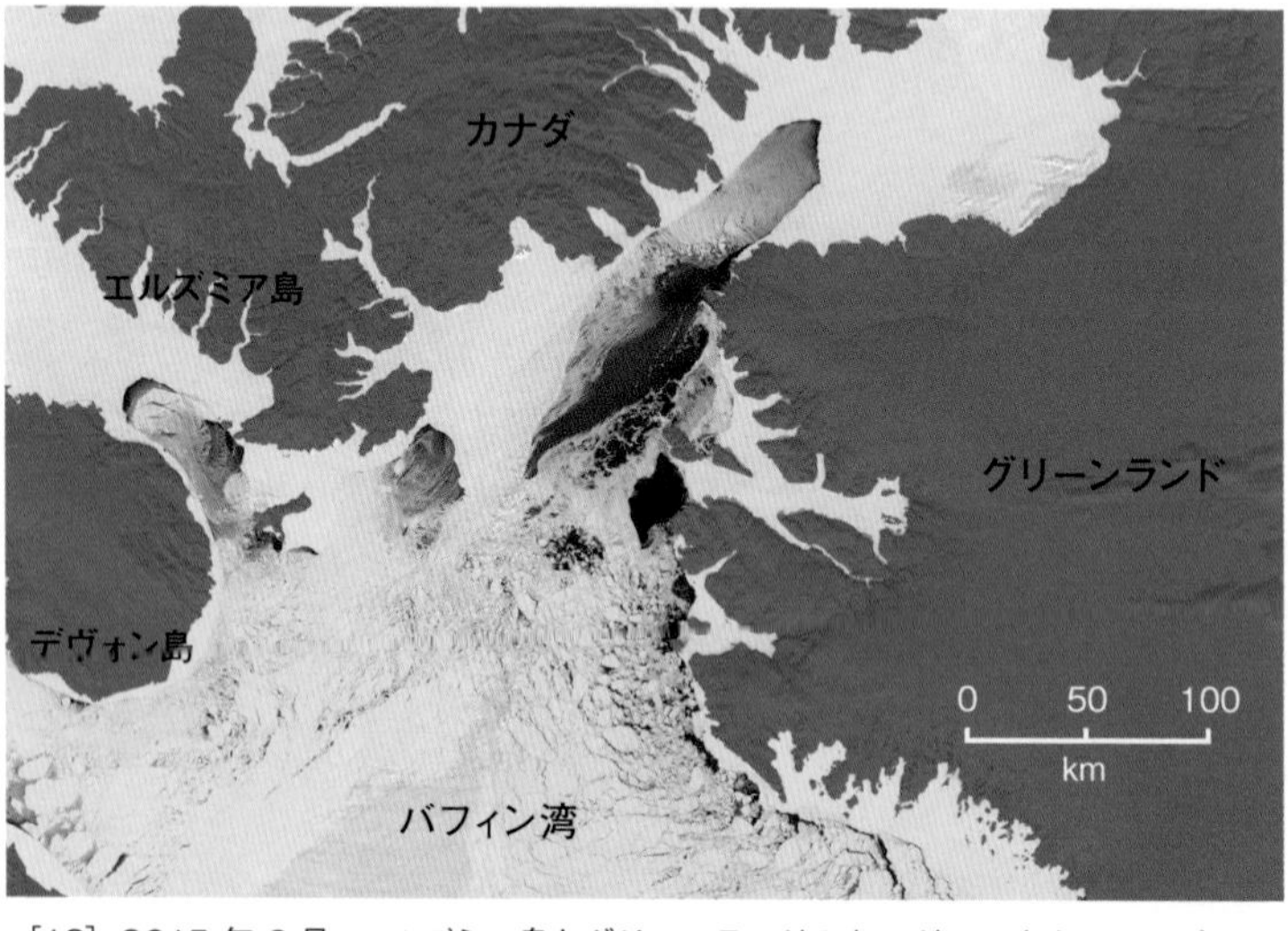

［12］2015 年 3 月、エルズミア島とグリーンランドのあいだにできたノース・ウォーター・ポリニア。

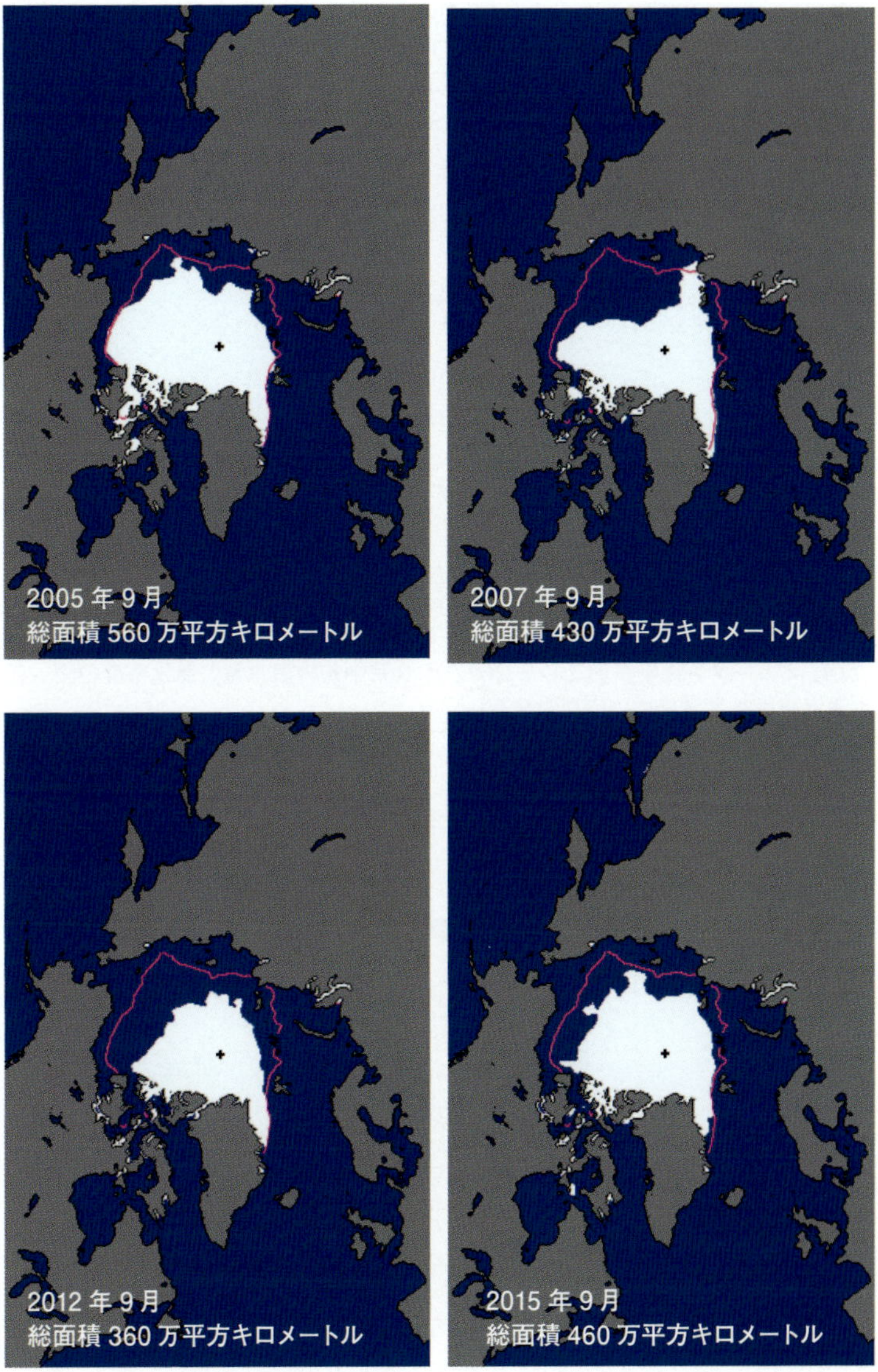

［13］北極海の海氷面積。それぞれ 2005 年、2007 年、2012 年、2015 年の 9 月計測。ピンクの線は（過去）長期間の 9 月の海氷面積の中央値。

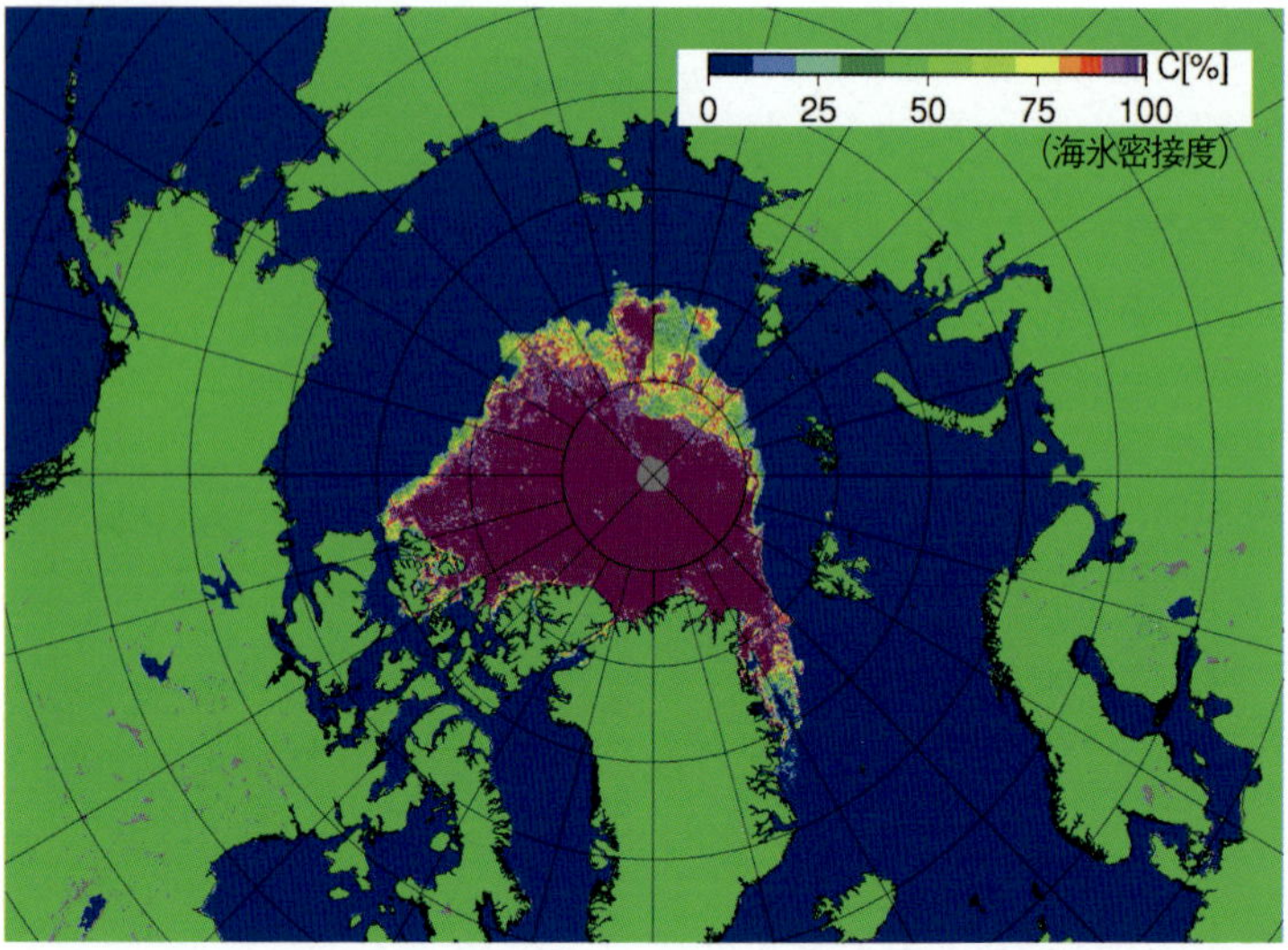

［14］ブレーメン大学が加工した2012年9月中旬の海氷量と海氷密度の図。端は海氷密度が非常に低いのがわかる。

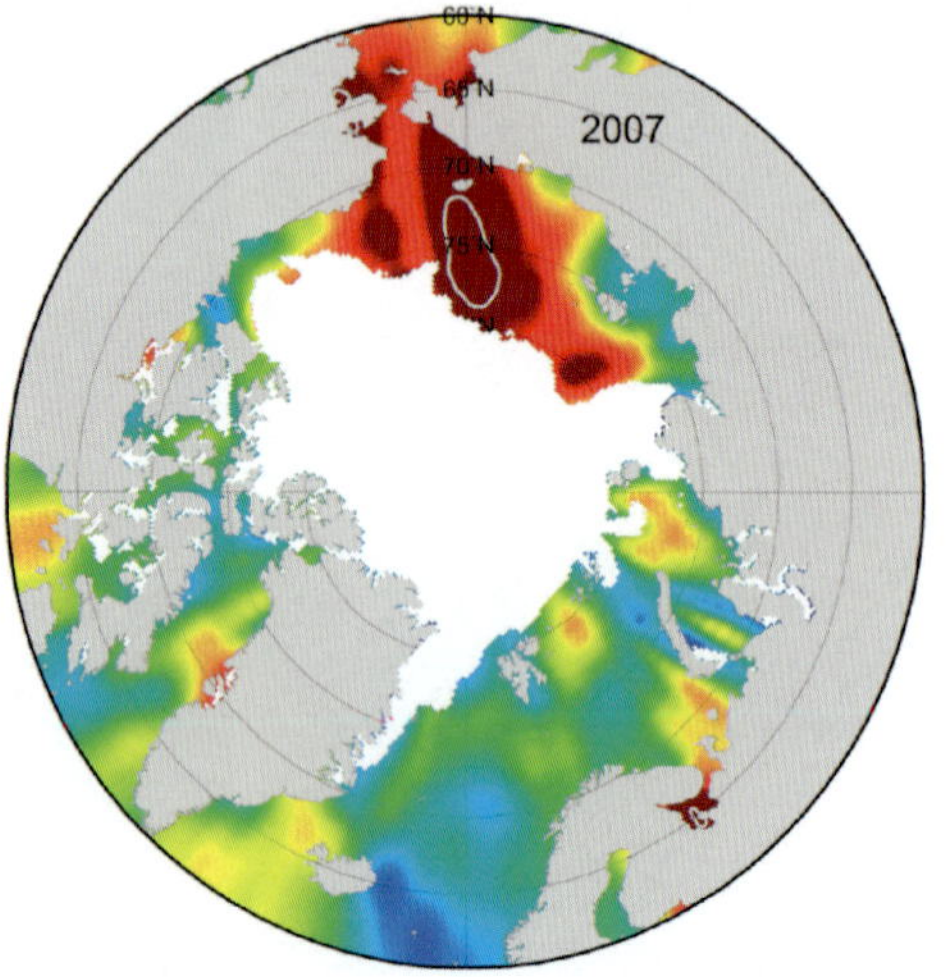

［15］ 2007年夏期のシベリア北の大陸棚上の海面水温の等温線。

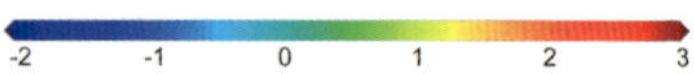

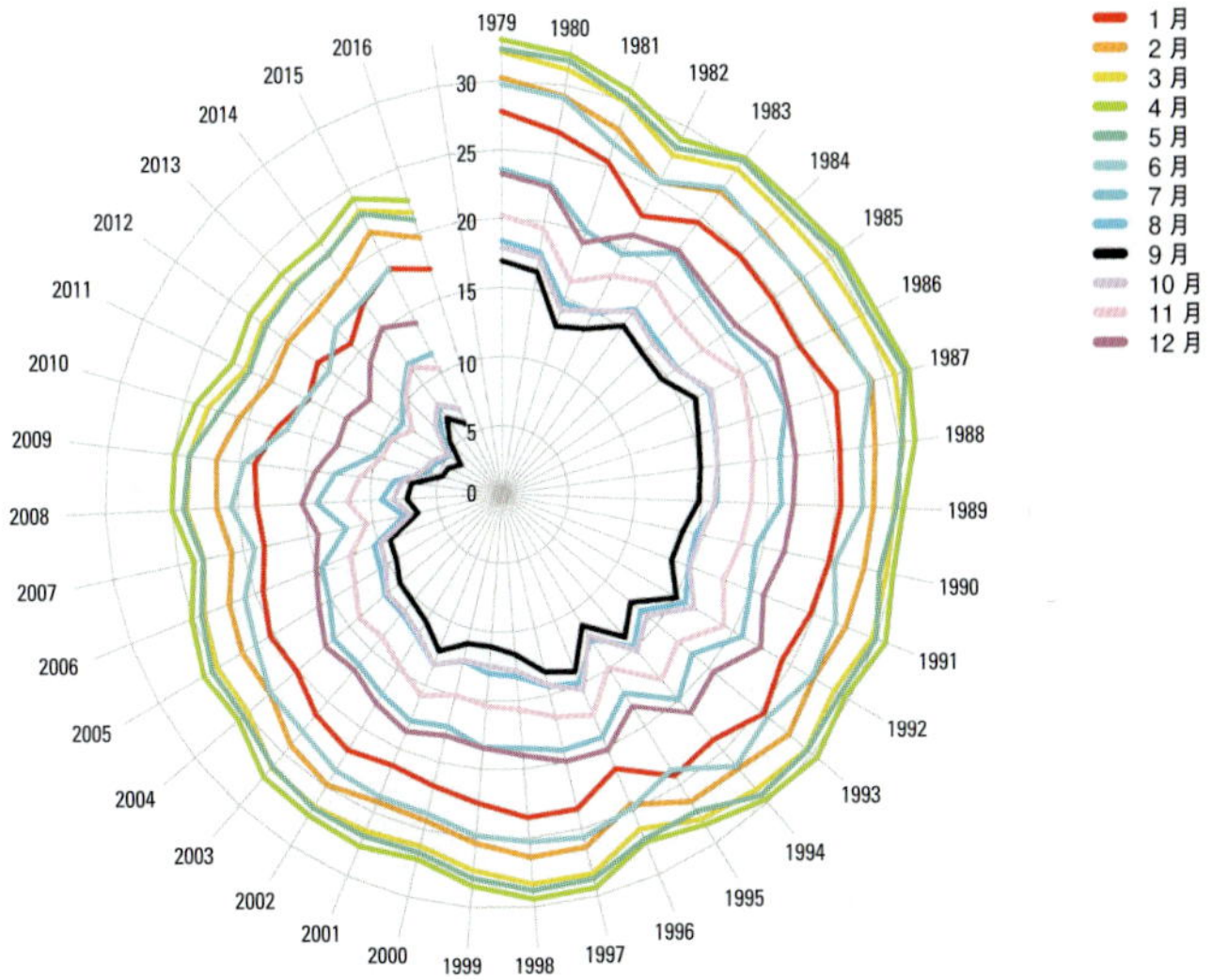

［16］「北極海の死のスパイラル」。北極調査地域における1979年以降の毎年月ごとの海氷量。減少する海氷量がグラフの中心にむかうスパイラルに見える。（PIOMASによる北極海氷体積（10^3km^3））

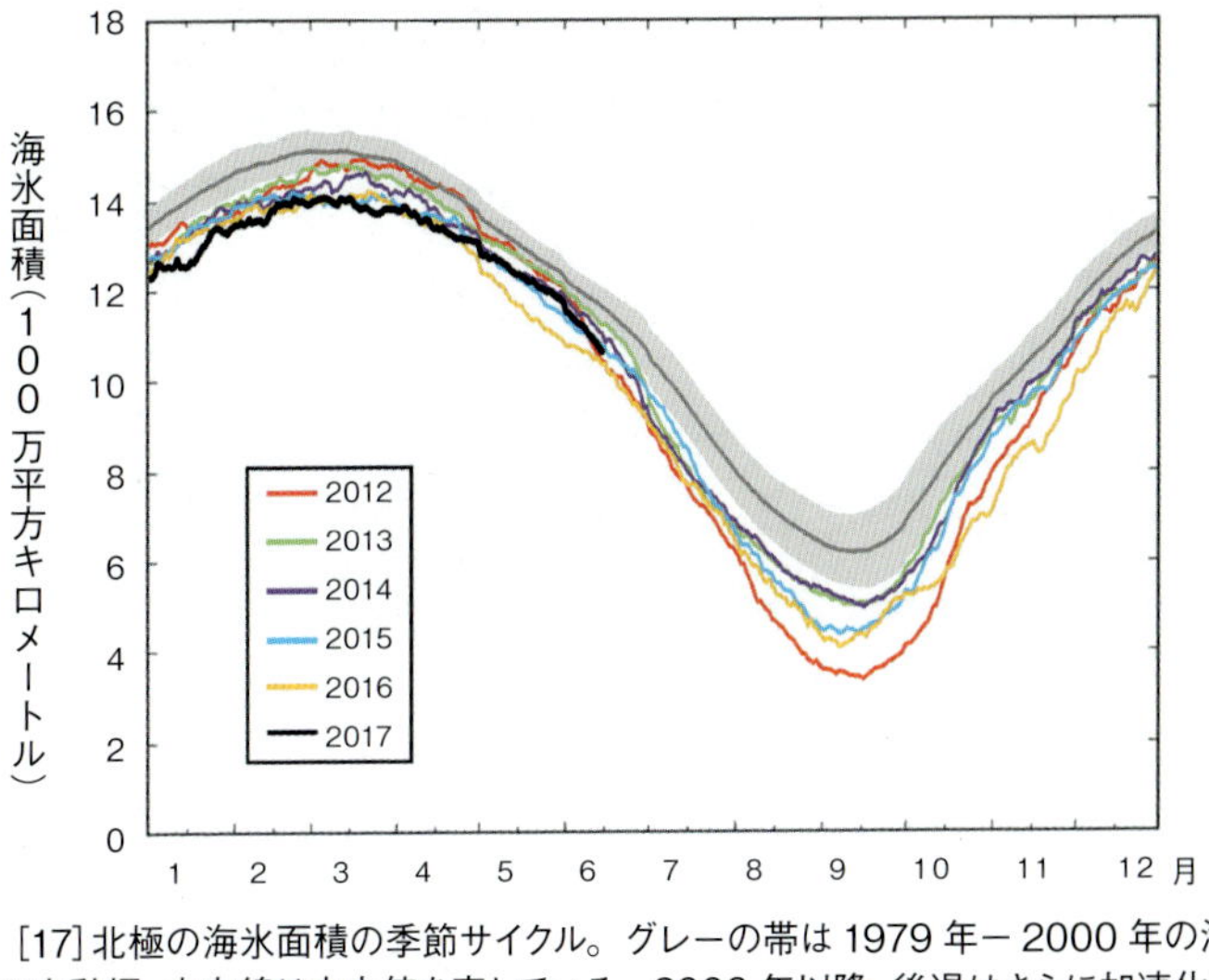

［17］北極の海氷面積の季節サイクル。グレーの帯は1979年－2000年の海氷量の変動幅、中央線は中央値を表している。2000年以降、後退はさらに加速化した。

［18］北極海の夏期海氷の融解水のパドル。なかには融解が進んで底なしパドルとなるものもある。

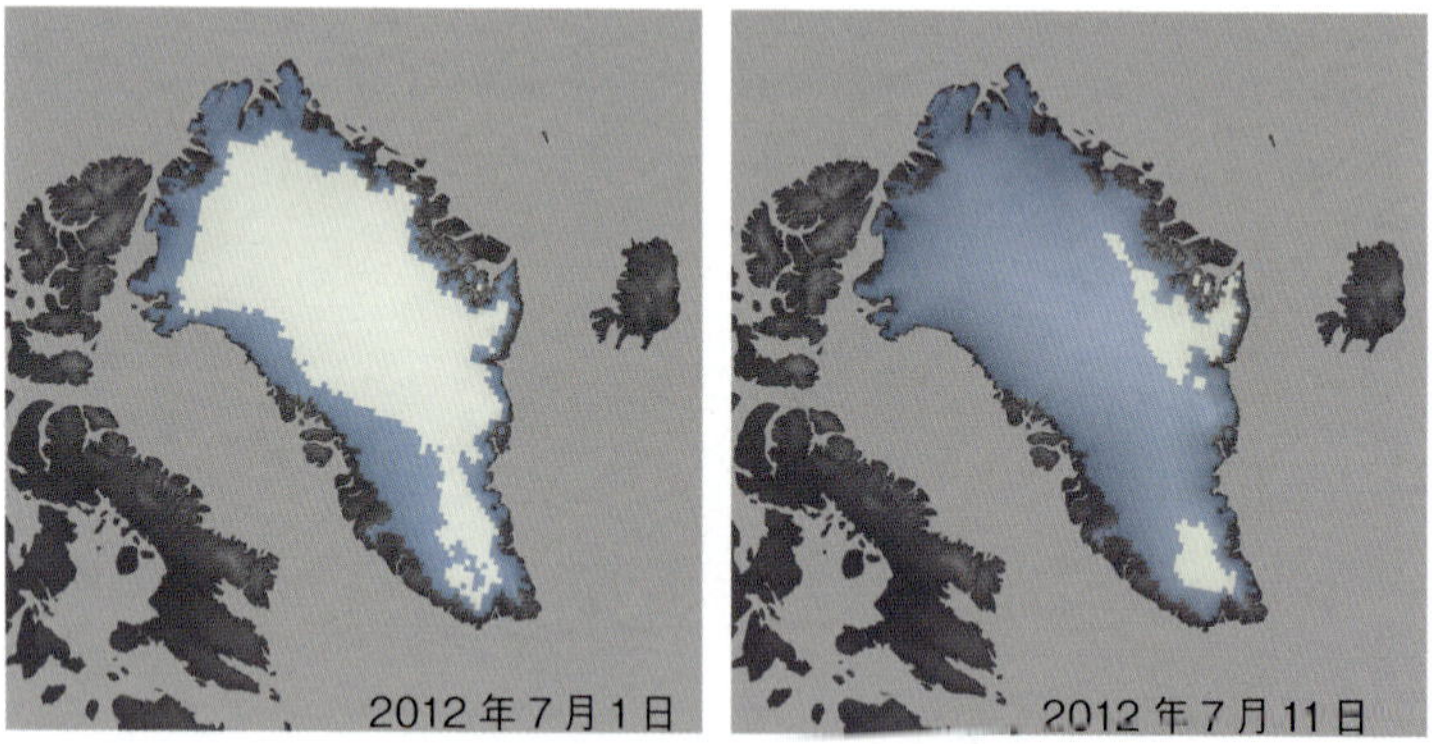

［19］ 2012 年 7 月に急速に融解が進んだグリーンランド氷床の表面。人工衛星が湿っていると感知した部分は青く示している。

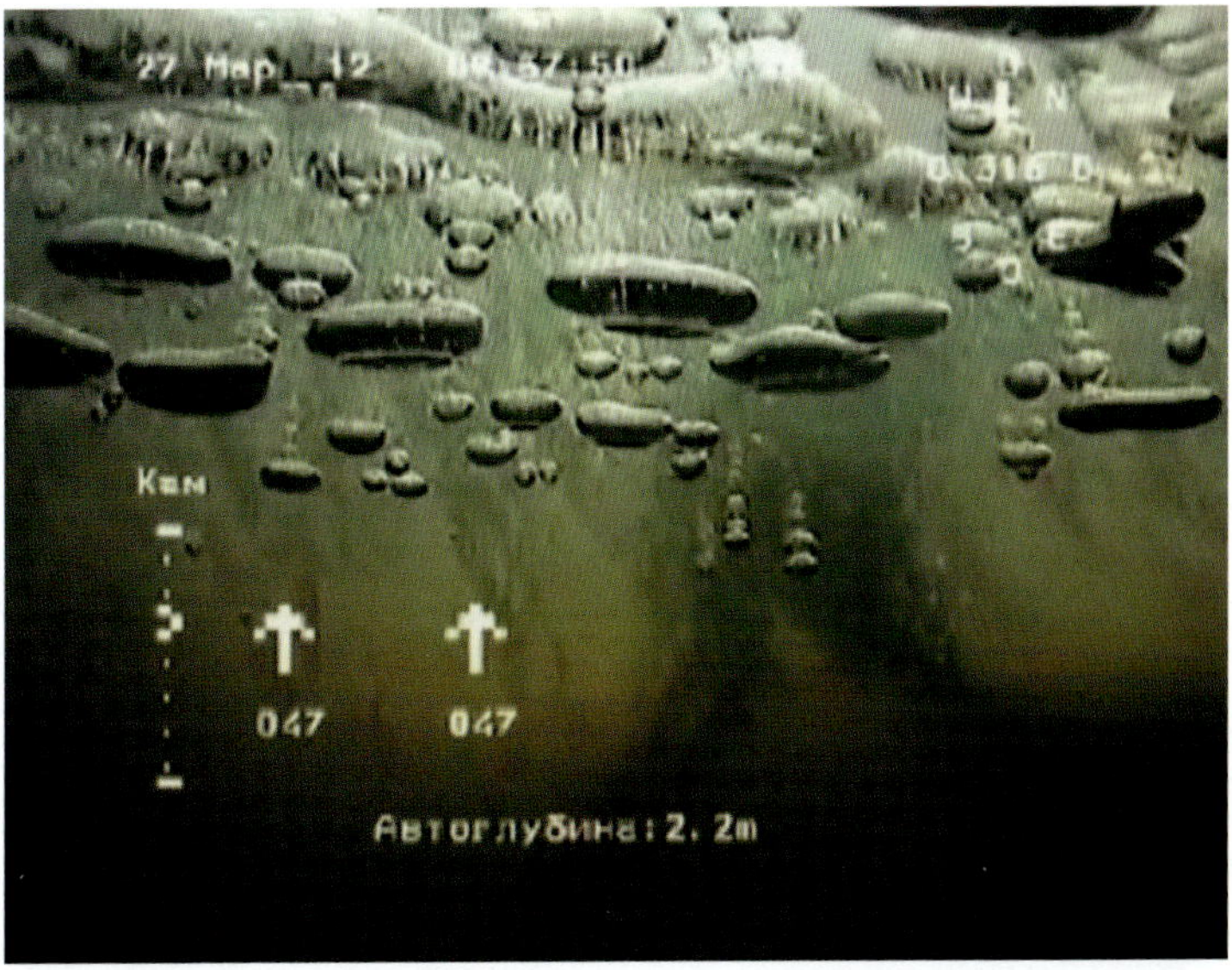

［20］海氷の下にぶつかって平らになったメタンガスの気泡。背景にかすかに見える海氷の厚さは 2.2 メートル。

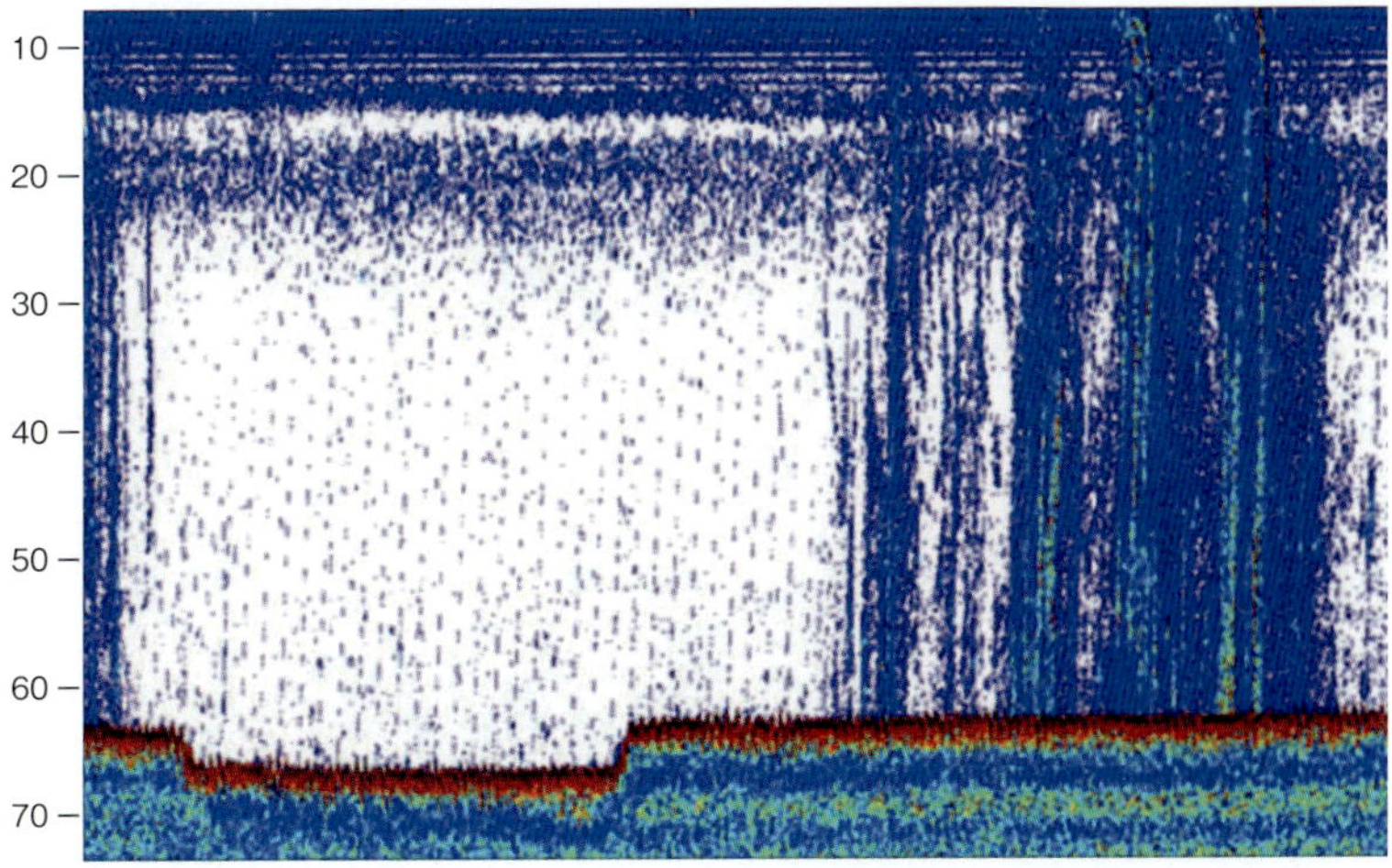

［21］東シベリア海大陸棚の水深70メートルの場所から立ちのぼる気泡プルーム。ソナーが感知した。

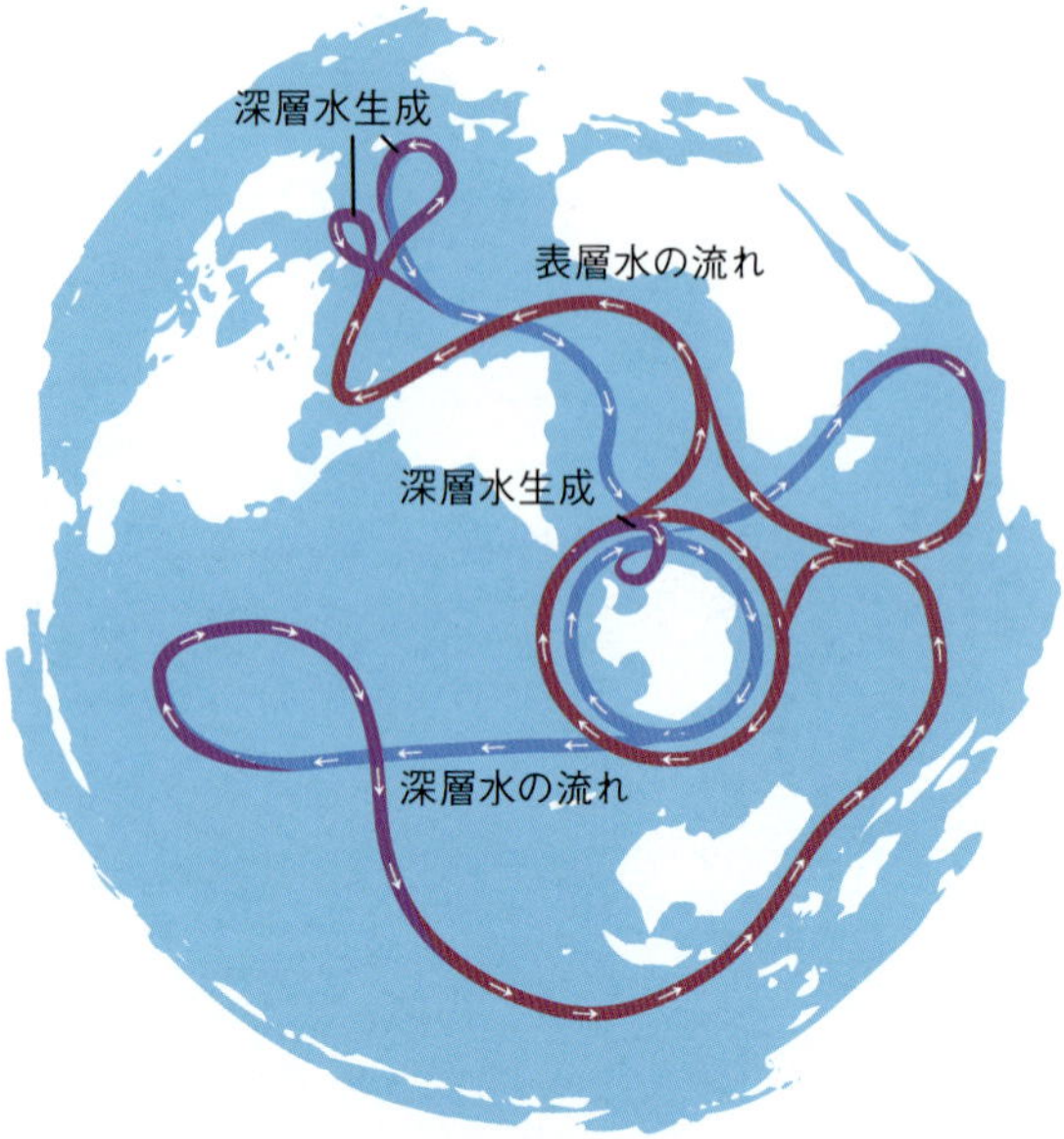

［22］世界規模の熱塩循環、別名〝世界規模のコンベヤー・ベルト〟は表層水と深層水の流れと深層水が生成される場所を表している。

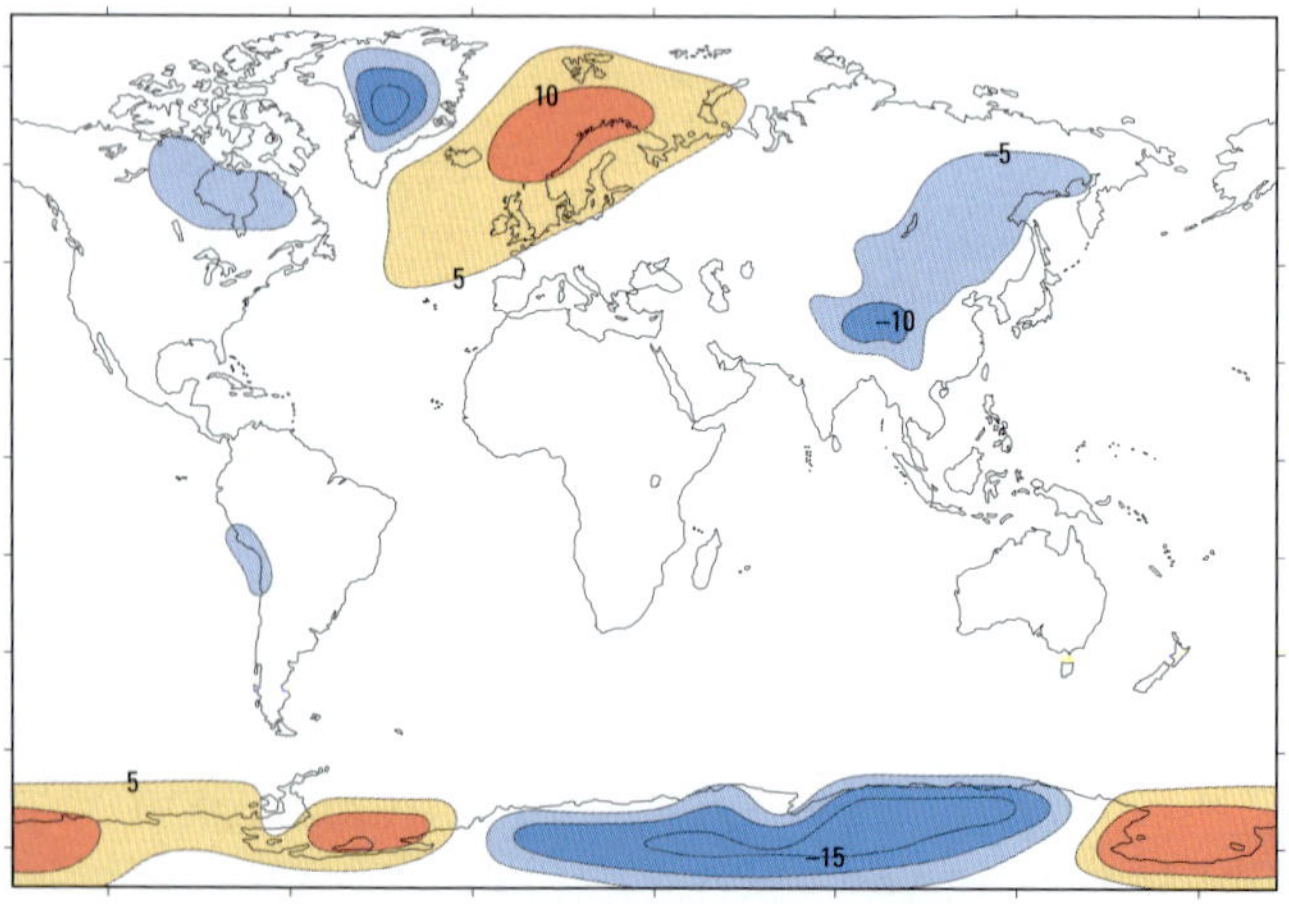

［23］世界の気温偏差の等温線。1999 年の帯状平均（その緯度の平均気温）と各所気温を比較したもの。北部と西部ヨーロッパの温暖な偏差は、メキシコ湾流と大西洋の熱塩循環が運びこむ暖かい海水が原因だ。

[24] グリーンランド海中央、オッデン氷舌の蓮葉氷。古くて分厚い蓮葉氷のサンプルを船から採取している。

[25]形成されて間もない薄い蓮葉氷はブイを利用して調査する。

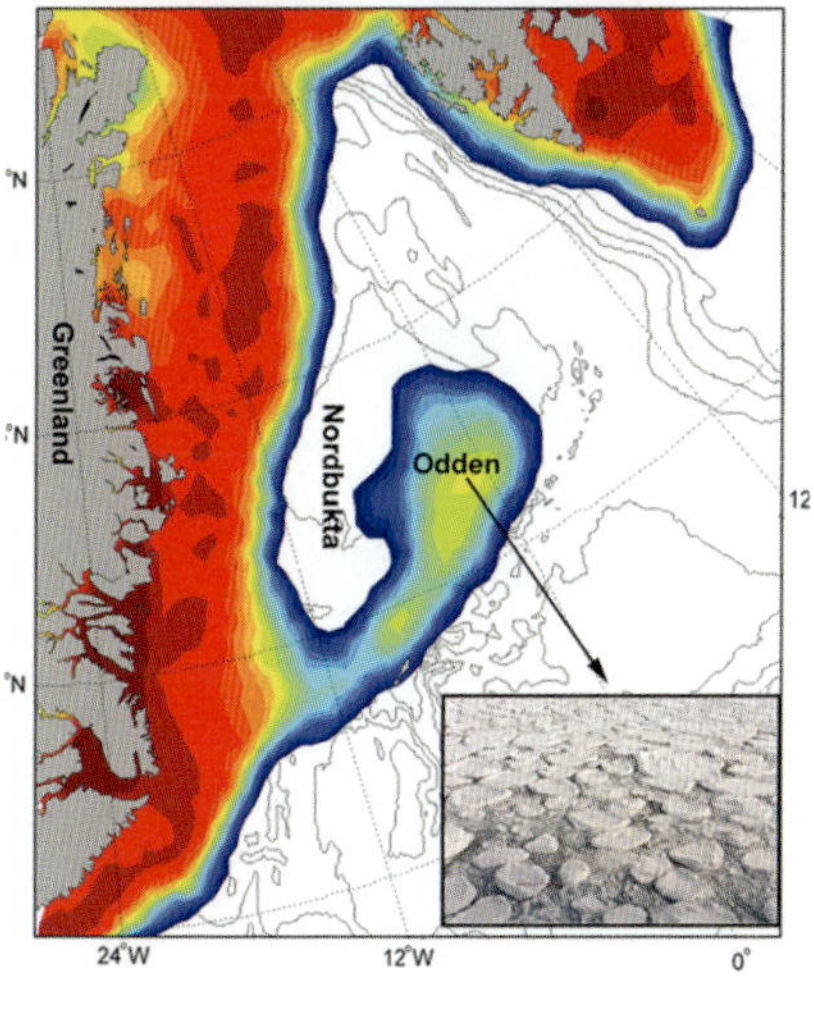

[26] 1997年冬期のオッデン氷舌。赤色は北極海から流されてきた重量級の極地氷。青色と黄色はグリーンランド海で形成された若い氷で、オッデン氷舌では蓮葉氷となる（差し込み図を参照）。

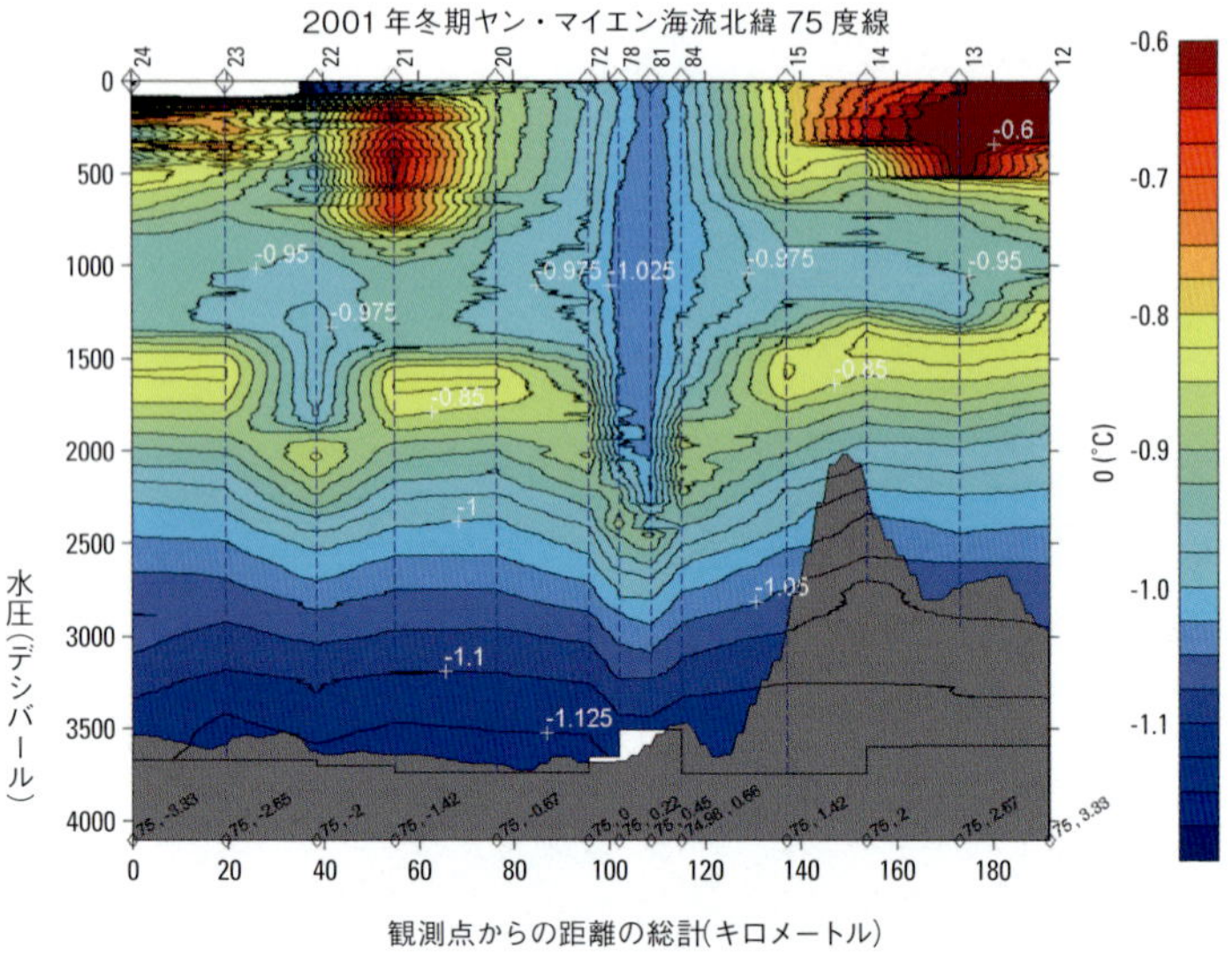

[27] 図28のチムニーの断面図の水温分布。左手に小さいチムニーも見える(デシバールで表す水圧はメートルで表す水深とほぼ同義である)。

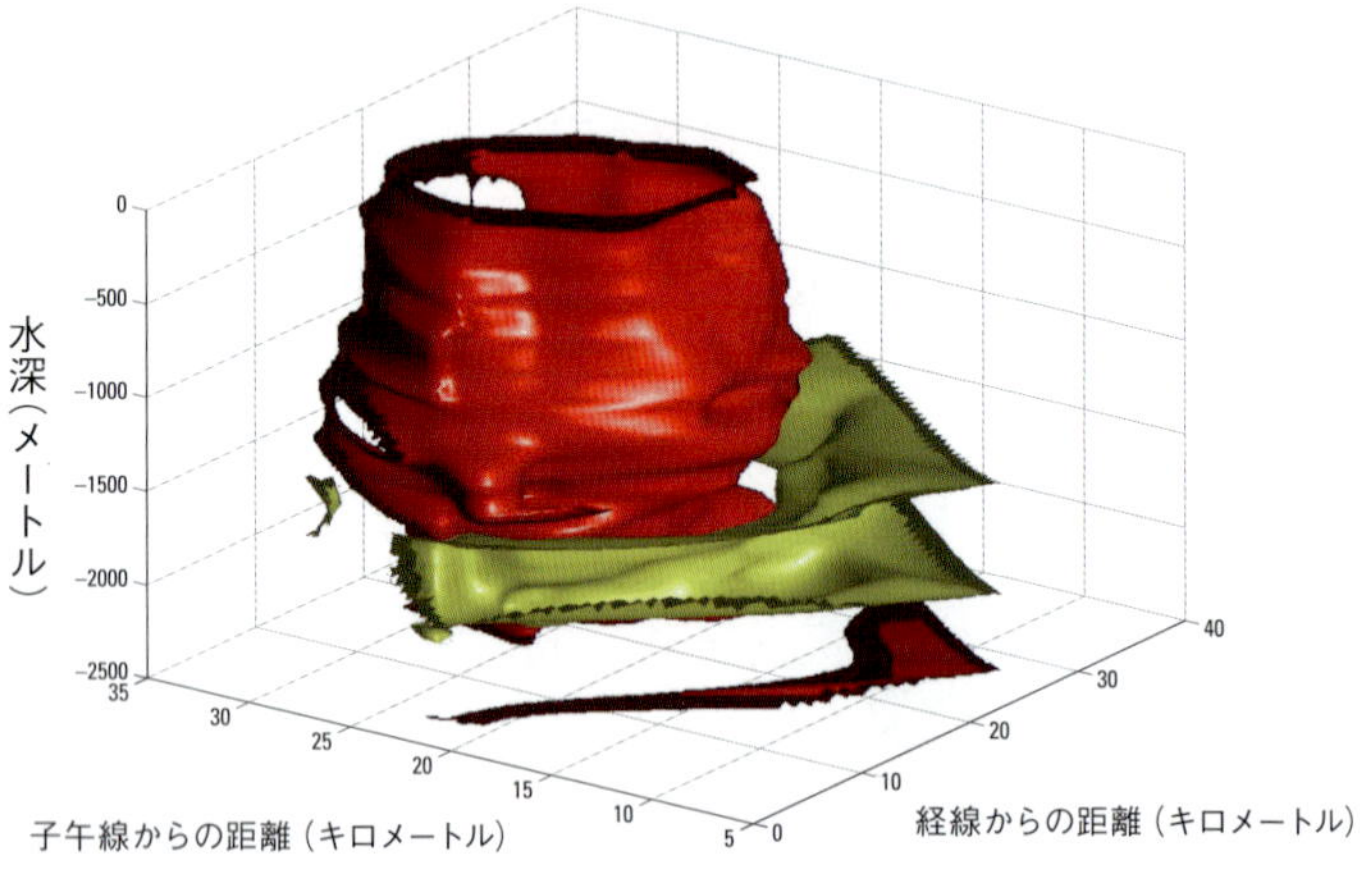

[28] グリーンランド海冬期のチムニーの温度構成。チムニー・ポットの形はマイナス1度の輪郭をトレースしたもの。完璧な円柱構造を保ち、かなりの距離(2500メートル)を沈降することに着目したい(黄色はわずかに温度が高いマイナス0.9度の層で、それを通り抜けている)。

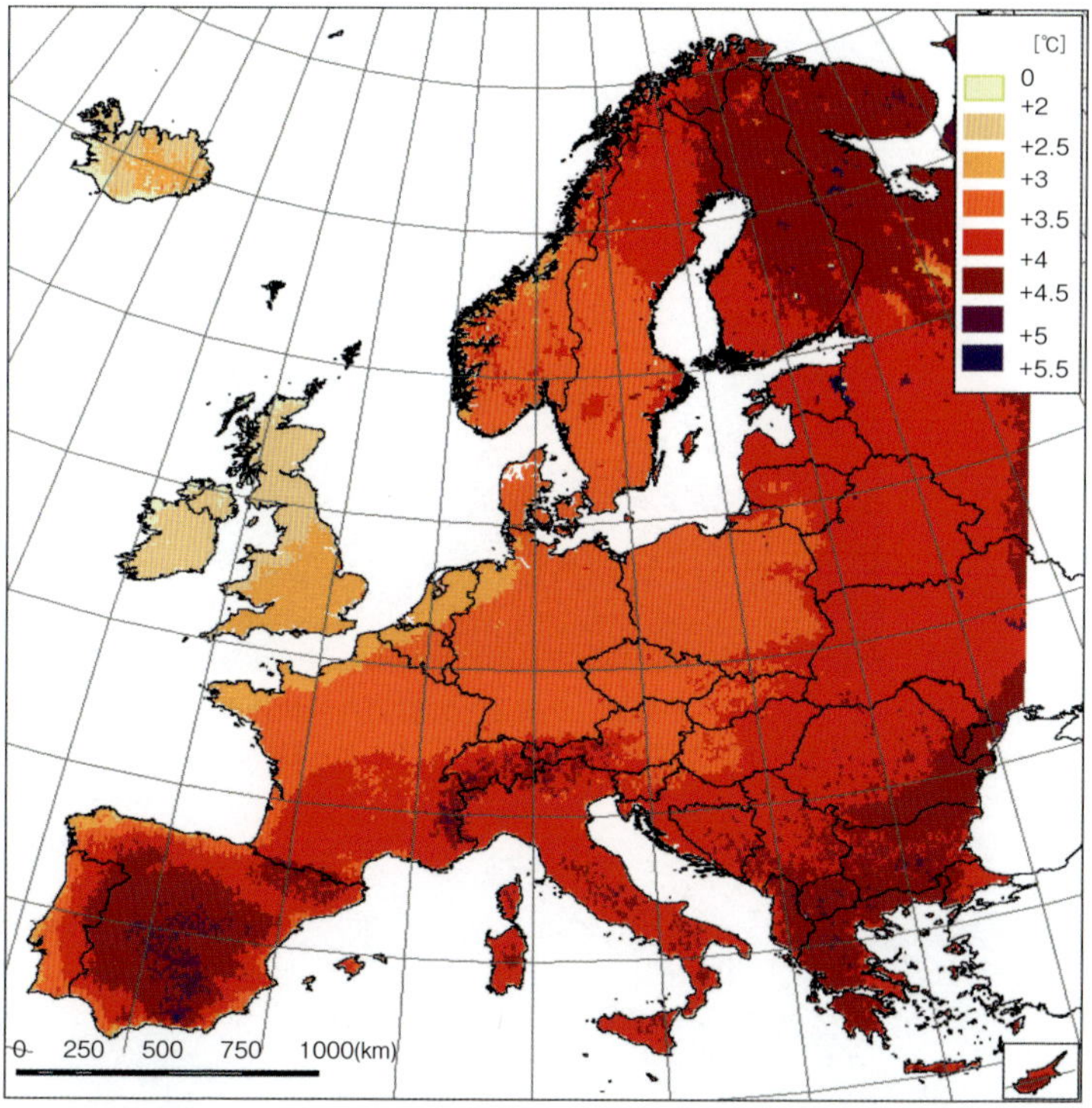

[29] 2008 年に欧州環境機関が作成した 2100 年のヨーロッパ温暖化予想図。

[30] スティーヴン・ソルターが考案した海洋上の雲の白色化作戦散布船。3 本のフレットナーのローターは動力源であるとともに、ここから雲へ霧状の水滴を散布する。

[31] 北大西洋東部北緯 44 度から 50 度、西経 5 度から 15 度海域の船の航跡とそのあとに残される凝結した雲。船からの散布によって海上の雲のアルベドが増加したことを示しており、この状態は数日は継続すると考えられている。

北極がなくなる日

北極を介して知りあった旧友たちに捧ぐ

ビル・キャンベル／マックス・クーン／ノーマン・デイヴィス／モイラ&マックス・ダンバー／ジェフ・ハッターズリー＝スミス／ウォリー・ハーバート／リン・ルイス／レイ・ラウリ／小野延雄／エルキ・パロスオ／ゴードン・ロビン／ウンステイン・ステファンソン／チャールズ・スウィジンバンク／ノーバート・ウンターシュタイナー／トマス・ヴィエホフ／ウィリー・ウィークス

目次

序文……006
日本語版監修者序文……008
第1章 はじめに――青い北極海……010
第2章 氷、驚異の結晶……016
第3章 地球の氷の歴史……039
第4章 現代の氷期のサイクル……051
第5章 温室効果……072
第6章 海氷融解がまた始まった……098

第7章 北極の海氷の未来――死のスパイラル……123
第8章 北極のフィードバックの促進効果……154
第9章 北極のメタンガス――現在進行中の大惨事……177
第10章 異様な気象……195
第11章 チムニーの知られざる性質……209
第12章 南極ではなにが起こっているのか……225
第13章 地球の現状……244
第14章 戦闘準備だ……274
謝辞……296
出典及び参考文献……308

序文

40年間北極研究に携わってきたピーター・ワダムズは、その間ずっと極地の海氷量の変化を計測、観測してきた。本書は彼が初めてこの惑星について、そして陸と海における氷の発展について論評したものだ。その長いキャリアで彼自身が目撃した重大な変化が記されている。かつては800万平方キロメートルの広さがあった夏期の北極海氷は、いまやその半分以下へと減少し、遠からず海氷のない夏を迎えるだろうと予測している。

海氷の融解は遠く離れた地での興味深い現象ではない。宇宙へ反射する太陽の入射エネルギーを60パーセントから10パーセントへと大幅に低下させ、地球温暖化サイクルをさらに加速させる力がある。そのうえ最終氷期以来、凍ったままだった堆積物が、いまやメタンガス——非常に強力な温室効果ガス——を大気中に噴出しているのだ。本書は北極の現状に関する正確な報告書であると同時に、北極海氷の消滅によって世界が直面する脅威をタイムリーに思い起こさせてくれるだろう。

ウォルター・ムンク（海洋物理学者、スクリップス海洋研究所）

日本語版監修者序文

本書の著者ピーター・ワダムズ博士は、国際的に著名な海氷研究者であり、様々な国際プログラムをリードしてきた。

北極の気候は、近年、著しい変化を見せている。その変化を見るには、北極海の海氷を見ればよい。海氷は気候変動の指標となる。一方で、気候変動を起こす要因でもある。海氷の変化は海洋が吸収する日射、海洋の温度と塩分構造、波浪や海流、温室効果ガスの吸収又は放出という形で海洋に伝わり、そして大気を通して気温や気圧、水蒸気、低気圧発達や西風循環の経路の変化、そして降雪量や寒波にも及ぶ。降雪量が変化すると、その影響は積雪分布や雪解け水として河川を通じて海洋に戻ってくる。北極の海氷を取り巻く大きな気候システムが動いている。その変化の指標となるのが海氷である。

ワダムズ博士は、海氷研究に新たな視点を取り入れてきた。海洋の波が海氷の成長にも消耗にも影響すること、面積的な広がりは安定に見えても厚さの変化が進行していることを潜水艦による調査から明らかにした。世界には多くの海氷研究者がいるが、潜水艦で自ら氷の下を訪れた研究者はほとんどいない。海氷の下の活動が本書には描かれている。ワダムズ博士の北極研究への取組は、氷と気候の関係を知るだけに留まらず、北極の環境変化がもたらす世界の経済的負荷の分析も推進している。自然研究から、社会、経済へと研究範囲は広がっていっている。

本書では、ワダムズ博士の長年にわたる海氷研究の挑戦が紹介されている。科学者は様々な方法で海氷の変化を捉え、理解を深め、予測を目指す。一方で自然界の変化は、それまでの理解の範囲を超え、予測を振り切って、新たな様相を示す。この変化の現場が北極である。特に２０００年以降、科学者の追随を許さないかのような、急速で多様な変化が北極で起きている。ワダムズ博士は、調査と現状の認識の重要性を説く。海氷にはまだまだ発見されていないシステムや、理解されていないメカニズムが多い。本書の面白さは、その解明の作業に向かう臨場感である。そして変化が確認されるならば、少しでも早く対策することを促している。

本書の、原題はA Farewell to Iceであるが、ワダムズ博士の言葉から北極の海氷に別れを告げるのでなく、海氷に代表される北極の自然が持ちこたえること、または回復することを求めていることがわかる。本書で、ワダムズ博士は、「われわれ人類に何ができるだろうか」と問いかけ、そして、「闘いのときが来た」と宣言する。迫りくる気候の変化をしっかり認識して、温室効果ガスの増加を減らすための生活や技術開発に取り組むよう、一般市民に呼び掛ける。北極に「さらば」と言わないための闘いを、本書は高らかに歌い上げている。

榎本浩之（国立極地研究所副所長（教授）、国際北極環境研究センター長）

第1章

はじめに――青い北極海

わたしが極地の研究を始めたのは1970年だった。キャリアのほとんどの期間ケンブリッジ大学スコット極地研究所に所属し、後年は所長を務めるという栄誉に恵まれたのは幸運だった。ロバート・ファルコン・スコット船長の名を冠したこの研究所は、極地研究者にとっては安全な港であり、あらゆる分野の極地研究者との出会いの場でもある。多くの研究者たちは、所属する研究機関を離れ、この比類なき研究所へ集まって研究を進めているのだ。1970年から80年代にかけて、わたしは毎年極地（たいていは北極）を訪れており、ときには複数回におよぶ年もあった。そしてヨーロッパ、米国、ロシア、日本の研究者同様、海氷を理解するため、増大、減少、移動といった物理的変化を観測した。氷のフィールド調査は困難であるだけでなく、危険をともなうこともめずらしくはないが、当時は我々の調査対象である北極海に、目に見える変化が訪れることはないと考える研究者が大多数を占めていた。そもそも北極が変化すると予想することすら難しかったのだ。しかし、実際は変化していた。1976年と1987年におこなわれた潜水艦での遠征調査の計測結果を比較し、氷の厚さが平均して15パーセント減少している明確な証拠を初めて入手したひとりになれたのは幸運だった。その調査結果は1990年の〈ネイチャー〉誌で発表している。[1] それに衝撃を受けて、それから10年徹底的な調査をおこなったところ、氷が薄くなったのが事実であるばかりか、1970年代と比較すると、実に40パーセント以上薄くなったことが明らかになった。[2] 劇的な変化が起こっているのは間違いなかった。極地研究者たちは特化された研究対象から顔を上げ、より大きな問題を考察しはじめた。彼らはすでに気候変動の専門家となっていた。地球上でいちばん急速かつ激烈な変化が起こるのは極地なので、必然的に気候変動のパイオニアとなるのだ。

わたしが北極海への興味に目覚めたのは、1970年の夏にカナダの海洋調査船〈ハドソン〉号で初めて極地を訪れたときだった。これは〈ハドソン〉号初の南北アメリカ大陸周航で、1969年の冷えこむ秋にカナダのノヴァスコシアを出発し、南極半島、南極海、チリのフィヨルド海岸を通過、広大なる太平洋へと航海を進めた。[3] そしてこれまで成功した船はたった9隻だけの、北西航路という難関に挑んだ。[4]〈ハドソン〉号は耐氷船で、そうでなければ航海は不可能だった。アラスカの北海岸からノースウエスト準州、北極海にかけては、陸地近くまで海氷が迫っていて、調査をおこなうことができる開水域はわずか数海里にすぎない。ときおり氷が海岸線まで達していることもあり、その場合は重くて分厚い多年氷を粉砕して進まなければならなかった（口絵1）。結局、北西航路の半ばまで来たところで、我々は頼もしいカナダ政府の砕氷船〈ジョン・A・マクドナルド〉号に救出されることとなった。当時、カナダ北方の北極海では、海氷との闘いは普通の出来事とされていた。そもそも北西航路の横断航海に初めて成功したのはアムンセンだが、１９０３年から１９０６年と３年の歳月が必要だった。つぎに成功したのは王立カナダ騎馬警察のスクーナー〈セント・ロック〉号で、１９４２年から１９４４年と２シーズンを要した。

現在では、夏にベーリング海峡から北極海に向かう船は、広大な大海原を目にすることだろう。その青い海ははるか北へとつながっているが、北極点の直前で行く手を阻まれる。だが本書が出版されるころには――多くの人が予想しているとおりに――長い歴史において初めて氷に覆われていない北極が出現しているかもしれない。北西航路の横断もずいぶんと容易になり、２０１５年には合計２３８隻の船が通航した。１９７０年代には８００万平方キロメートルにわたって広がっていた北極海の海氷が、２０１２年の９月にはわずか３４０万平方キロメートルへと減少した。この地球の変化の意味を、誇張して伝えるのは難しい。我々の地球はすでに色が変わっている。アポロ８号の宇宙飛行士が撮影した、黒い宇宙を背景に、月の地平線からのぼる青い球体の優美な姿を初めて目にしたときの感激は、だれもが鮮明に記憶しているだろう。あれは生命を包含している美しさだった。そして球体の両端は純白だった。現在、北半球が夏の季節だと、宇宙から地球のてっぺんは白ではなくて青に見える。かつては一面氷で覆われていた場所を、人類は大海原へと変えてしまったのだ。人類は初めて地球の外観を大きく変化させた。もちろん意図した結果ではないが、これはおそらく破滅的な結果へとつながっていくだろう。

事態は一見して与える印象よりもさらに悪化している。ソナーの測定結果によると、１９７６年と１９９９年では氷の厚さの平均値が43パーセントも低下した。[5] そしてこの数値はべつの事実をも示唆している。かつて北極圏では、形成されてから複数年を経た「多年氷」と呼ばれる氷が主流だった。ごつごつとした堂々たる外観で、高圧的に探検隊の行く手を阻む巨大な隆起を持ち、海中では50メートル以上もの突起が飛びだしていた［１‐１］。しかしここ10年の環境の変化で、こうした氷のほとんどは北極海の外へ流されるようになった。かわりに現れたのが一年氷（口絵４）だ。ひと冬のあいだに形成された氷なので、厚さは最大でも１・５メートルしかなく、のっぺりとした氷にわずかにいくつか低い隆起が見られるだけだ。ひと冬で形成された薄い

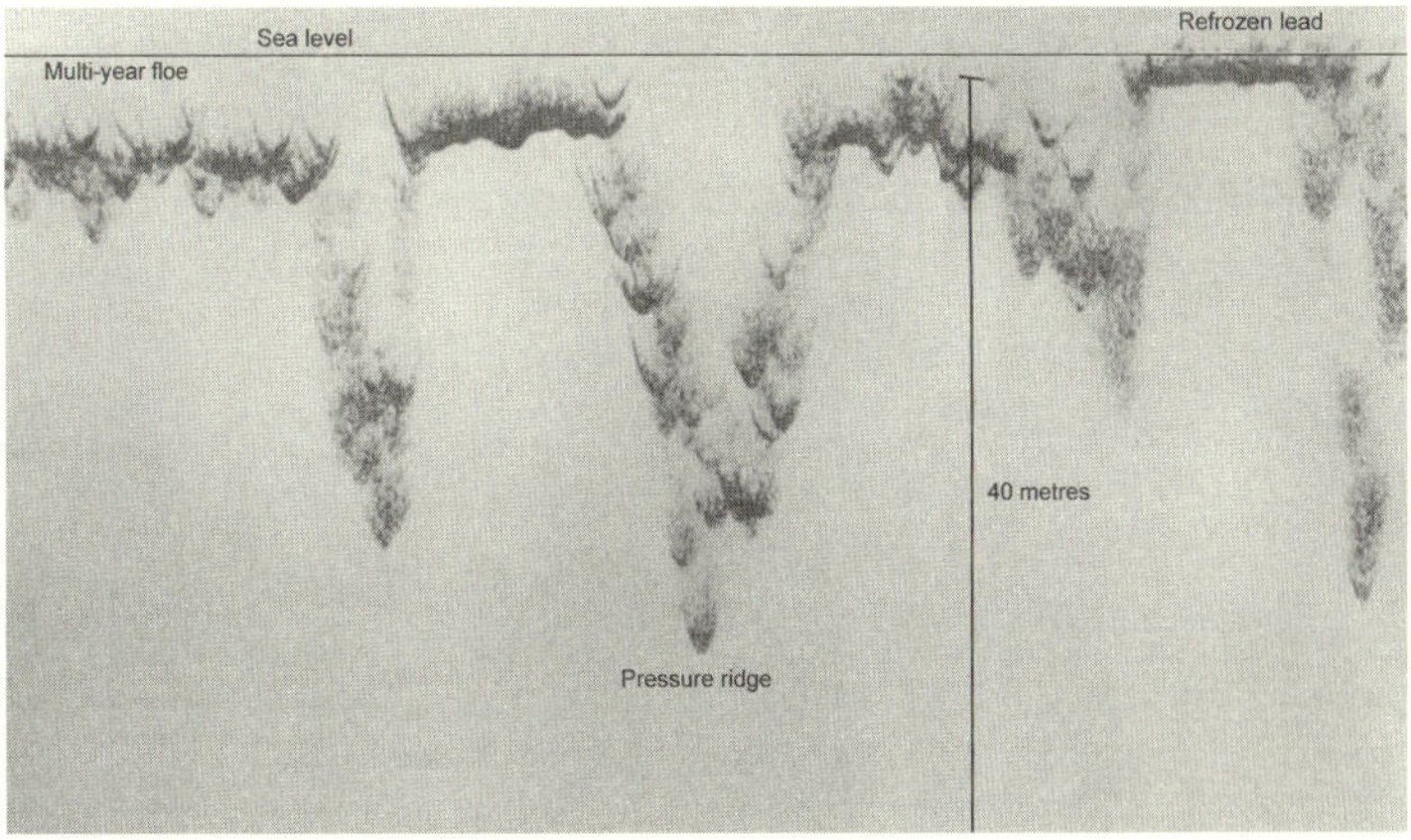

［1-1］多年氷の巨大な突起。潜水艦の上方ソナーで撮影したもの。最大の突起は 30 メートルに達した。

氷は、現在の高い気温と水温が上昇では、ひと夏のあいだに跡形もなく融けてしまう可能性が高い。そのうち北極海の至るところで、冬期に形成される氷よりも夏期に融解する氷のほうが多くなり、夏期の海氷は姿を消すだろう。英国の気象学者マーク・セレズが命名したところの、〝北極海の死のスパイラル〟をたどっていくのだ。[6] 第7章で説明しているとおり、ごく近い将来、北極海は氷の存在しない9月を迎えることとだろう。そしてそれから数年のうちに、氷の存在しない時期は年に4、5ヵ月となるはずだ。

北極海の夏期に氷が存在しないというのは大変な意味を持つ。壊滅的な影響がふたつ出ることは間違いない。第一に、夏の北極海から氷が姿を消したら、「アルベド」――太陽の入射エネルギーが宇宙へ反射される率――が現状の60パーセントから10パーセントへと低下し、今後の北極海および地球全体の温暖化を加速することは必至だ。400万平方キロメートルの氷が消滅することでアルベドが変化すれば、ここ四半世紀の二酸化炭素排出による温暖化と同等の効果を地球にもたらすだろう。第二に、夏期の海氷の崩壊により、地球にとって不可欠な北極海の空気調節機能が失われてしまう。これまでは夏でも氷に覆われていたため、以前よりも薄くなろうとも、海面水温が零度以上に上がる懸念はなかった。温かい海水が流れてきた場合も、海面の氷を融かすことで熱を失うからだ。海面の氷の存在がなくなれば、夏期は海面水温が数度上昇し（人工衛星の観測によるとすでに7度を記録している）、水深の浅い大陸棚では風の影響で温かい海水が海底にまで達するだろう。それにより沿岸永久凍土の融解が進み、最終氷期からずっと凍結していた海底の堆積物にも変化をもたらす。融解は堆積物に固着するメタンハイドレートの分解を引き起こし、その結果、大量のメタンガスが噴出するだろう。メタンガスは二酸化炭素の23倍もの温室効果を有する。ロシアと米国が毎年おこなっている東シベリア海での調査では、すでに海底のメタンガスの噴出が確認されている。またべつの調査では、ラプテフ海およびカラ海でもメタンガス噴出を確認した。こうした噴出によって大気中の温室効果ガス濃度が上昇すると、地球温暖化に拍車がかかるだろう。本書を執筆することを決心した理由は、こうした劇的な変化を伝え、北極海の氷が減少する過程とその原因は、世界の遠いどこかで起こっている興味深い変化などではなく、我々人類にとって脅威なのだと警告するためである。

わたしは科学者として研究を始めた21歳のときから、一貫して北極海と海氷をテーマとしてきた。こうした地球の変化は、魅惑的な風景に個人的に別れを告げるときが来たと知らせているのだろうか。なによりも強く感じるのは、地球が本来持つ力が低下していることと、人類は事実上の滅亡を迎えるしか道はないということだ。我々人類の強欲さと愚かさが、これまで極端な気候変動から人類を保護してきた北極海の美しい海氷を奪い去ったのだ。破滅を避けたいのであれば、いますぐに行動を起こす必要がある。

第2章

氷、驚異の結晶

氷の結晶構造

氷が地球のエネルギー系で重要な役目を果たしており、生命体が存在するかもしれないほかの惑星でもおそらく同様だと推測されるとしたら、その理由を知りたくなるだろう。水は特有の属性を有する結晶であり、生命に欠かせぬ存在であり、やはり特有の属性を持つ水分子が変化した状態である。そこに答えがある。

独立した水分子H_2Oはほぼ完全な四面体、つまり三角錐の形をしている［2-1］。水素原子の小さな太陽系では通常どおり陽子の周囲で軌道を描いていた電子が、水分子では陽子と酸素原子核とが電子を共有する形となり、これを「共有結合」と呼ぶ。図のとおり、水分子には水素陽子（H）と酸素原子核（O）の共有結合はふたつあり、それぞれの結合部分の角度は104・5度と歪んだ形をしている（完璧な四面体は109・5度である）。四面体は酸素原子のふたつの孤立電子対を持つが、この孤立電子対は決まった物質としか結合しないわけではない。そのように自由でとらえどころのない分子の集合体である水が、凝固して固体の氷に変化したらなにが起きるのか？　それが明らかになったのは1935年になってからだった。偉大な化学者ライナス・ポーリングが氷の三次元構造を解明したのだ。[1]

氷の基本構成要素は液体時の水分子の四面体を受け継いでいる。四面体の重心にあるそれぞれの酸素原子は、0・276ナノメートルの距離をおいて頂点でほかの4個の酸素原子と結合し、こうした酸素原子は基面と呼ばれる連続した並行面の近くに集まる。結晶の単位格子の重要な軸、つまり結晶軸は基面に垂直で、全体像はしわの寄った六角形が積み重なったミツバチの巣に似ている［2－2］。

この構造こそが氷を異方向性に、つまり方向によって特性が異なる性質にならしめている。水分子が凍結して氷の結晶が形成されるとき、新しい酸素原子は新たな面を形成するよりも、すでに存在するミツバチの巣と結合する傾向に

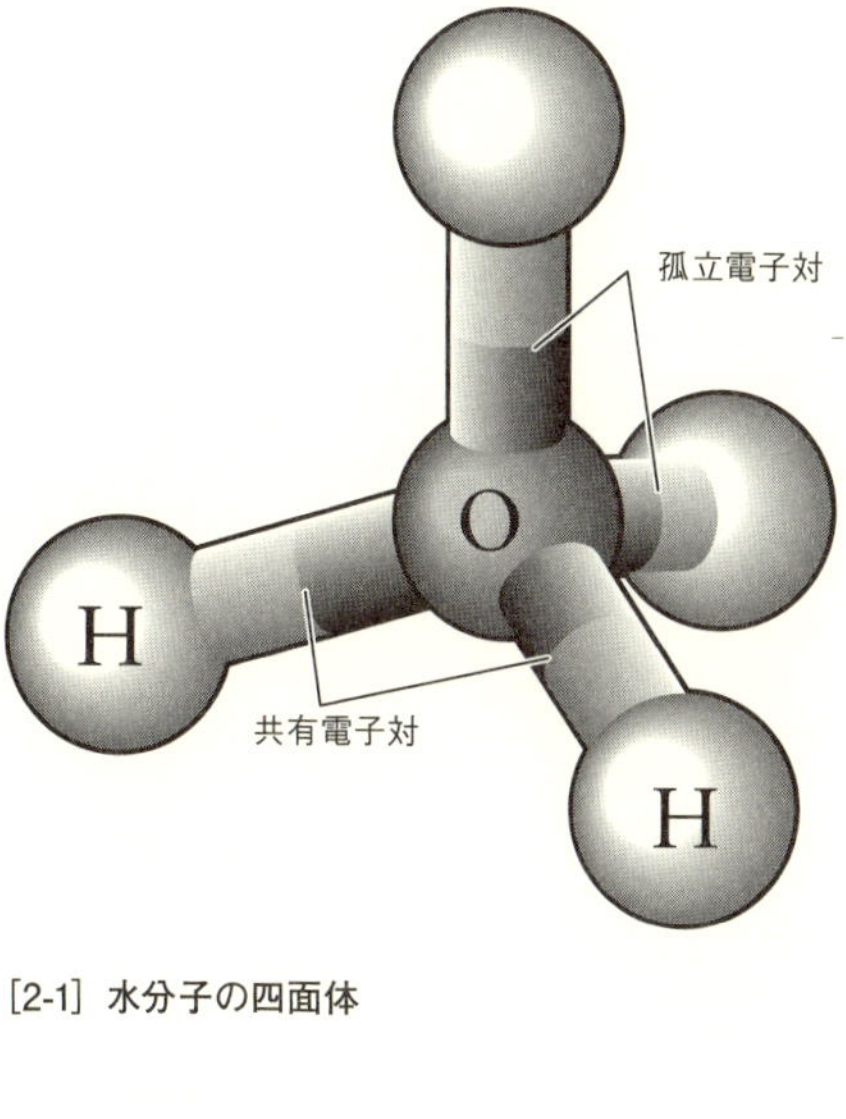

[2-1] 水分子の四面体

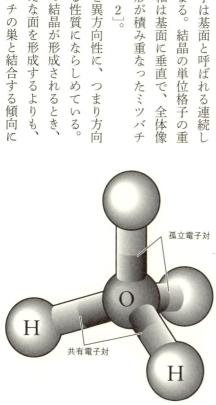

ある。4箇所ではなく、2箇所だけ結合すれば済むからだ。それゆえ、氷の結晶は結晶軸に沿ってよりも、すでにある基面の軸方向に沿って拡大する――つまりミツバチの巣は新しい層を形成するよりも、既存の層を拡大する傾向となる。雲の水蒸気から形成された雪片や、凍結が始まったばかりの湖面や海面にできる繊細な氷の結晶が成長する方向にも、そうした傾向は現れている。海氷を理解するためには、一枚の氷は凍結によってある一定の方向へ拡大する傾向がある点を忘れてはならない。

氷がある一定の方向へ拡大するのを理解するには、窓ガラスについた薄い膜状の水が、繊細な網目模様を描いて凍る様子を観察するのがいちばんだろう。最初の氷の結晶はガラス面で60度の方向へ拡大し、続いてそのあい

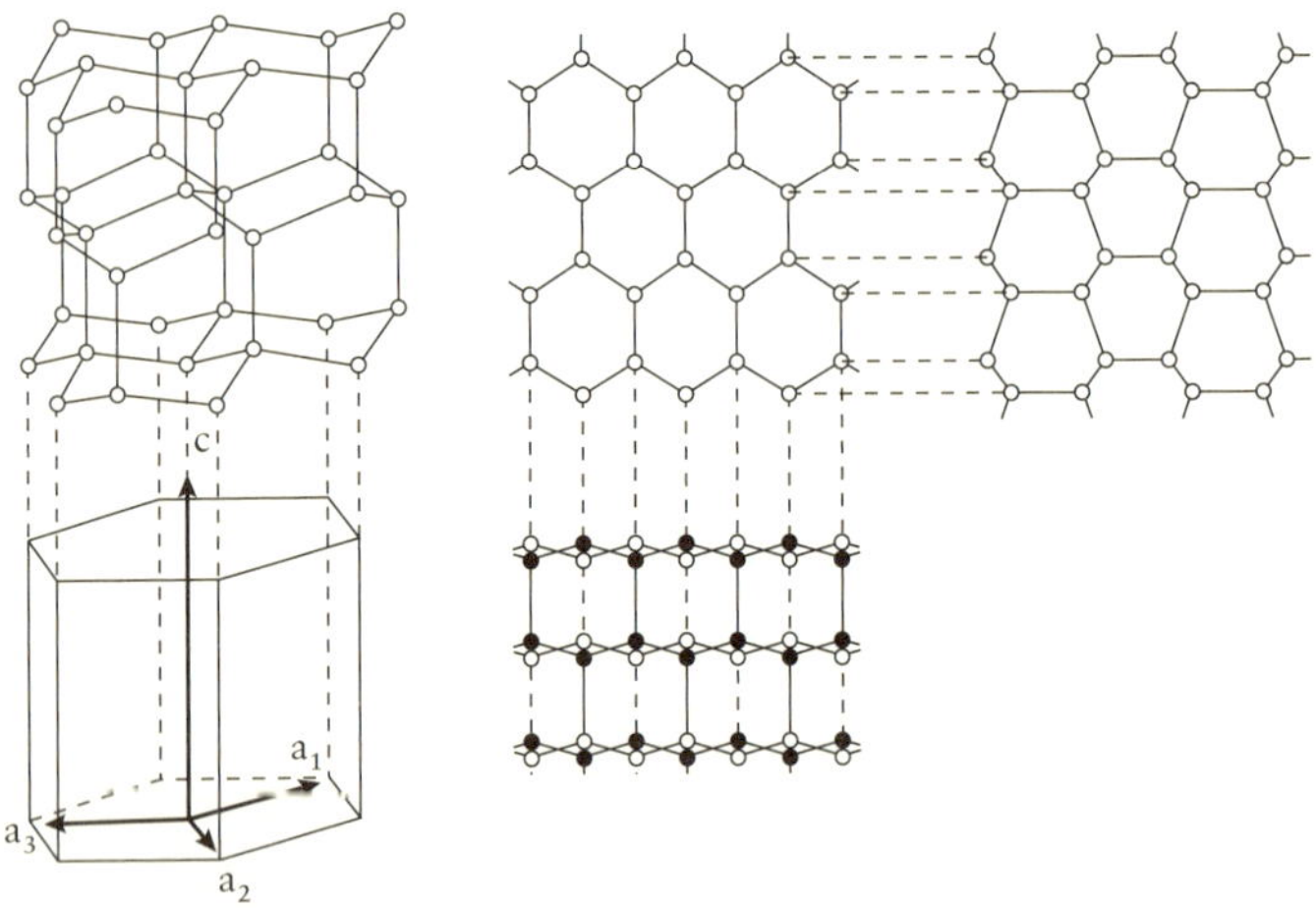

[2-2] 氷の結晶の構造。酸素と水素の原子がしわの寄ったミツバチの巣のようだ。結晶軸は対称軸で、ほかの三面が結晶の基面を形作っている。

だを木の枝そっくりの枝を伸ばして埋める。その角度はつねに60度で、枝の伸びる速度は非常に速い――これをギリシア語で木を意味する語を使い、「樹枝状結晶成長」と呼ぶ。

これまで述べたものは、地上の気温と気圧下で形成される氷の構造だ。非常に高い気圧や、絶対零度（摂氏マイナス２７３・16度）に近い温度の場合は、もっと凝縮した形の氷の結晶を形成する――事実、科学用語としての多形体は17種類存在する。[2] 我々にとっておなじみの、地上で通常に形成される氷は「１ｈ」と呼ぶ。高圧力下でできる結晶は、我々の太陽から遠く離れた惑星の深部にも存在すると考えられており、研究機関で似たものを再現することができる。また絶対零度に近い温度でしか存在できない結晶もある。それは大気圏外でのみ可能な過程を経て形成されると考えられている。一例を挙げれば、ほとんどの彗星の外側では氷が形成され、その氷はさらに宇宙の塵の小さな粒で覆われている。そうした粒のために、大気圏外で眺める宇宙飛行士の目にも星はきらめいて見えるのだ。天文学者フレッド・ホイルは、宇宙における生命体の誕生はそのような小さな塵の粒が起源だと示唆した。塵の粒は分子が化学反応を起こす距離に近づく基盤の役目を果たし、その結果起きた化学反応が生命体の誕生を導くのだと。ごく最近、欧州宇宙機関（ＥＳＡ）が打ち上げた無人着陸船〈フィラエ〉は、チュリュモフ・ゲラシメンコ彗星への着陸とガスに包まれた氷の撮影に成功した。そしてチュリュモフ・ゲラシメンコ彗星が太陽に近づき、覆っていた氷が緩みだすと、その力を利用して宇宙空間へと飛びだした。

複数の酸素原子はひとつの水素原子がふたつの酸素原子を結びつける「水素結合」によって結

合している。どの結合もふたつの酸素原子がひとつの水素原子を挟む形になるが、水素原子は一方の酸素原子のほうに近い位置にある。どちらへ近くなるかに法則性は発見できない。またそれぞれの酸素原子の近くにふたつの水素原子が存在するが、結合できるのはひとつの水素原子だけである。量子力学によると、このふたつの法則により、水素原子はどのような結合にも適合できる。そしてこの水素結合の弱さが、氷の隙間の多い構造を可能にしているのだ。氷が融けると水素結合の一部が切れ、固体のときよりも高密度な水分子が四方八方に無秩序にばらまかれる。水が特殊な分子といわれるのは、金属類などとは違って固体のほうが液体よりも密度が低いからなのだ。純水の密度は1立方メートルあたり1000キログラムで——そもそもこの重量を基準としてキログラムという単位を定義した——一方純氷の密度は1立方メートルあたり917・4キログラムだ。海水は純水よりも密度が高く、一般的な海水は1立方メートルあたり1025キログラムなので、海氷と海水の密度の違いはおおよそ10パーセントとなる。この10パーセントの違いこそが、巨大な浮氷や氷山が海面に浮いている理由なのだ。

もしもほとんどの物質の密度差が現実の世界と違うとしたら、たとえば氷が水に沈むとしたら、どういった現象が起きるのかという疑問が湧くだろう。まず最初に、湖も、川も、海も例外ではなく、大量の水がある場所はほとんどが凍りつく。仮に海だとすると、海面の水温が低くて氷が形成されると、氷はできた瞬間に沈んで海底で層をなし、海底の生命体は一掃される。湖の場合は湖底にどんどん氷が積もり、冬が終わるころには湖面に凍らなかった水の薄い層が残るのみとなっているだろう。あるいは水がまったく残らない事態も考えられる。その場合、湖に生息していた生命体は全滅している。海でもおなじことが起こるかもしれない。海底に積もった氷が最終的に大海原全体を埋めるには、冬だけでは時間が足りないかもしれないが、氷の成長が急速に進むことだけは間違いない。現実世界では、海氷は薄い層を形成して海面に浮かび、海水がそれ以上凍結するのを防いでいる。しかしその世界では、冬のあいだ海水は際限なく大気に熱を奪われ、海底には分厚い氷が形成されている。現実に海全体が凍結してしまう事態をシミュレーションする者がいるとは思えないが、もしそうなったとしたら、ごく一部の微生物をのぞいてすべての生命体は死滅する。海洋生物は凍結が起こらない赤道付近のみに生息し、高緯度の海は海底までぎっしり氷で埋まる。

違いはそれだけではない。現実の世界では水が凍ると膨張する。たとえば道路なり岩なりが凍りつくと、膨張するために亀裂が入って周辺までひび割れ、破損する可能性がある。その世界ではそうした事態が起こる心配はない。また、水よりも氷のほうが密度が高ければ、スケートを楽しむことは不可能になる。現実の世界では、氷上のスケートの強い圧力で融点が低下し、スケートと接する氷が融けるおかげで滑ることができるからだ。氷に較べて水のほうが密度が低いとしたら、氷に圧力がかかると融点は上昇するので、スケートで滑るのは不可能になる。

氷結と融解

では現実の世界へ戻り、低温の水について考えてみよう。普通、液体といえば、定まった形を持たず、自由に渦巻いたり揺れ動いたりする予測不能の分子の集合体を思い浮かべるだろう。しかし非常に低温の水の場合、短時間だけ氷が含まれる場合がある。熱の作用で数秒なり数分なりして融解するまで、水晶に似た物体が水分子の集合体のなかに存在するのだ。混雑した駅で、人の流れを遮っていても、頓着せずにその場を動かずおしゃべりしているグループのようなものだ。これは純水が4度のときに密度が最大になるために起こる興味深い現象だ。高緯度の地域の川や湖は、秋になって気温とともに水温も低下すると、当初、表面の水が沈み（通常、冷たい水よりも温かい水のほうが密度が低い）、かわりに下から温かい水が上昇してくる。この現象を「対流」と呼ぶ。これは湖全体の水温が4度になるまで続く。しかし全体が4度になると、さらに冷却された湖面の水の密度がいちばん低くなって湖面にとどまるため、対流は終わる。その後湖面の水は急速に0度まで温度が下がって氷結し、一方湖底近くの水は4度の状態を保つ。だから湖面は秋になるとすぐに氷結するのに対し、湖底まで氷結するのは時間がかかり、その前に冬が終わる場合も多い。

海水にはこの4度で最大密度になる性質がないので、冷却されると一気に氷点まで密度が高くなる。純水に海水と同様の性質を持たせるには、水に塩を溶かして、24・7パーミルを超える塩分にすればいい。ほとんどの海水の塩分は32パーミルから35パーミルで、バルト海やマッケンジー川の河口付近などのかぎられた地域のみ、塩分が24・7パーミル未満だ。曖昧な言葉〝ブラッキッシュ〟――海水ほどではないが、やや塩味のついた水に使う表現――は海洋学では厳密に定義されていて、塩分が24・7パーミル未満で、それゆえ4度で最大密度になる性質を有する海水にのみ使用できる。つまり通常の海水は秋になって水温が低下すると対流が起こり、海水全体が氷点に達することになる。また塩を含むため、普通の海水の氷点は0度ではなくマイナス1・8度だ（凍結した道路に塩を撒く理由は、主に氷点が低下するからである）。それなのに海全体の水温が低下することなく、海面で氷が形成される理由はひとえに、異なる起源を持ち、異なる性質を有する海水の集合体である海は、それぞれの速度でそれぞれ異なる方向へと向かう海流が層になっているからだ。層ごとに急速に密度が変化することもあり（「密度躍層」と呼ぶ）、実際問題として対流しているのは海面の層とそのすぐ下の層だけである――北極海では海面の層は極表層水と呼ばれており、その下の層の呼称が大西洋水なのは、大西洋から北極海へ流れこんできた海水だからである。

氷が海水に浮くという事実は、海面に海氷の薄い層が存在し、その下では海流が流れていることを、つまり海氷の周囲のみならず内部にも、さらに深海にも生命体が存在することを示している。その状態ならば、植物性プランクトン（植物プランクトンと呼ぶ）は光合成に必要な太陽光を浴びることができるのだ。一例を挙げると、南極の海氷の下層にはプランクトンが生息する小さな塩水だまりがあり、南極海全体の1年の生物生産量の30パーセントはそこで生産される。

さらに氷の特筆すべき性質として挙げられるのは、1キログラムあたり80キロカロリーという異様に高い融解潜熱だ。潜熱というのは融点の状態にある1キログラムの氷を融解するのに必要な熱量で、対する比熱というのはある物質1キログラムの温度を1度上げるのに必要な熱量だ。水の比熱は1キログラムあたりわずか1キロカロリーで、これはそもそもカロリーの定義の基準となった数値であり、1グラムの水の温度を1度上げるのに必要な熱量の標準単位だ（つまり水は実際にふたつの重要な物理単位、キログラムとカロリーの定義に使われているのだ）。1キログラムの水の温度を1度上げたい場合は1キロカロリーの熱量を加えればいいが、1キログラムの氷を融解する場合は（潜熱のために）80キロカロリーが必要となる。それは同重量の水の温度を80度上昇させることができる熱量だ。この相違は非常に重要な意味を持つ。ふたつの鍋をコンロに置き、同時におなじ時間だけ火にかけたとしよう。片方の鍋には融点の状態にある氷1キログラムが、もう一方の鍋には室温である20度の水1キログラムが入っている。20度の水が沸騰しはじめるのと、氷がすべて融けるのは同時なのだ。

地球全体を見ると、氷の融解潜熱は巨大な貯蔵庫として機能している。つまり気候変動の緩衝材の役割を果たしているのだ。その代表例が夏の海氷である。ある程度融解はするが、海面の気温が0度前後で（気温が高ければ海氷は融けるだろうが、その過程で気温は低下する）、海氷が浮かぶ海の水温もまた0度前後であれば（水温が高ければ海氷は融けるだろうが、その過程で水温は低下する)、すべての海氷が融解することはない。そこに存在しつづけることで、夏の海氷は気温と水温の調整装置として機能しているのだ。

海氷の形成

本書において氷といえば、主に海で形成される海氷だ。これまで説明してきたとおり、実に個性的な属性を持つ氷はどのようにして形成されるのか、分子と結晶の観点から見てみよう。まずは波のない凪の海が氷結するところを想像してほしい。冷たい大気が海面の熱を奪うと、海面の水分子の氷結が始まり、薄い氷の結晶がいくつもできる。当初は直径2、3ミリメートルほどの小さな円盤状もしくは星形をしており、海面に浮かんでいる。それらは結晶軸が垂直の結晶で、海面上で樹枝状(すなわち60度の角度で6方向それぞれ)に成長し、次第にミツバチの巣のような薄い層が6方向に拡大した雪片そっくりの形になる。しかし薄い結晶は非常に脆く、そのうち砕けて円盤や枝の破片が周囲に飛び散る。こうして様々な形の氷が海面で徐々に密度を増していき、白く濁ったような外観となる。このごく初期の海氷を「晶氷」や「グリース・アイス」と呼ぶ。静穏な状態が保たれていれば、こうした晶氷が結集してやがて薄い氷ができあがる。この段階の海氷は「ニラス」と呼ぶ。ほんの数センチメートルの厚さのときは透明だが(暗いニラス)、成長するにつれ灰色へ、そして最終的には白色へ変化し、そのころにはもう透明度を失っている。ニラスが形成されると、海水は大気から物理的に分断され、これまでとはまったく異なる成長が始まる。すでに存在する氷の下で水分子が氷結するようになるのだ。この過程を「凍結成長」と呼ぶ。これを経てやがて「一年氷」が形成され、それが北極海でひと冬を過ごすとおよそ1・5メートルの厚さに、南極海の場合は0・5から1メートルの厚さに成長する。南極海は海が荒れていて波が多いため、晶氷の段階が長いのだが、そのことが気候上重要な役割を果たしている（第11章と第12章を参照）。

安定したニラスが形成されると、冷たい海水に接している結晶の表面に水分子が凍結し、下方へと成長するようになる。この過程になると、結晶軸が垂直のものよりも水平の結晶のほうが凍結が容易となるのは、すでに存在しているミツバチの巣が拡大するだけで下方へ成長できるからだ。そのため結晶軸が水平な結晶がほかを圧してどんどん成長し、ダーウィンの説どおりに適した結晶によって氷はさらに厚くなる。氷が20センチメートルの厚さになると選別の過程は終了する。適した結晶が継続的に下方へ成長した結果、水平な結晶軸を持つ結晶が柱のように垂直方向に細長く連なることになる。この柱状の結晶は一年氷の顕著な特徴で、肉眼でも観察することができる。またこうした板状の氷は、結晶の集合がすべておなじ方向を向いている性質を鑑みれば、物理的に強固ではないという事実も理解してもらえることだろう。

では、海水に含まれていた塩はどこへ消えたのだろうか。氷の結晶構造は非常に隙間が多くて開放的だが、ほかの原子や分子を安易になかに取り込むほど開放的ではない。すなわち海水から氷が形成される段階で、塩は氷の結晶のなかには入れない。だが、実はべつの方法で氷のなかに入りこむのだ。形成中の氷の表面は滑らかではなく、「樹枝状突起」と呼ばれる突起が並行して並んでいる。その突起はそれぞれ急速に形成された（つまり樹枝状に成長した）ミツバチの巣であり、あいだに水の溜まった細い溝を挟んでいる。ときおりその連続した突起のあいだに氷の橋ができ、あいだの溝の水分がそのまま閉じ込められることがある。その閉じ込められた水分を「ブライン細胞」と呼ぶ[3]［2－3］。その後周囲が急速に凍結すると、ブライン細胞は幅0・5ミリメートルほどの小塊となるが、高濃度の塩水なので凍結はしない。そうしたブライン細胞が含まれるため、一年氷はまだ塩が残っている（できてまもない氷の塩分は10パーミル

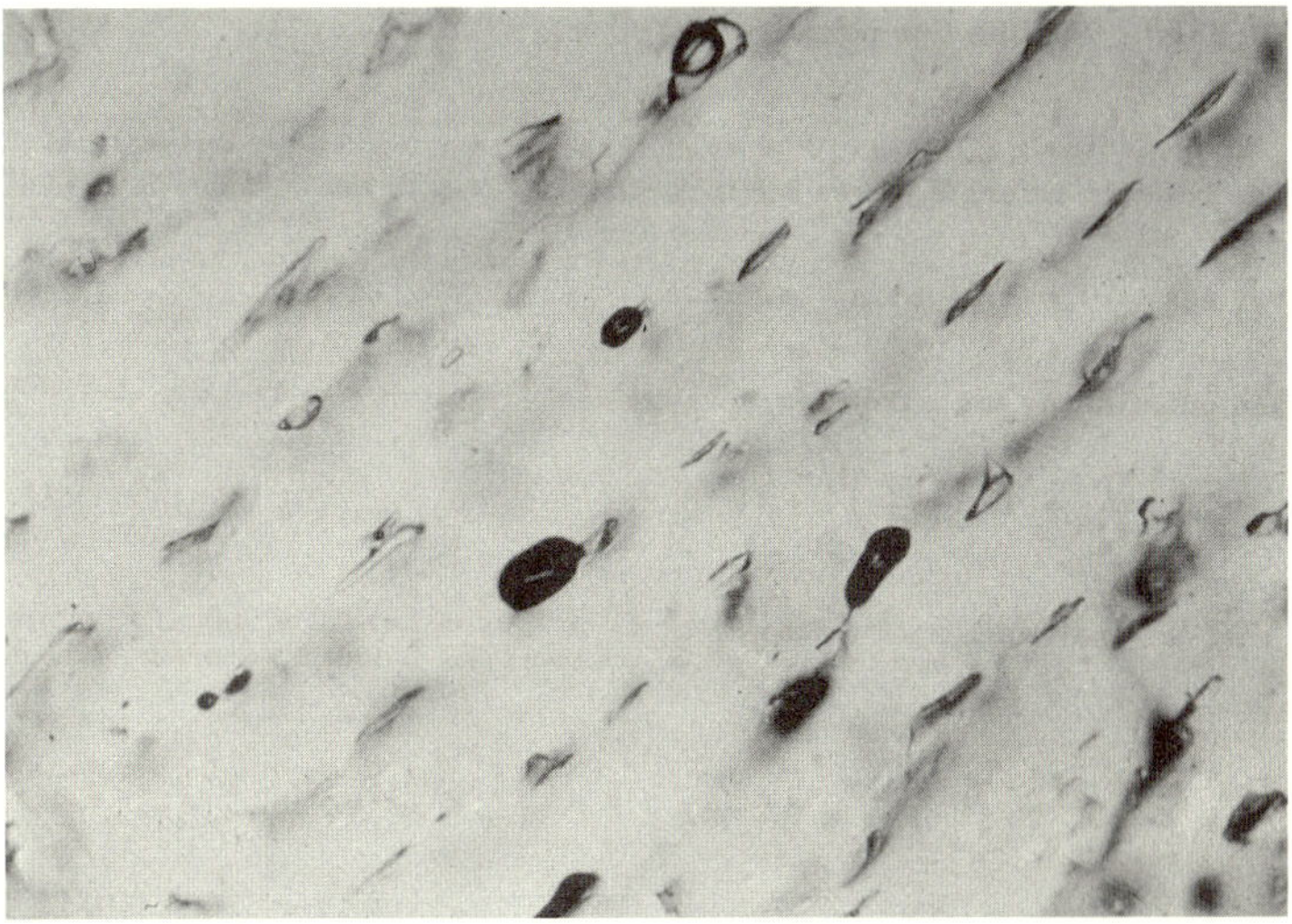

[2-3] 海氷内の小さなブライン細胞。ブライン同士の間隔は 0.6 ミリメートル。

で、その親である海水の塩分はおよそ32パーミルである）。この塩は冬のあいだ氷から少しずつ排出されるが、どういう手順を経るかはブライン細胞の移動、塩の排除、単純に重力による放出と様々だ。ブライン細胞の移動が起こる仕組みは、冬期は氷と海水の接点はマイナス1・8度、一方氷と大気の接点はマイナス30度近くと、両者の温度勾配がかなりになるため、ブライン細胞の上部は下部よりもわずかに温度が低くなる。そのため上部は凍結し、それにより残った水分の塩分はさらに高くなり、下部は融解する。そしてブライン細胞全体が塩とともに氷床の下部へと移動するのだ。塩の排除が起こる仕組みは、温度が低下するとブライン細胞全体が凍結しようとして、残された塩分の高い小さな滴の圧力は上昇する。それがやがて爆発して強制的に下方へと移動するのだ。いちばん効率のいい重力による放出が起こる仕組みは、下方が凍結して氷が分厚くなると、内部に存在していたブライン細胞は海面上へと持ちあげられる。その後重力の作用で、塩は連絡通路の役目を果たす孔を通って氷の下へ放出されるのだ。支流が集まって大きな川となるのに似て、そうした通路は合流して大きな水路となる傾向にあり、「ブライン排水路」と呼ばれている。夏になると、氷の上に積もった雪はすべて融け、氷も一部は融ける。融解水、つまり真水は氷上にパドルを形成し、氷のなかを通過しながら残っていた塩をほとんど押し流す。その過程を言葉どおりに「フラッシング」と呼ぶ。夏期を生き延び、成長しながら翌年の冬期を迎えた氷はほぼ真水で構成されており、塩の味はほとんどしないうえ、遥かに強固に変貌している。そこまでたどり着いたものを多年氷と呼び、砕氷船にとっては一年氷とは比べものにならないほど手強い障害となる。

夏期の融解の重要性

融解水がパドルを形成する過程は、気候変動の観点からも非常に重要だということを考えてみよう。冬になって海氷に雪が積もると、太陽放射を80パーセントから90パーセント反射するようになる。これを我々の専門用語で、アルベド（反射率）が80パーセントから90パーセントになったと表現する。雪が融けはじめても一部はそのまま氷上に残るが、ひと冬のあいだに蓄積された黒色炭素（大気のすすが原因）で雪の表面が汚れているため、アルベドは40パーセントから70パーセントへと低下する。これが6月から7月で、ちょうど太陽が空のいちばん高い位置にあり、一日中昼間が続いて、太陽放射が最大量を記録する時期にあたる。夏の初期に海氷の表面がむきだしで、融解水もわずかしか溜まっていなかったら、増大する一方の太陽エネルギーを浴びて海氷の融解が進み、そのうち完全に融けてしまうかもしれない。北極研究に携わる科学者の多数は、その現象がいま発生している、つまり夏期に膨大な海氷の融解が取り返しのつかないレベルで起きていると考えている。

融解水のパドルが大きくなると、やがて海氷の側面や割れ目に沿って流れ落ちるか、あるいはパドルのいちばん深い場所や氷がいちばん薄い場所をさらに溶かして「底なしパドル」を形成し、そこから海へ流れこむようになる。海に流れ落ちた塩分が低い水は海面で数メートルの深さの層を形成し、海氷の下面がそれと接することでさらに融解が促される。

いかにして水路《リード》や氷丘脈が形成されるか

これまでは温度変化のみを考慮し、どのようにして海氷が形成されて変化するか、海面で成長もしくは融解するかを見てきた。しかし北極海では、そのように形成される海氷はおよそ半数で、あとの半数はすでに存在する海氷が変形したものである。積み重なった海氷が細長く連なった「氷丘脈」もあれば、ある過程を経て海氷にできる大きな割れ目「水路」もある。まずは水路がどのようにしてできるかを考えてみよう。つねに氷結と成長を繰り返して形成された流氷群は、表面に吹きつける風の摩擦と下を流れる海流の影響で移動する。そして卓越風によって漂流する海氷は全般的におなじパターンを示す。一例を挙げると、北極海には北極海盆の北米側を時計回りに回転する海流が存在し、ボーフォート循環と呼ばれている。一方、北ヨーロッパの海氷はシベリア海で集まり、極地に吹く風によってグリーンランドへと移動するが、この海流は北極横断流と呼ばれている。

海氷を移動させる風の圧力は広大な地域におよび、流氷群は風に逆らって400キロメートルの距離を移動すると推定されている。それゆえ、広い地域で風が変化したら、いわゆる発散風域が発生し、それにより「発散圧力」――海氷を覆うものを引きはがす風が吹くことになる。これまで海氷はほとんど圧力にさらされていないので、この圧力で亀裂が生じ、それが拡大して「水路」となる（口絵6）。冬期は気温（おおよそマイナス30度）と水温（マイナス1・8度）の温度差が甚だしいため、こうしてできた水路はすぐに再凍結する。新たに形成された水路が原因で失われる熱は莫大な量（1立方メートルあたり1000ワット以上）となり、水路ができたせいで外気にさらされた海水は蒸発しながら「氷煙」を立ちのぼらせる（口絵3）。当然、形成されたばかりの若い氷であれば、割れ目ができたとしても、数時間で蒸発を防ぐニラスを作成する。その後風の圧力によって「収束」が起こると――つまり風がばらばらの浮氷を寄せ集めると――再凍結した割れ目を持つ若い氷がいちばん脆いため、風が押し砕き、砕いた氷をまた海面の上下で寄せ集めて山積みにする。こうしてできる細長く変形した海氷（細長いボタ山そっくりに見える）は「氷丘脈」と呼ばれ（口絵7）、海面上の部分は「セイル（帆）」、そして（桁違いに広大な）海面下の部分は「キール（竜骨）」と呼ばれる。北極海では50メートルの深さに達するキールも存在するが、多くは10メートルから25メートルで、30メートルの深さのものも100キロメートルほど移動するごとに見受けられる。セイルの高さに比べ、キールはたいていその4倍の深さ、そして2倍から3倍の幅があり、氷丘脈まで成長した海氷は、海面下に巨大なキールを隠している可能性が高い。なぜなら重力に逆らって海面上で拡張するよりも、浮力がある水中のほうが拡張が容易だからである。

北極の氷丘脈は海氷全体量に大きく寄与している。平均すればおそらく40パーセントが氷丘脈だろうし、沿岸地帯では60パーセント以上になるだろう。最初は単純な細長い氷塊で始まるが、そうした氷塊が接近して互いに凍結しあった結果、数年もするとまるで傷を癒すかのように、周囲の変形していない海氷と同等かもしくはそれ以上の強固さを誇ることもある。このような多年氷が強化された重量級の氷丘脈は、やはり重量級の砕氷船でもないかぎり航行はおぼつかない。それにひきかえ一年氷は薄いというだけでなく、時間をかけて強固に結びついた隆起も持たないので、氷丘脈とは比べものにならないほど脆く、耐氷船の通航の邪魔にすらならない。

南極の氷丘脈は北極ほどの厚さはなく、キールは概して6メートル未満である。その理由は、北極と違って1年経過しても氷がそれほど成長せず、北極では1・5メートルの厚さになるのに比べ、南極ではわずか0・5メートルから1メートルにしかならないからだ。こうした薄い氷は風の圧力でたやすく歪むため、割れ目ができたせいで砕かれて合体することもない。だから氷丘脈の厚さは、その周辺に浮かんでいる氷盤と変わらないことも多く、再凍結した水路が何度となく押しつぶされ、その結果隆起がそびえたつこともない。氷丘脈が海氷全体量の押しあげに貢献する割合も低く、30パーセントから40パーセントにとどまる。南極の海氷に関するさらなる考察は第12章を参照してほしい。

浅海の海氷

海氷が形成されるのはたいていの場合海岸近くのごく浅い海である。その理由は海面に薄い氷が張るほど気温が低いのは海岸付近だけだからだ。できた海氷は海底に定着するので「定着氷」と呼ぶ。もう少し沖合になると、海氷は海面に浮かんでいて、潮のせいでいくつか割れ目ができるものの、座礁しているためにやはり漂流することはない。また氷丘脈が周囲の流氷を引き寄せながら沿岸まで風で流されてきて、浅海で座礁することも多い。動けない氷丘脈周辺で若い氷が成長した場合、その一帯を「定着氷域」と呼ぶ。座礁した氷丘脈のいちばん水深が深い場所まで含まれるので、水深は概して25メートルから30メートルとなる。

一方、沖合の氷は移動を続け、やがてどこかで座礁して動けなくなる直前、いちばん深い部分が海底の堆積物に細長い溝を掘る。これを「アイス・スカーリング」と呼ぶ。アイス・スカーリングを初めて発見したのは、１９７０年の夏、わたしの初めての北極海遠征調査だった。カナダ地質調査所の調査団が、〈ハドソン〉号でサイドスキャン・ソナーを曳航したのだ。サイドスキャン・ソナーとは、超音波ビームを海底面に扇形に発し、その反響で障害物の有無を調べる機器だ。我々全員が泥の多い海底面にはなにもないだろうと予想していた——なんの特色もない沈泥《シルト》が見渡すかぎり広がっているだけだろうと。ところが海底には、まるで酔っ払った農夫が耕したかのように、細長い溝が複雑な模様を描いていた。それは実に魅惑的な文様で、どこまでもまっすぐ伸びる線もあれば、交差したり円や螺旋を描く線もあって、さながら日本の枯山水のようだった。古い線の上には新しい線が上書きされていた。思わず機器に駆けよったことも、2メートルから4メートルの水深の海底に〈ハドソン〉号の航跡と交差するように小さな刻み目のように見える浸蝕の痕跡を発見したことも、いまでも鮮明に覚えている。我々全員が即座に、これは冬に周囲を氷塊に囲まれた氷丘脈が、座礁する前に風と海流の力で引きずられた痕跡だと確信した。氷丘脈の巨大なキールが多様な鋤の役目を果たしたのだ。浸蝕の痕跡は、沖合のパイプライン計画や北極海浅海の坑口装置に、これまで想定もしていなかった危険があることを教えてくれた。

アイス・スカーリングをさらに詳しく調査したところ、その範囲は氷丘脈が形成される水深を遙かに超え、65メートルの深さの場所にまで残っていることが判明した（前述したとおり、30メートルの大きさを超える氷丘脈は稀である）。そのため、氷期かその直後にできたアイス・スカーリングだと推定される。氷期、海は氷床で覆われていたので、ずっと水深が浅かったからだ。北極海はプランクトンの絶対数が少なく（プランクトンの外皮は雨のように海底に降りそそぐ）、海底の堆積物が沈殿するのに非常に時間がかかるため、氷期のアイス・スカーリングの痕跡が埋もれることもなく現代まで残っていたと思われる。

1970年代になって、科学者たちがサイドスキャン・ソナーを利用して深海の調査に着手したところ、グリーンランド沖や南極海、バフィン湾やラブラドル海などの水深150メートルから300メートルの場所で「氷山スカーリング」を発見した。氷山スカーリングは至るところに広がっていて、吹送流の流れる最深部の海嶺の頂点にもその爪痕を残していた。驚くべきことに、これは火星にかつて水が存在したことを立証する事実が初めて発見された瞬間でもあった。わたしの友人でもある、おなじ分野の研究者クリス・ウッドワース＝ライナムは、ニューファンドランド島在住で研究もその地でおこなっている。彼は氷山スカーリングの専門家であり、カナダ北極圏のキング・ウィリアム島（フランクリンの部下が亡くなった場所）と共通点の多い同島でも氷山スカーリングを発見した。同島は最終氷期には海の底に位置し、巨岩が点在する堆積物に近隣の氷河から分離した氷山が浸蝕の痕跡を残した。そしてのちに浮き上がり、同島の現在の姿となったのだ。クリスは２００３年に、宇宙船〈ボイジャー〉号のマーズ・オービター・カメラが撮影した火星表面の写真をぱらぱらと眺めていて、氷山スカーリングそっくりの模様を見つけた。[4] 彼が同僚のジャック・ギニョールと共同で発表した論文は、火星研究を飛躍的に発展させた。現在ではかつて火星には水が存在し、それゆえおそらくは生命体も生息していたことは常識だが、２００３年当時は異端の説だったのだ。浸蝕の痕跡は、かつて火星には水が存在していた事実のみならず、その水は定期的に（おそらくは冬期だけ）凍結しており、遙か昔に氷山なり氷丘脈なりが火星の海底に痕跡を残したことを物語っている。

浅海で起こる現象はかなり複雑である。沖合をかなりの速度で移動する大浮氷群のなかに摩擦の抵抗で速度を落とす氷が現れ、定着氷の先に「シア領域」と呼ばれる層を形成する。この区域では摩擦と圧力のために大きな氷丘脈が形成される可能性が高く、砕けた巨大な氷が散乱する

「積氷域」ができることもある。その過程で形成される巨大で独立した氷塊にはロシア語の名前がついており、「スタムーハ」(複数形はスタムーヒ)と呼ばれている。スタムーハはシベリア北方の浅海で形成されることが多く、冬期に成長した奥行きのある尾根を持ち、定着氷領域の一部を担うが、しっかりと海底に固着しているので、春や夏になっても分離して漂流はしない。そのころには周辺の氷は砕け散り、広大な開水域に独立したドーム形の氷山だけが残される。早春はシベリア川から流れこむ雪融け水のため、表面が泥で汚れて本当の島と見紛うものも少なくはない。こうした氷山はやがて海底から離れて北極海へと流れ、海洋石油の掘削装置や船舶にとって並々ならぬ障害物となるのである。大浮氷群のなかにスタムーハが混じることは稀だが、さいわいにも2012年の夏、グリーンランドとスピッツベルゲン島のあいだに位置するフラム海峡で発見し、調査することができた。(口絵9)ではスタムーハの隆起の大きさとともに、長いあいだにこびりついた泥や藻のために表面が黄褐色なのも見てとれる。わたしはAUV(自律型無人潜水機)を氷の下へ潜らせて、マルチビーム・ソナーで海中の形を観測した。海中の大きさはおよそ28メートルで、予想どおりシア領域で座礁した形跡も残っていた。

ポリニア

極海周辺には、定着氷や氷が山積みになった氷丘脈のなかに、冬期でも開水域が目視できる場所がいくつか存在する。これはロシア語で水溜まりを意味する「ポリニア」と呼ばれる。ポリニアが形成される理由は様々だが、沖に向かって吹く風の存在は大きい。氷は形成されたとたんに風で吹き飛ばされるので、海岸近くに10キロメートルにわたって開水域が続くこともある。冬期は海岸近くの開水域から水分が蒸発するので、開水域は氷煙で覆われる一方で、沖に流された氷は晶氷を形成し、それが風でさらに沖に流されて重量級の大浮氷群と合流する。南極大陸の海岸線には、滑降風が原因でできた複数のポリニアが存在する。滑降風というのは、南極大陸のドーム状の氷床を滑降することで風力を増して沖に向かう風のことで、なかでも海岸線の山脈の峡谷を吹き抜ける風がいちばん強力である。峡谷にはたいてい氷河が存在し、氷河の隆起部にもポリニアができている。ポリニアは定期的に出現し、たいていは名前がついている。（口絵11）はロス海のテラ・ノヴァ湾ポリニアの画像で、かつてはイタリアが、現在は韓国が基地を置いているが、スコット船長率いる北極探検隊が氷の穴で越冬を余儀なくされた場所でもある。

北極海ではそれほど一般的ではないものの、ポリニアは重要な役割を果たしている。ベーリング海のセント・ローレンス島南部にポリニアができるのは、冬期は北風がいちばん優勢になるためで、地元のイヌイットは冬のあいだこのポリニアで狩猟や魚釣りをする。エルズミーア島とグリーンランド北西部のあいだに形成される有名なポリニアは、ノース・ウォーターと呼ばれており（口絵12）、特殊な過程を経て形成される。風と海流によって海氷は南方へと運ばれるが、ふたつの大きな島のあいだの狭い場所を通るときにそれ以上進めなくなると、濡れた砂に脚を取られて飛べなくなった昆虫のように、氷はその場でアーチ状の障壁を形成する。こうして南方へ流れる海流は海氷を置き去りにするので、冬期にはポリニアが形成されるのだ。定期的に形成されるものとしては、グリーンランド北東海岸線に出現するノースイースト・ウォーターと呼ばれるポリニアもある。北極海の海氷群は南へと流されるが、突きだしたノーアオストルニンゲン岬の南端を高速で〝通り抜ける〟ことは不可能なので、岬の風下に開水域が出現するのだ。デンマークの考古学者が、古代のウミアク（獣革で作った屋根のない小舟）と石器を発見したのもこの場所だ。おそらく1000年前のイヌイットはこの場所で定期的に狩猟をおこなっていたのだろう。北緯81度26分のこの極北の僻地で狩猟をおこなった理由は、ホッキョクグマとアザラシの大群が生息していたためと思われる。

この章では手短にそれぞれの海氷の特徴と、それがどのようにして海面で形成され、成長するかを述べた。これからこの素晴らしい物質が地球にとってきわめて重要な役割を果たしており、海氷の後退は気候に深刻な影響を与える可能性があることを考えたい。しかしその前に、地球上に存在するほかの種類の氷、氷河と氷床の硬質の純氷について説明しよう。海氷に比べて変化は緩やかだが、氷河や氷床もまた減少している。

第3章 地球の氷の歴史

氷の誕生

地球上にいつ、どのようにして氷が誕生したのか、はっきりとはわかっていない。45億4000万年前、太陽系星雲が凝縮して地球が誕生し、ガスと塵の円盤状の集合体となって太陽の周囲を回転しはじめた。このころはできたてほやほやで熱を持つ惑星だった。表面は溶解しており、火山活動が盛んな地域もあれば、太陽系星雲の名残の岩石や塵の集合体が衝突を繰り返している地域もあった。大気はほとんど酸素を含まず、主成分は有毒性ガスだった。我々が知るような生命体が生きていける環境ではない。それにもかかわらず、38億年前(41億年前と考える科学者もいる)にはすでになんらかの生命体が存在した。もっとも地球の表面が凝固したわけではないので、液体の水は存在したかもしれないが、氷が存在しなかったのは間違いない。ごく初期の地球を知るのに最適の材料である化石は、生命体の起源とされている石墨成分を含むものが多く、グリーンランド西部で発掘された37億6000万年前の岩石からも石墨成分が発見されたことは実に興味深い。もちろん当時は現在の形のグリーンランドは存在しなかったが、その場所には液体の海があり、泥状の堆積物に原始的な生物が生息していたのだ。

生命体にまつわる話は興味が尽きないが、我々の知るすべての事実は、その起源からつねにどの世代の生物であろうと水の存在が不可欠だと示している。生物細胞の主成分は水分なのだ。では次第に冷却が進んだ地球に、水が初めて登場したのはいつだったのだろうか。地球内部からガスが放出されたこと、そして彗星や小惑星との衝突、おおまかにいえばそのふたつの理由で水が形成されたと考えられている。

こうしたごく初期の生命体は、顕微鏡でなければ観察できない単細胞の微生物で、5億8000万年前までおなじ形態で生息していた。つまり地球上生命の進化の歴史の8割は単細胞生命体の緩慢な変化で、その後突然として多細胞生物が出現したのだ。そのような進化が起きた理由は、細胞が分化して異なる役割を果たすようになり、やがて内臓や手足へと進化したからだ。それ以前の進化の過程は解明されていない。単細胞生物から多細胞生物へと劇的な進化が起こるのに、それほど長い時間が必要だったことは意外でもある。なにしろ初めて光合成できる生命体が誕生したのは20億年ほど前なのだ——それにより太陽放射を吸収し、二酸化炭素の助けを借りて新しい生命体を作りだし、同時に酸素を排出することが可能になった。それ以降地球の大気中の酸素濃度が増加し、海と陸双方でおなじみの単細胞植物が生息することが容易になった。

地球が形成され、最初の多細胞生物が誕生するまでの40億年近い期間のことを、古生物学では先カンブリア時代と呼ぶ。この時代、氷はどこに存在したのだろうか。

スノーボール・アース説の矛盾

古代気候の研究者たちは、地球の気候の歴史をおおまかに現在よりも遥かに暖かい〝温室期〟と遥かに寒い〝氷室期〟とに分けている。地球の歴史の75パーセントは温室期だった。だが興味深いことに、先カンブリア時代の氷期は、その後の氷期よりも疑問の余地なく過酷だったようだ。我々が知るかぎりでは、最初の氷期は地質学者からヒューロニアン氷期と呼ばれていて、あまり普及してはいないが氷河の堆積物が発見された南アフリカの地名にちなんでマハニヤネ氷期という呼称もある。それは24億年前から23億年前のことで、光合成できる生命体が誕生する前、つまり大気中の酸素濃度はそれほど高くなく、時間をかけてゆっくりと進化する単細胞生物にとって地球の環境はかなり厳しいものだった。この氷期は最近の氷期と比較するとかなり過酷なうえに長く続いたので、地球の生命体に忘れがたい痛手を残したに違いない。

この氷期は、地球全体、海も陸もすべて凍結し、それゆえアルベドは非常に高く、宇宙からは地球が白く見えたと考える科学者がいる。これを〝スノーボール・アース説〟といい、１９９２年に米国カリフォルニア工科大学ジョセフ・カーシュヴィングが提唱して[1]以来、論議を呼んでいる仮説である。その概念は現在ではきわめて強固に確立されているが、あまねく受けいれられているわけではない。我々が答えなくてはいけない疑問はいくつもある。スノーボール化はどのようにして始まったのか。それはいつまで続いたのか。どのようにして地球はその状態から脱却できたのか。そしてスノーボールそっくりだった期間、地球はどのような活動をしていたのか。そうした疑問に正確に答えるのは難しい。原生代にたどった過程を示す証拠を発見するのは困難だからだが、おおむねこのような出来事が起こったと考えられている。

マハニヤネ氷期、太陽は現在ほど輝いていなかった。現在〝太陽定数〟つまり地球に届く太陽の放射エネルギー量は年間を通じて安定していて、ごくわずかな変動しかしない純粋な定数だと考えることに慣れている（もっとも、ごくわずかな変動でも気候変動を起こすには充分だと主張する者もいる）。しかし正確にいえば、太陽の輝きは10億年ごとに6パーセントとわずかではあるが一定して上昇した結果、いまの太陽定数になったとされている。23億年前の地球がいまよりも15パーセント薄暗い太陽でも暖かかった——事実、現在よりも暖かかった——のは、膨大な二酸化炭素以外にも、活発な火山活動で放出されたメタンなどの温室効果ガスのおかげだった。そうした火山活動が突然なりをひそめたら、地球が現在よりも寒冷化しても不思議はない。マハニヤネの名は南アフリカで発見された氷期の堆積物にちなんでつけられたのだが、それは南アフリカが赤道に近かった時代に残された堆積物で、氷河作用は世界中に広がっていたことと、それがおそらく火山活動が低下した結果であることを示唆している。もちろん、現在でも赤道付近に氷河は存在する――たとえばキリマンジャロの頂上――が、マハニヤネ山は標高が低いので、世界中が氷河で覆われていたと推定できる。

この氷期をべつの角度から考察すると、すでに光合成する生命体は誕生しており、大気中の酸素濃度は増加を始めていた。酸素とメタンガスが反応すると二酸化炭素ができる。二酸化炭素はそれ自体も温室効果ガスではあるが、メタンガスよりも効果は低い（分子あたり23分の１しかない）。そして大気中の大量のメタンガスは、この遊離酸素が現れたとたん酸化して減少を始めた。ガイア説よろしく、みずから惑星の環境を修正しようと、大気中のメタンガスを減らして冷却したものの、結果として氷期は生命体に情け深い環境どころではなかった。

地球がスノーボールと化したとき、生命体はどんな反応を示したのだろうか。そしてスノーボール・アースはどのくらいの期間続いたのだろうか。期間については、ある程度まで自動的に継続すると考えられる。雪と氷に覆われたことで、地球のアルベドの平均値は約80パーセント（現在値は30パーセント）に上昇し、太陽の入射エネルギーの大部分を宇宙空間へ反射するようになる。その結果、スノーボール・アースの平均気温はマイナス50度で、いちばん暖かいであろう赤道付近でもマイナス20度と推定されるので、とても生命体の生息に適した環境ではなかった。不明な点のひとつに、海を覆う氷の厚さがある。おそらくは想像を絶する厚さで、１キロメートルに達するかもしれず、陸ではなく海で形成されるという違いはあるものの、現在の南極大陸近辺に浮かぶ棚氷に似ていると思われる。赤道付近では気温が比較的高いために薄く、高緯度の分厚い氷は現在の氷河のように赤道に向かって流されていく。ただ氷が流されるのは陸ではなく、海という違いがある。そして中央の赤道付近の氷の厚さは、数百メートルからたった1メートルまでどちらの可能性も考えられる。しかし、この相違は大きい。1メートルだとすると、多数の割れ目や水路ができており、大気と海のあいだでガスや熱を交換していると思われるし、なによりも海中生物に光合成が可能なので地球の酸素濃度は上昇する。もっとも火山活動も続いているので、大洋中央海嶺の海底火山が爆発し、噴火口から排出されたガスによって、大気中の二酸化炭素とメタンガスの濃度も上昇するだろう。そのどちらかが温室効果の条件を満たし、氷が融解を始め、暖かい地球へ戻ったと考えられる。スノーボールの状態が何百万年と続いたあと、融解は2000年程度と非常に速く進んだ可能性もある。無数の単細胞生物が活発に活動していたので、長期間続いた寒い時代も多くの種が生き延びた。

さらに2回のスノーボール

最初のスノーボール説はまだ決着はついておらず、地質学者や気候モデラーから反論も多く寄せられた。しかし地球がスノーボール化したのは1回ではないようだった。つぎは15億年ほどあいだをおいたスターチアン氷期で、わずか7億1000万年前だ。このときは二酸化炭素が原因という仮説が唱えられている。プレートテクトニクスによると、地球ではつねに大陸と海洋の地殻岩石双方がプレートの周囲を移動し、さらにプレート自体も端が重なりあって相互に影響を与えており、一方でマントルを源泉として生じた流動体はどこかで新しい地殻を形成している。7億1000万年前、プレートは大陸を載せたまま移動して、赤道付近で超大なひとつの大陸パンゲアを形成した。それによりケイ酸塩鉱物の風化作用が加速され、岩石中のケイ酸マグネシウムが二酸化炭素に反応して重炭酸塩とケイ酸溶液を形成した（これは近年、ケイ酸塩鉱物を細かく砕いて浜に撒くことで、大気中の二酸化炭素量を減少させる方法として提唱されている。第13章を参照）。ケイ酸塩鉱物は露出されると熱を帯びるので、さらに風化作用が加速される。パンゲアが分裂を始め、それぞれが離れて新しい大陸となると、増加した沿岸部では露出したケイ酸塩鉱物が雨で濡れてさらに風化する一方、縮小した内陸部はしばしば砂漠化した。これらふたつの影響で促進されたケイ酸塩鉱物の風化作用により、二酸化炭素は消費され、地球を寒冷化して新たなスノーボールを作りだした。このスノーボールは6000万年続いた。

最後に、6億3500万年前に3回目にして最後のスノーボール化が起こった。スターチアン氷期の直後に続いたマリノアン氷期だ（双方とも南オーストラリアの地名にちなんで氷期の名がつけられた）。このときは6000万年から1200万年のあいだ続き、やはり二酸化炭素と風化作用が原因とされているが、それ以外にも多様な要因が影響したはずで、巨大な宇宙ゴミの雲が太陽放射を遮断したといった天文学的な要素も考えられる。

スノーボール・アースの概念は最近提唱されたもので、これだけ長いときを経てしまっては証拠を探すことも困難を極め、いずれ概念自体が根拠薄弱と証明されて終わる日が来る可能性もある。とはいえ、先カンブリア時代に3回、そして我々が知るかぎりではその3回きりではあるが、たとえスノーボール化は起きなかったとしても長期間続く氷期が存在したのは事実だ。裏を返せば、自然なままの地球は気が遠くなるほどの期間氷に覆われていなかったことを示している。それどころか、現代よりも暖かいこともめずらしくなく、たまに氷で閉ざされるのは地球全体のサーモスタットが突然として故障したようなものだったのかもしれない。では、その後なにが起きて、600万年氷期が繰り返し続く時代へと突入したのだろうか。

天文学的要素による氷期への移行

過去6億年の地球の発展の過程において、〝氷室期〟に対する〝温室期〟を考えてみよう。原生代気候はまだ始まったばかりの若い学問なので、これほど劇的な変化がどうして起きたのか、証拠の検証はまだ着手したばかりだといえる。なにしろ原生代の氷期の数がそれほど少なく、おそらく期間も短かった理由すら不明なのだ。地球の歴史はまだ解明できない謎のほうが多いが、あらゆる点を鑑みると原生代のほとんどの期間は暖かかったようだ。

本書は地質学の本ではないし、この惑星の気候変動の歴史を検証するつもりもない。わたしの興味は氷とその役割、そしてその役割を終えようとしていることの意味に限定されている。しかし大気中の二酸化炭素濃度が急増している現在、地球の歴史を振り返るのは有意義と思われるし、そこからこの惑星のためにできることのヒントをつかめるかもしれない。気候史から学べることのひとつは、地球の歴史において現代ほど大気中の二酸化炭素濃度が上昇した時代はないという事実だ。人類は自然界のシステムに前例のないほど干渉するという、ある種壮大な実験に着手してしまったのだ。

６５００万年前に起こった大きな出来事といえば、メキシコのユカタン半島に巨大隕石が落下し、地球規模の大災害を引き起こした有名な事件が挙げられる。その衝撃波と高波の影響は地球全体におよび、大量の土、岩石、塵が大気中に放出され、世界は暗闇と死で閉ざされた。核戦争が起きるとそうなると予言されている、いわゆる〝核の冬〟[2]のような極寒の冬が続いたことは間違いない。恐竜が絶滅した原因は、体温調節機能が急激な変化に対応できなかったためと考えられている。だが数千年たつとその衝撃は弱まり、地球は温暖化に向かった。１万年で、二酸化炭素濃度は２０００ｐｐｍ上昇し、気温も７・５度上昇した（年平均にすると、二酸化炭素濃度は０・２ｐｐｍ、気温は０・０００７５度上昇した）。大災害の最中、凝縮した炭酸塩と頁岩から、炎上中の山火事から、また水温上昇のために、４兆５０００億トン（いいかえれば４・５ギガトン、ギガトンは10の９乗トンである）の炭素が大気中に放出されたことが二酸化炭素濃度の上昇につながった。もっとも二酸化炭素濃度上昇の割合は、現在の年平均３ｐｐｍと比べれば比較的低い。これまで知られているかぎりの自然現象と比較しても、我々人類は遙かに急激に温室効果ガスを大気中に注入しているので、巨大隕石落下の衝撃と同等の結果を引き起こす可能性もある。

1000万年後、シベリアでメタンガスの大規模流出が起こった（その原因は不明）。それにより温暖化が進み、大気中の二酸化炭素濃度は1800ppm、気温は約5度上昇した。しかし、この変化に1万年の月日が必要だったので、成長率を考えると1年あたり二酸化炭素濃度はわずか0・18ppm、気温は0・0005度にすぎない。これはまた地球の歴史において、種の絶滅や環境の変化も含む大事件だったが、それでも二酸化炭素濃度の上昇率は現代の我々が地球に課しているものに比して多いわけではない。

そうした暖かい時期を経て、地球の気温は5000万年のあいだ徐々に下降線をたどることになる。例を挙げると、深海の水温記録にもそれは現れている［3－1の第2の局面］。海底堆積物に残

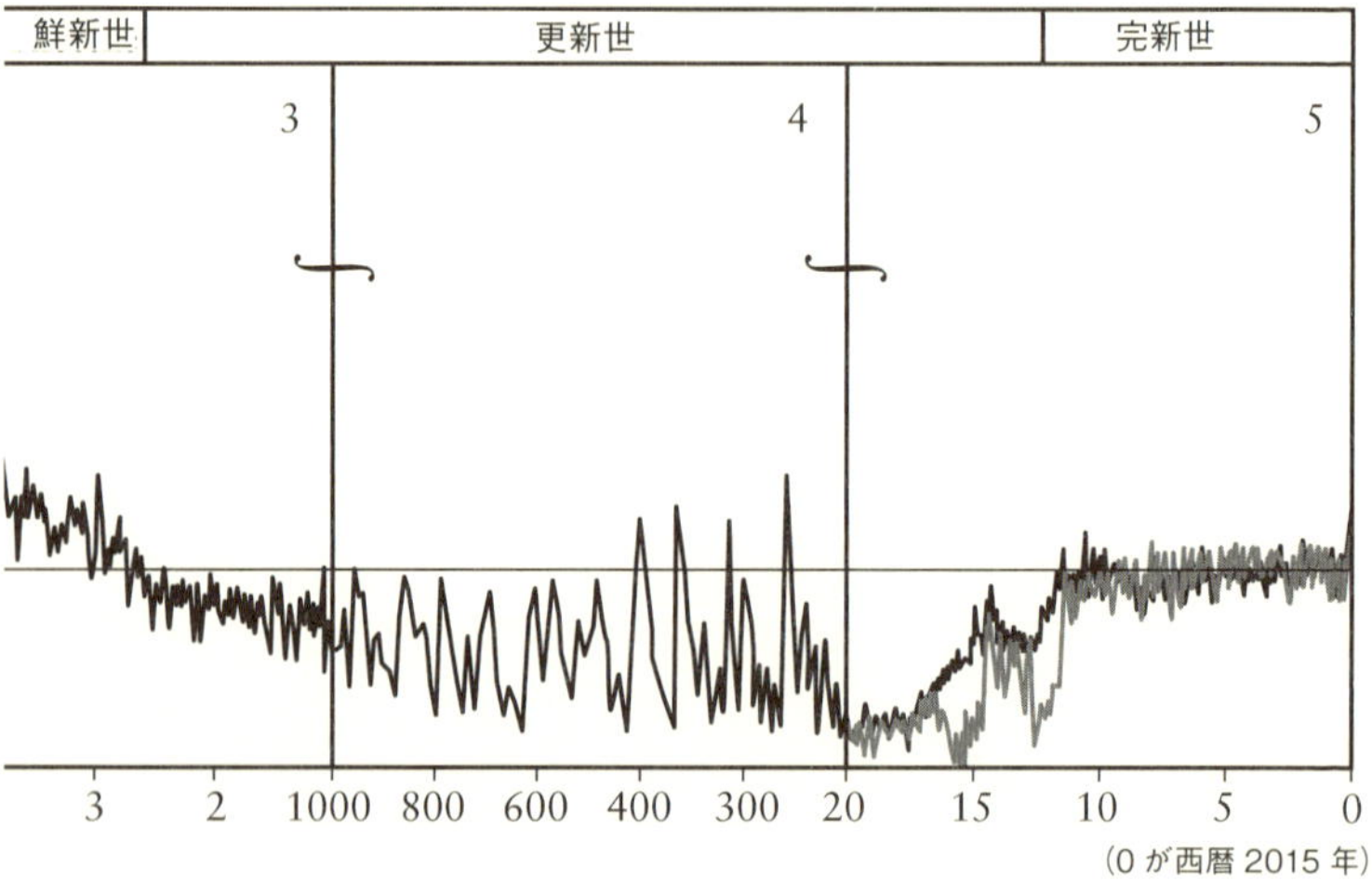

る底棲有孔虫（甲殻に守られた小さな海洋生物）の甲殻内の酸素18と酸素16の比率で、水温を推定することができるのだ。この普通の酸素16と2個の余分な中性子を持つアイソトープ、酸素18の割合は、有孔虫が成長する水温によって変化する。科学者のあいだでは長期間続いた気温の低下は原因不明とされているものの、おそらく温室効果ガスと、5000万年かけて大陸の分布が変わり、南極大陸が高緯度へ移動したために氷床が形成されたことが関係しているのは間違いない。

そして氷期が繰り返される〝現代〟へと移行する。ここ600万年、地球の気温の平均値が低下したのは、地球の軌道に小さな変化があり、それにより地球表

[3-1] 地球の気温記録。第1の局面は深海の堆積物のアイソトープの比率から算出した現在よりも高い気温で、徐々に低下し、約300万年前に現在の水準に達したのがわかる。第1局面は5億から8000万年前。第2局面は6000万から600万年前で、始新世時代から鮮新世時代にかけて気温は低下した。第3局面はつぎの氷期に向けてさらに気温が低下した。第5局面は最終氷期から脱出した記録だ。

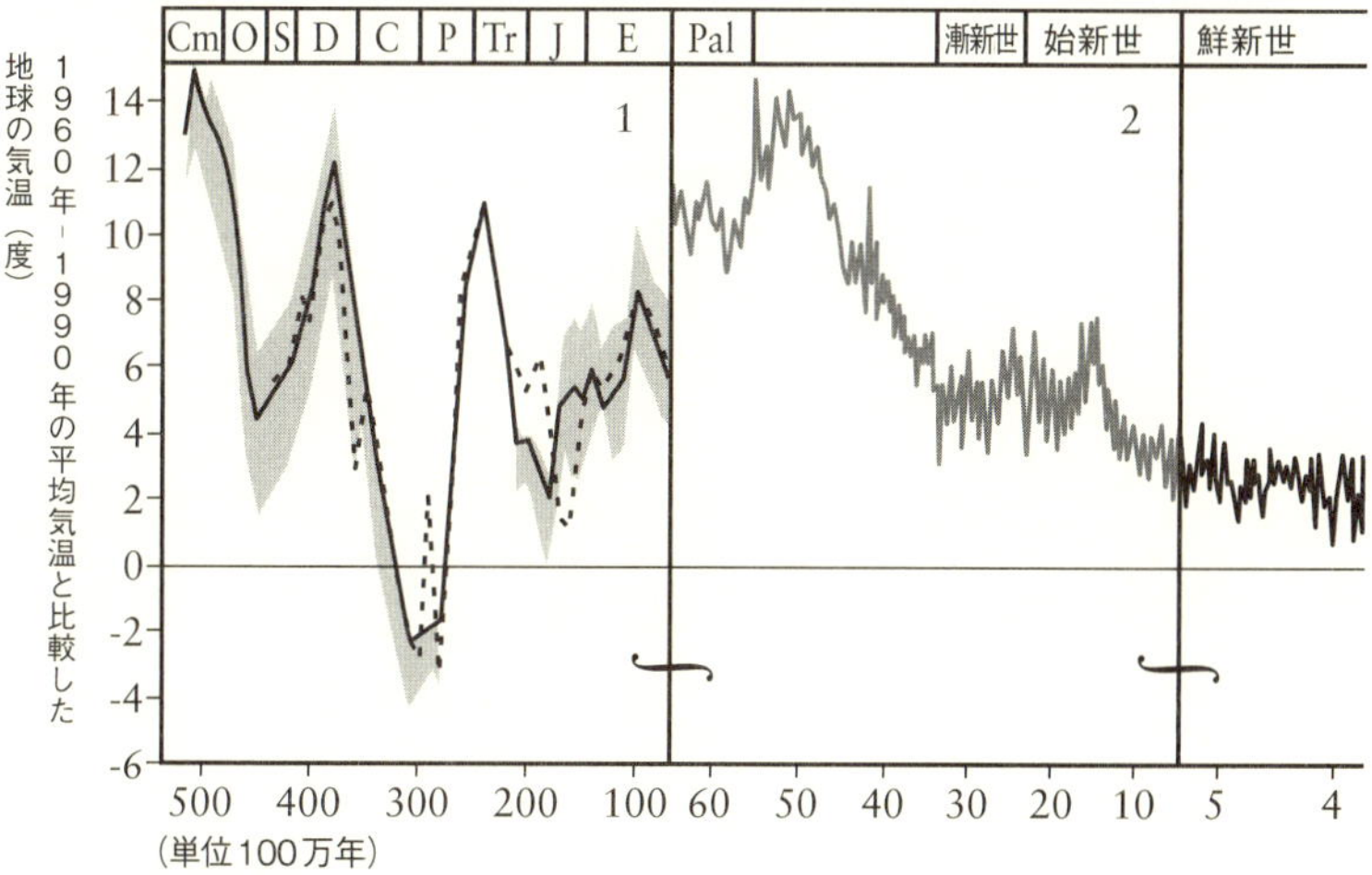

面に放射される太陽エネルギー量にも小さな変化があったためだ。その結果、平均気温は変化し、氷河は周期的な前進と後退を繰り返すようになった——氷期の始まりだ。19世紀後半になるまで、地質学者さえも地球の歴史において氷期は「1回」きりだったと考えており、それが大氷期と呼ばれていた事実にはかなりの驚きを覚える。その大氷期は率直にいえば最近の出来事で、続いたのはわずか数万年、そして約1万2000年前には終結した。いまでは、暖かい間氷期と氷期は周期的に繰り返されており、その氷期はいちばん最後のもので、周期は600万年前まで遡ることができるとわかっている。前述したとおり、その前は氷期と呼ぶには暖かすぎる時代が続いたので、おそらくは惑星の歴史のごく初期に数回だけ例外的な出来事（スノーボール・アース）が起こり、それが数百万年続いただけだと考えられている。周期的に氷河時代が繰り返されるには、天文学的な変動によって、永続的な氷期を迎えるほどではなく、氷河が前進と後退を起こす程度に気候が寒冷化する必要がある。氷期の気温が鋸歯状に小刻みに変動するのはおそらくここ数百万年の現象であり、それまでの地球の歴史のほとんどの期間で寒冷期と温暖期が交互に現れることはなかった。化石燃料を使用して大気中に二酸化炭素やそれ以外のガスを排出することで、つぎの氷期へと向かうことを阻止していると考える科学者もいる。阻止どころか、氷期サイクルを完全に停止し、数千万年前のように永続的に暖かい地球へ戻る可能性もある。

現代の地球の気候を支配している、氷期の驚くべきサイクルについて考えてみよう。

第４章

現代の氷期のサイクル

鮮新世と氷期

現代の気候が始まった時期を鮮新世（５３０万年から２６０万年前）と呼ぶ。この時代の地球全体の気温は、産業革命以前よりも2度から4度高く、海面水位も25メートル高かった。この事実が示しているのは、氷床を形成する海水が少なかったことだ。なにしろ南極大陸には氷床が存在したものの、グリーンランド島は氷と無縁だった。北極海にも海氷はなかった。この状況は、これから迎えるだろう我々人類が気候を変更してしまった未来に酷似している。もっとも、短期間にそれほど海面が上昇する可能性は低いだろうが。気温が高いと水文地質学的サイクルが強力に促進されるため、蒸発量と降水量が極度に増加する。その結果、熱帯雨林が拡大し、（現在は砂漠の）サバンナで草木が生い茂り、氷冠は（現在の3分の2に）減少した。人間の遠い祖先は存在したが、地球の発展に影響を与えるほどの数ではなかった。すさまじい豪雨と熱波のため、農業は不可能だったと思われる。そうした環境下では、祖先たちも種を蒔き、その生長を期待することを思いつかなかっただろう。この時期の主要な出来事は、それまでの気温と比較すると寒冷化が始まったことだ。とはいえ、氷期サイクルと呼ぶにはまだ暖かすぎた。

その後も鮮新世のあいだは寒冷化が進んだ。その要因のひとつは、大陸プレートが継続的に移動してパナマ運河が形成され、南北アメリカ大陸が分断されたことだと、つい最近まで考えられていた。赤道付近の膨大な海流が自由に移動できなくなり、暖かい太平洋の海水が大西洋に流れこむことがなくなったため、大西洋の水温はさらに低化したというのが定説だった。しかしこの説は、最近コロラド大学のピーター・モルナールによって論破された。パナマ運河は300万年前ではなく、2000万年前から存在したので、運河自体が寒冷化の主な原因となる可能性はないことを示したのだ。よって新しい原因を追い求めなくてはならない。気候の記録によると、鮮新世の終末期へ向かう300万年前には地球全体が寒冷化し、グリーンランドは氷床で覆われ、現代の氷期が繰り返される時代の到来を告げていた。

更新世、完新世の氷床の記録

この時期、地球全体の気候に新しい現象が起こった。前の章で述べたとおり、地球の気候は20億年の歳月をかけてゆっくりと変化してきた。おおむね現在よりも暖かい時期が多かったものの、たまに長期間極寒の氷期が出現し、その時期は地球全体が凍結して〝スノーボール・アース〟となっていた可能性もある。だがそれまで寒冷期と温暖期を数万年のあいだ交互に繰り返してきたわけではなく、それが始まったのはこの時代だった。そしていつまで続くのかはわからない――もっとも人類の活動がそのサイクルを破壊した可能性も考えられる。

そうした気候変動の詳細な記録を入手するのに最適なのが、グリーンランドや南極大陸の氷床で採取した「氷床コア」だ。その形成の過程から始めよう。氷床に雪が降り、その積雪の上にさらに雪が積もることで自然と圧縮される。１年間の積雪はみずからの重量で徐々に分量が減り、さらにその上に新たに雪が積もることで押しつぶされ、密度が増す。積もったばかりの雪の密度はわずか０・３（１立方メートルあたり３００キログラム）だが、押しつぶされて50メートル近く下の氷床面まで降下すると、密度は１立方メートルあたり８００キログラムとなる。押しつぶされることで性質も変化し、軽い薄片状の積雪が「フィルン」と呼ばれるもっと大きな粒状の積雪になり、最終的には氷へと変化する。圧縮された雪が氷へ変化するときの密度は１立方メートルあたり８００キログラムとされている。それより積雪の密度が低い場合、大気や融解水は自由にフィルン中の隙間を通過・浸透できる。１立方メートルあたり８００キログラムの積雪は、互いの圧力で結合して連続体となり、空隙の形である程度大気が残っているものの、それはさらに圧縮されて少しずつ収縮する。こうして氷床の奥深くに極小の気泡が高圧力下で封じこめられる。そして氷床上部は毎年形成される層が目で見てわかる厚さとなっており、平らな氷山の側面が露出した場合など、断面を観察すると層が重なっていることは一目瞭然である。さらに下方へ目を移すと、圧縮された層はさらに薄くなり、しまいには年ごとの層が区別できなくなるので、氷の圧縮率でいつの時代か推定しなければならなくなる。

自然はこのようにして層となった氷の記録を１００万年前から残しており、氷床を岩盤まで垂直にドリルで掘って切りとれば、氷床コアを入手することができる。また氷期サイクルがいつごろ始まったのか、明確に定義できない原因もそこにある。では、この記録を解読する方法を説明しよう。さいわい、積雪の層が残っているなら、それぞれの温度を算定するすばらしい方法がある。前章で触れたとおり、酸素にはアイソトープと呼ばれる2種類の原子が存在する。〝普通〟の酸素16は8個の陽子と8個の中性子を有し、〝重い〟酸素18は稀少で、さらに2個多い中性子を有する。通常、酸素18は５００個に1個の確率で存在する。海面から水分が蒸発するときは、より軽い水分子（H_2O^{16}）のほうが、重い分子（H_2O^{18}）よりも早く蒸発する。この酸素16の比率が高い水蒸気は、その後雲で氷の結晶が形成される過程でも選別されるため、それはさらに濃縮した形となる。おなじ気温で同時に雪が形成された場合、酸素16と酸素18の比率がどうなるのかは実験によって判明しているので、雪は過去の気候の完璧な温度計といえる。科学者たちはさらに工夫し、氷内部の非常に圧縮された気泡から微量の気体を抽出し、二酸化炭素とメタンガスの含有率を測定した。それによりここ１００万年の気温はもちろん、大気中の温室効果ガスの濃度まで知ることができる。さらに加えて濃縮された塵を研究すれば、その時期の気候の乾燥度も、そこから地球に存在した砂漠の数も推察できる可能性がある。最後に、大規模な火山爆発は火山灰の堆積から推察できるが、これは劇的な気候変動が起きた時期を示している可能性もある。最近の研究によると、ここ２０００年で１１６件の火山爆発が起きたことが確認されており、なかでも最大のものは１２５７年の謎の火山爆発で、2年から3年にわたって気候に影響を与えた可能性が高く、最終的にはその原因をインドネシアのスマトラ島の火山群までたどることができた。つぎに大きな規模の火山爆発は１４５８年のバヌアツ共和国で、そのつぎは7万１０００人が死亡した１８１５年のタンボラ山爆発だ。この爆発は翌１８１６年のヨーロッパに夏のない年をもたらし、その結果農作物の収穫量が激変したため、ナポレオンの失脚直後[1]という事情もあり、甚だしい社会不安を引き起こした。

　南極大陸とグリーンランドの氷床から初めて氷床コアを採掘したのは１９５０年代と１９６０年代のことで、それから氷の記録の解読が始まり、その後解析技術は飛躍的に進歩した。当初は氷期と間氷期の記録をそのまま分析するだけだったが、現在では遥かに詳しい気温とガスの記録を入手できるため、気温の急激な変化の原因も数えきれないほど明らかになった。それとともに、どのようにして氷期へ突入したのか、あるいはどのようにして脱出したのかの詳細が判明し、なによりも最後4回の氷期が、あたかも地球が定期的な変動の影響を受けたかのように、それぞれ驚くほどの類似性を有することが明らかになった。では、どうしてそのようなことが起きたのだろうか。

氷期に関する天文学説

旧ユーゴスラヴィア人科学者ミルティン・ミランコヴィッチが、1920年に氷期の周期パターンの鍵となる理論を発表した。だがそれ以前にも、独学で物理を学んだ優秀なスコットランド人科学者ジェイムズ・クロールが、この理論を提唱していた。彼はグラスゴーにある科学図書館（アンダーソニアン大学博物館）の管理人として働いており、図書館の蔵書を読んで科学知識を取得し、ほかの科学者たちがようやく気づきはじめた[2]1867年にこの理論を提唱したのだ。

地球上で受けとる放射エネルギーの総量は1年を通じて本質的におなじ（「太陽定数」）だが、地球の軌道の変動要素は3種類あり、季節なり緯度なりによって違ってくるという説だ［4-1］。

第一の変動要素としては、太陽の周囲をまわる地球の軌道は楕円形なので、その離心率が変化することが挙げられる。軌道はほぼ真円のように見えるが、正確には完全な円ではない。そしてかぎりな

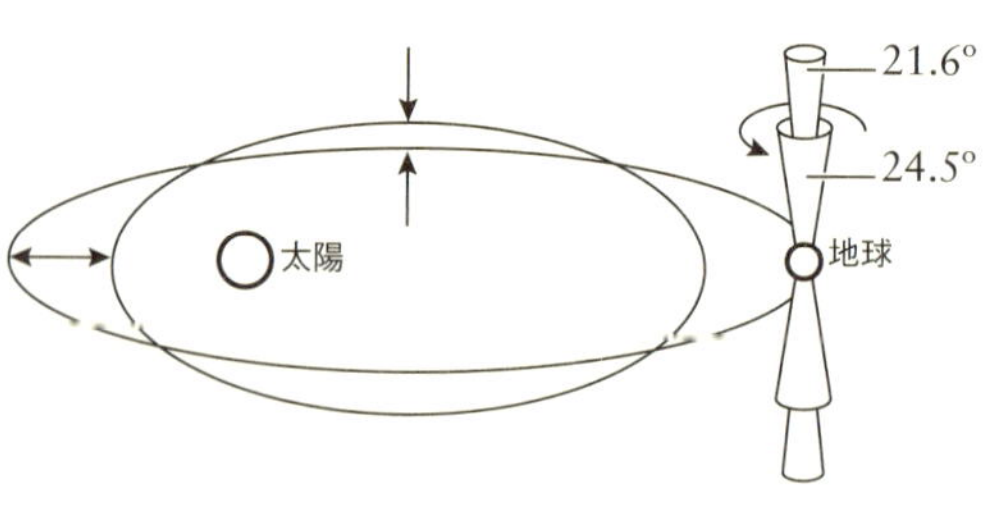

［4-1］地球の軌道の3パターンの変動。

く真円に近づくときは、定数の太陽放射を1年を通じて均等に受けとるが、離心率が最大になるにつれ、年ごとに太陽放射の最大値と最小値の差は明白となる。離心率が０・０１６７というのは、軌道の半長径が太陽と地球の平均距離の１・０１６７倍という意味で、一方最小距離は平均の０・９８３３倍となる。地球の軌道は10万年かけて、最大の離心率から最小へ、そしてまた最大へと1周変化する。

第二の変動要素としては、地球の自転軸と軌道軸との傾斜角が挙げられる。その角度が23・4度というのは、太陽が鉛直に照らすことができる緯度の限界を表しており（23・4度はそれぞれ北と南の回帰線だ）、それよりも高緯度の地域は少なくとも年に1日は太陽が沈まない、あるいは昇らない日がある（たとえば北極圏と南極はそれぞれ北緯66・6度以北と南緯66・6度以南だ）。傾斜角はジャイロスコープのように歳差運動をし、４万１０００年の周期で21・6度と24・5度のあいだを変動している。かつて回帰線と極圏は地球上で固定されていると考えられていたが、実際にはそうではなく、２７０キロメートルの範囲内で南北間を移動している。

最後に第三の変動要素としては、楕円を描く地球の軌道が1年でいちばん太陽に近づくとき、つまり「近日点」が挙げられる。この時期もまた2万３０００年の周期で歳差運動をしており、現在は12月だ。北半球の居住者には、冬のさなかにいちばん太陽に近づくのはひねくれているように感じられるかもしれない。

3種類の変動要素により、時期や緯度の違いによって、放射エネルギー量が変動する。その差はわずかだが、陸地のほとんどは北半球に集中し、南半球はほとんどが海で占められている地球は非対称の惑星なので、その影響は大きい。陸と海で放射エネルギーの吸収が違うため、ミランコヴィッチの唱える放射エネルギーの変動が地球規模での気候変動の原因となるのだ。それゆえ地球の平均気温は、何万年もかけて波形を描きながら、3種類の要素を反映してなだらかに上昇するものと考えられている。ミランコヴィッチ・サイクルの要因すべてを足しても、気候への天文学的な影響はきわめて穏やかだが、それに対する地球の気温の反応は穏やかとはいいがたい。その理由を考えてみよう。

氷床コアに残された記録

［4－2］はここ40万年ほどの気候記録である。氷床コアを分析して、（酸素18と酸素16の比率から）気温と（気泡から）二酸化炭素とメタンガスの濃度を推定した。ここにはふたつの目を惹く事実がある。第一に、それぞれの変化が一致していることだ。間氷期の高気温期は二酸化炭素とメタンガスも高濃度であり、低気温期は二酸化炭素とメタンガスの濃度も低い。第二に、ミランコヴィッチ外部因子のようになだらかな曲線を描くのではなく、変化は鋸歯状に現れることだ。力強く氷期から脱出した地球は、おそらく1000年から2000年かけて気温が10度近く上昇して間氷期に入り、その後はつぎの氷期へ向けて10万年かけて徐々に寒冷化してい

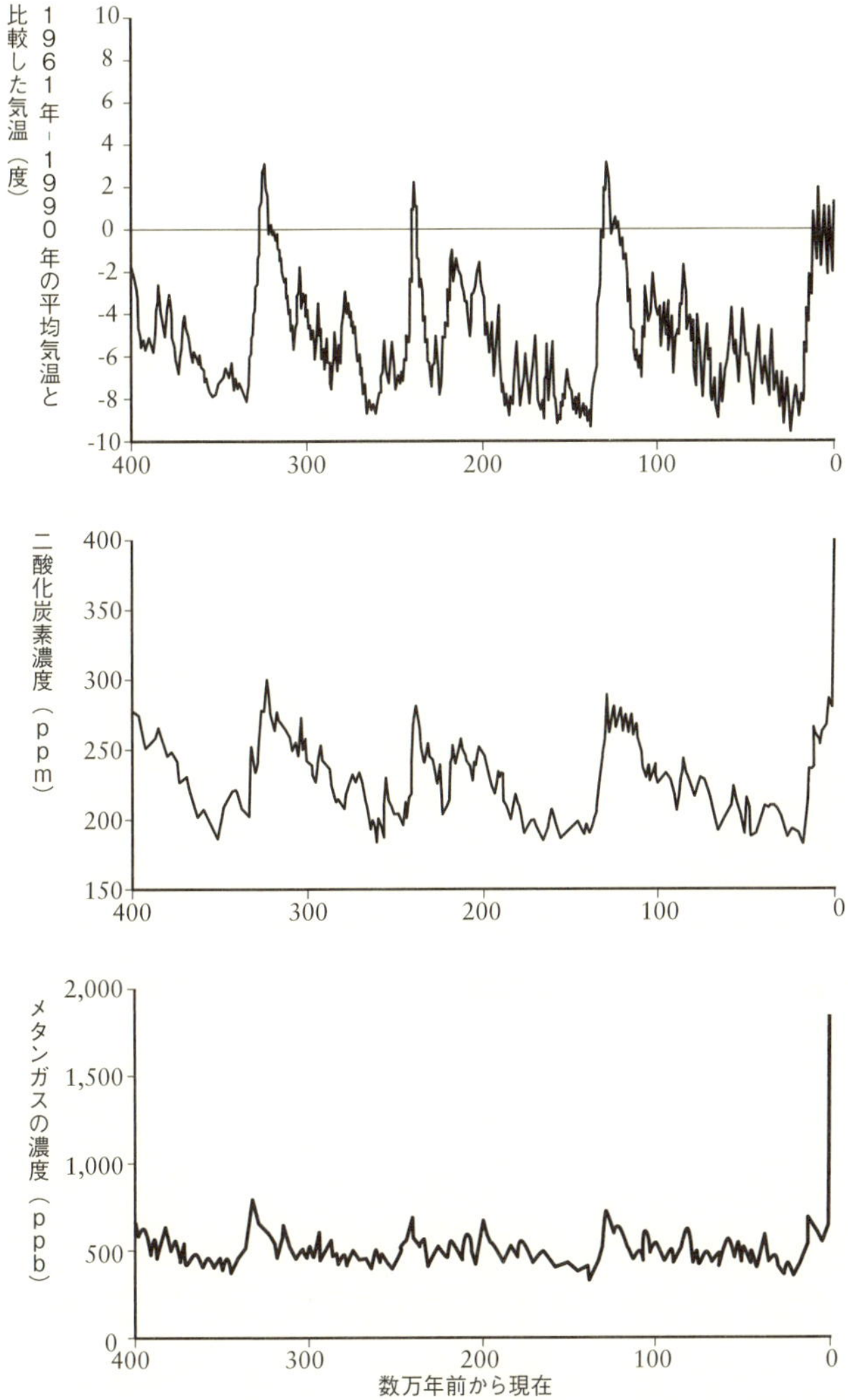

[4-2]氷床コアを分析した 40 万年の気候記録。地球の気温と温室効果ガスとの類似性に注目。（横軸単位は 1000 年）

く。特筆すべきは、40万年間の記録のなかにそれぞれ期間が異なる4回の氷期が含まれているが、すべて気温とガス濃度の記録が似通っていることだ。気温は小刻みに変動しつつ総体的にはゆっくりと下降線を描き、つぎの氷期へと突入する。二酸化炭素濃度はおよそ280ppmから180ppmへと低下し、メタンガス濃度も700ppbから400ppbに低下した。そして3回その低下期から急上昇して、以前の間氷期と同水準になっている。現況は少なくとも3回あった間氷期と似通っている。では、どのようにして、そしてなにが原因でそうした変化が起こるのだろうか。

この驚くべき気候記録を目にすると数多くの疑問が湧き起こるが、その疑問のなかには答えが不明のものもある。第一に、二酸化炭素とメタンガスの濃度は、どうしてこれほど明確にかぎられた範囲内でだけ変動するのだろうか。地球の初期の歴史における氷期の証拠を検分すると、その理由は様々考えられるが、氷期は1回きりの出来事であるものの、すべてその1回で最終段階まで到達していることがわかる。また少なくともここ100万年は、そのうち氷期へ向かうことは周知の事実であり(反応が鋸歯状に現れること以外は、ミランコヴィッチ外部因子とも合致する)、氷期に突入すれば気温低下とともに二酸化炭素濃度とメタンガス濃度も低下するだろうと予想できる。その事実を念頭に置いたうえで、(いま現在、我々人類がこの惑星に課している不可逆の負担は考慮に入れずに)ミランコヴィッチ外部因子を用いれば、つぎの氷期へ突入する時期とその期間、そのときの地球の気温変化は予測可能であり、氷期の二酸化炭素とメタンガス濃度はそれぞれ１８０ｐｐｍと４００ｐｐｂだと思われる。このサイクルは今後も継続するという前提で議論を闘わせることも可能だ。もっとも、いうまでもなくすでに議論は始まっており、それによりつぎの疑問が浮かびあがる。天文学的要因で氷期が始まるのであれば、それはいつ、どのような理由で始まるのだろうか。前述したとおり、氷床コアの記録は歯がゆいことに１００万年分しか残っていない。岩盤の真上に位置する最後の数世紀の氷床コアは、限界まで圧縮されているだけでなく、地熱が原因でわずかに融解しているので、この方法で１００万年以上前の記録を入手することは不可能なのだ。氷床コアのいちばん古い記録は、氷が全体的に限界を超えて圧縮されているため信頼性に欠けるとはいえ、４回の氷期を含むここ40万年の記録は、気候変動に規則性があること［４－２］のなにより明解な証拠を提供しており、それよりも古い時期の記録もおなじパターンを踏襲しているようだ。

ミランコヴィッチ・サイクルが氷期から間氷期へ、またはその逆へと地球の気候を転換したときには、スタート地点といえるときがあったに違いない。それ以前は、ミランコヴィッチ説の最小値に収まっているにしろ、これから氷期に突入するにしては気温が高すぎるだろう。その現代の氷期のスタート地点は鮮新世の終了時だったようだが、それ以降に氷期が何回あったのか正確なところはわからない。１００万年間の氷床コアの記録だけでも６回から７回の氷期が存在したようなので、実際には20回以上あった可能性もある。もっとも初期の氷期が最近の４回の歴史を継承しているとしても、それを知る術はない。

つぎなる疑問は、どうして鋸歯状の変化をたどるのかだ。この疑問には、氷床は形成されるよりも破壊されるほうが容易だからだと、決まり文句で答えることができる。天文学的外部因子で気温が低下したら、氷のない地球では当初標高の高い地域や高緯度地域で冬期の降雪が翌年の夏期まで残る。そして翌年の降雪は残存する積雪の上に積もり、こうして形成された万年雪は次第に厚みを増し、氷河や氷床へと変貌する。これにより緩慢ではあるが着実にアルベドのネガティブなフィードバックが起こり、寒冷化を促進する。こうして徐々に氷期への道を歩みはじめるのだ。やがて天文学的外部因子によって反転する。すると気温は上昇し、1年間でその年の積雪分しか成長しない氷河の表面は急速に融解が進む。氷河の成長率には物理的な限界があるが、融解する速さには限界がないのだ。気候と同様に氷床も鋸歯状の変化をたどり、地表に存在する氷の量で変動する気温もまた鋸歯状の変化をたどる。このように〝鋸歯状の変化を促進する〟のは氷床の量、少なくとも氷床の表面積なのだ。

つぎの疑問は、どうして二酸化炭素とメタンガスの濃度は地球の温暖化、寒冷化と連動しているのだろうかだ。ガスの濃度が気候の変化を推進するのだろうか。現在では、我々人類が大気中に排出する過剰な二酸化炭素は様々な影響をおよぼすが、なかでも温暖化を促進して氷床の減少を招いているという知識は常識といえる。二酸化炭素が原因で、気候変動がその反応だ。しかし氷期と間氷期のサイクルでは、二酸化炭素濃度が上昇し、その結果として氷床が融解したのか、気温上昇の結果として氷床が融解したのか、あるいは気温上昇の結果として植物の成長が促され、繁殖した植物の呼吸が原因で二酸化炭素濃度が上昇したのか、そのどれとも定かではない。気温の上昇と、二酸化炭素とメタンガス濃度の増加に相関関係があるのかどうか実験し、どちらが原因なのか特定しようとしても、結果が現れるまで時間差があるので、どうとでも解釈できるといえる。つまり、いまだになにが原因でなにが結果なのかも判然としないのだ。それどころか、当初の予想よりもさらに状況は複雑化している。気温上昇のために植物の成長が促されたら（気温上昇は陸地が大半を占める地域全域におよぶので、充分起こりえる事態だ）、大気中の炭素は増大した植物に吸収されるという側面もある。また炭素は1年の周期で循環もしている。春になると大気中の炭素は日光を浴びて、砂糖やリグニン、その他の長期間存続可能で呼吸をしない炭素系組織へと変換するのだ。そうなると問題は、植物が成長すると、少なくとも当初は二酸化炭素を取り込む、つまり吸収するだろう点だ。近年きわめて信頼性が高いと評価されている説に、たとえわずかであろうと気温が変化すると、海面から二酸化炭素が放出されるのを促進するというものがある。気温が上昇すれば海面から二酸化炭素が放出され、それによって温室効果が促進され、水蒸気密度が上昇し、フィードバック・サイクルを形成してさらに気温を上昇させるとの説だ。

それはさておき、なによりも懸念される問題がある。氷期と間氷期の気温、そして二酸化炭素とメタンガスの濃度が、振動する気候システムのなかで自然が示すふたつの両端の状態なのかという問題だ。そうなのであれば、二酸化炭素に対する気候の〝自然な〟感度を知りたいときは、二酸化炭素濃度の増加にあわせて、氷期と間氷期で気温がどう変化するかを算出すればいい。この感度は、何十年、いや何世紀にもわたって我々人類が排出した莫大な二酸化炭素を背負わされてきた気候が、それに適応した結果なのだろうか。氷期と間氷期の感度の変化によって、気候が現在の人類の行為へ十二分に適応したときになにが起こるのかを推察できるとしたらどうだろう。結果は背筋が寒くなるもので、このあとの章で詳しく説明しよう。ここでは、この手法[3]で算定した結果は、二酸化炭素が倍増することにより気温は7・8度上昇し、現在の二酸化炭素濃度でも3・6度上昇すると述べれば充分だろう。いまはまだそこまでの事態に陥っていないのは明白だが、それも時間の問題だろう。この有用性の高い手法は「地球システム感度」と呼ばれている。二酸化炭素濃度が増加した場合の短期の反応と比べると遥かに高い数値ではあるが、将来になにが起こるかを示しており、増加する一方の二酸化炭素濃度が減少しないかぎり、それは数百年後の未来かもしれないのだ。

どのようにして最終氷期から脱出したのか

地球の気候史における氷の長い歴史がようやく現代にたどり着いた。1万2000年——地球の歴史を考えればまさに一瞬に等しい——前に最終氷期から脱出を果たし、（一時的にしろ）気候は安定した。創意工夫に長けた人類は農業を考えだし、その後都市、建築、貨幣、数学、軍隊、そして科学を考案、発展させた。芸術とおそらく音楽は氷期から存在し、それ以外の恩恵（あるいは呪い）は結局のところ農業の副産物で、侵入者から畑を守る必要から派生したものだ。

このときの氷期の終結が以前と違ったのは、脱出を果たしたあと一時的に氷期へと逆戻りした様子だった点だ。それは高山植物のドリアスにちなんで「ヤンガー・ドリアス」と名づけられ、区別するためにそれ以前の時代は（自然と）オールダー・ドリアスと呼ばれるようになった。最終氷期は約2万年前にピークを迎え、その後鋸歯状パターンの急激な曲線が表すとおりの急速な融解が始まった。そのため1万2800年前には現代の気温に近づいたが、その後北半球と熱帯地方の気温は急速に氷期の水準へ戻り、なんとか脱出するまで1300年のあいだその状態が続いた。南極大陸の氷床コアにはこの記録が残っていないため、北半球限定の現象なのは明らかで、グリーンランドの気温も現在より15度も低かった。この現象がどうして起きたのかは諸説紛々だ。現在はハドソン湾となっている場所にアガシー湖という名の巨大な氷河湖があり、バフィン島まで氷床に覆われていて、水が海に流れこむのを防いでいた。ところが氷期からの回復の一環として氷床が後退し、堰き止められていた大量の真水が大西洋へ流れこんだ。それにより真水で蓋をされた格好になり、グリーンランド海とラブラドル海の対流が妨げられ、熱塩循環が減速したために（第11章を参照）、また寒冷化の道をたどることになったとする説もある。これは説得力のある鋭い指摘だが、残念ながら具体的な証拠はない。提唱したのはコロンビア大学のウォーレス・ブロッカーで、アガシー湖が決壊したために〝氷山の艦隊〟が大西洋まで運ばれたと主張する。おそらくは1回きりだったとしても、さぞかし見物だったろう。

ヤンガー・ドリアスが起こったあと、気候は急速に温暖化の道を進み、8000年前には現在よりも若干暖かくなり、それ以来驚くほど気候は安定している。いうまでもなく現在は間氷期であり、安定していると感じるのは錯覚だと承知している。事実、西暦1000年から産業革命までは緩慢ながら寒冷化の道をたどっており、そのことは地球全体の気温記録をまとめた、[4] 有名なマン－ブラッドリーの〝ホッケースティック曲線〟にも現れている［4-3］。ホッケースティックの長い〝柄〟の部分は緩やかな寒冷化の期間で、短い〝ブレード〟の部分は19世紀半ばからの急激な温暖化を示している。もっとも現在の気候は過去4回の間氷期のどの時期よ

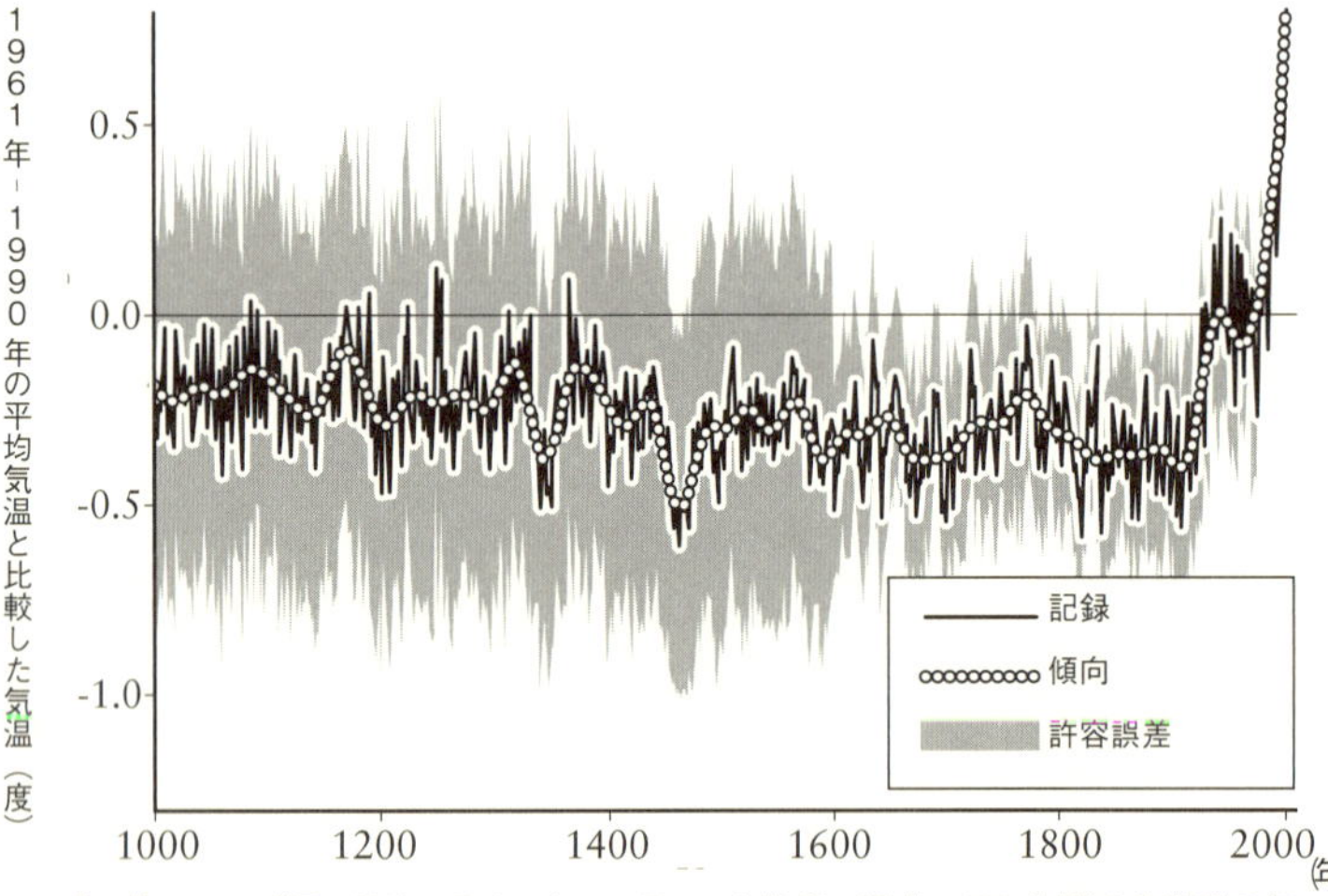

[4-3] マン - ブラッドリーのホッケースティック曲線。過去1000年間の北半球の気温を表している。

りも、長期にわたって安定している。だからこそ最終氷期は狩猟で生き抜いた「ホモ・サピエンス」は、植物を栽培し、それが成長する期間1箇所に定住することを学んだ。誕生したばかりの農夫たちは、自分が栽培する土地に他者が侵入するのを避けるため、土地に対する権利を保証し、計測し（そのために数学が発展した）、付与された権利を書き残し（そのために文字が考案された）、自分の権利を侵入者侵略者たちから守った（そのために警察と軍隊が誕生した）。そうした発明は氷期の狩猟採集者には必要ないものばかりだ。植物の栽培を始めたことで毎年ほとんど労働がない数ヵ月が手に入り、彼の権利を守ってくれる組織のため、記念建造物や巨石を使った寺院や墓の建設に従事することが可能になった。また時間があると芸術や哲学に思いを馳せる余裕ができ、最終的には科学の発展につながった。去年の収穫から採取した種を、翌年の食料とするべく初めて蒔いたとき、我々人類の現在に連なる世界が誕生したのだ。善をなすもの、害をなすもの、すべての誕生につながった。人類の文明なにもかもが、間氷期の安定した気候のおかげなのだ。

こうしたきわめて重大な発明に貢献したのが〝彼〟なのかどうかは不明だという事実も忘れてはならない。（現在のイヌイットのような）狩猟採集社会では、危険をともなう狩猟を男性が担当し、ベリー類など食用になる植物の採取を女性が担当する。それを鑑みると、ある場所で食用植物が繰り返し採取できることに気づき、栽培も可能だとひらめいたのは女性だったのかもしれない。

氷期が終了すると海面は急激に上昇し、海岸沿いの居住地は水没した。その経験から、人びとは海岸から離れた場所を探し求めたに違いない。グレート・ブリテン島とヨーロッパ大陸が陸続きだった時代、考古学者が呼ぶところの〝ドッガーランド〟は紀元前４２００年に洪水で水没し、その場所に北海とイギリス海峡が誕生した。両者の形成は５０００年前にほぼ終了し、それ以降は海水位がめざましく安定したものの、20世紀になるとふたたびじわじわと上昇しはじめた。つまりあらゆる文明の歴史は、海水位が安定している時期に形作られたといえる。地中海沿岸には古代の海岸都市の遺跡が現存しており、そこでは古代ローマ時代からわな漁に使われていた、魚が引っかかるように水を張った石造りの水盆がいまでも現役で使用されている。

北方の海が現在よりも温暖だった時期があり、これは〝中世の温暖期〟と呼ばれている。西暦１０００年になる直前、ヴァイキングがグリーンランド島に移住したのは、家畜用の牧草栽培が可能だったからだ。ところが１４００年から寒冷化して〝小氷期〟とも呼ばれる時期が始まり、最終的に移住者は姿を消した。気候が原因と思われるが、詳細は知りようがない。おそらく古代スカンディナヴィアの入植者たちはヨーロッパでの習慣や流儀を諦めず、家畜を飼いつづけることにこだわり、接触を図ってきたイヌイットの、アザラシ猟に頼って生活する方法を真似することはなかった。周囲の環境が変化しているのにもかかわらず、これまでの慣習にしがみついたことが致命的だったのだろう。

つぎの氷期が始まるのはいつなのだろうか

ミランコヴィッチ外部因子を未来にあてはめてみると、2万3000年後に深刻な寒冷期がやって来ることを示しており、そこからつぎの氷期が始まるのかもしれない。しかし、現在我々人類がこの惑星に課している膨大な温暖化要素のため、つぎの氷期が延期になるどころか、中止となる可能性はあるのだろうか。つい最近まで気候学者たちはその可能性を否定していたが、急速な温暖化とそれに対する数多くのフィードバックが起こっている現状を鑑みると、我々人類はこの惑星の短期間の状態だけではなく、未来そのものを変更した可能性も最近では否定できなくなっている。将来の氷期は中止となったか、そこまではいかなくとも延期になった可能性はある。つぎのミランコヴィッチ・サイクルを迎えても氷期にはならず、今後50万年は氷期へ突入しないという説もある。[6]さらに最近の研究によると、[7]ミランコヴィッチ外部因子が北方地域の夏期に影響することもあり、適度な炭素放出が続くことで、つぎの氷期を少なくとも10万年は延長した可能性もある。その分野の著作があるハンス・ヨアヒム・シェルンフーバーは、「新しい時代が到来したのはきわめて明白で、人新世《アントロポセン》では人類の存在自体が地質学上の影響力となる。事実、新時代は退氷化が促されることとだろう」と評している。〝人新世《アントロポセン》〟という言葉を考えたのはノーベル賞受賞者のパウル・クルッツェンで、2000年に地質学的に（完新世は終わって）新時代を迎えており、「ホモ・サピエンス」は惑星の性質形成に重大かつ容易に見てとれる影響力を与えていると提唱した。

すべて道理にかなっている。260万年以前は、地球は現在よりも気温が2度から4度高く、ミランコヴィッチ説の氷期にしては暖かすぎる。もしこの気温が氷期へと突入する〝スイッチを切る〟(あるいはスイッチを入れない)ために必要なのだとしたら、現在は急速にその道をたどってる。このままいまの道を進むとすれば、2100年にはその状態にたどり着く計算になる。鮮新世においても、ミランコヴィッチ説のとおり変動する状態になるには、地球はある程度寒冷化する必要があった。終わりのない氷期、つまり氷期の始まり、発展、その後の融解、そして惑星の温暖化というパターンの繰り返しだと考えられてきたものが、実は、陸と海がある特定の配置で、なおかつ気温がある期待値にあるときのみに短期間起こりえる現象であることも考えられる。ここ200万年から300万年に地球で起こったことが一連の氷期にすぎないとしたら、我々人類が気候に大きな影響を与えたため、地球は周期的に起きていた氷期を継続できなくなった可能性もある。

これはいい徴候なのか、それとも悪い徴候なのか、どちらなのだろう。わたしは理屈ではなく、気候に人為的に介入し、混乱を起こすべきではないと考えている。しかし化石燃料の狂信的支持者は、世界中の化石燃料を盛大に燃やすことで、つぎの氷期へ突入するのを阻止しているのであれば、賞賛されるべきだと主張するかもしれない。なにしろ気候が一定期間安定して温暖なのは初めてのことだし、最終氷期が終了して以来、定住に成功し、農業を考えだし、わずか数千年ですばらしい文明を築き上げたのだ。この議論にもなんらかの利点があるだろうが、問題は我々人類が明らかにやりすぎたことだ。つぎの章で詳しく述べるが、つぎの氷期を延期もしくは阻止という望ましい結果を得たとしても、我々人類の介入は止まることなく、地球の歴史上類を見ない速度で温暖化は進むだろう。

第5章

温室効果

前章では、何百万年ものあいだ続いた自然の天文学的サイクルについて説明した。氷期には北半球のほとんどは氷床で覆われ、間氷期には氷床はグリーンランドおよび高山の砦へと後退した。南極大陸はどの時期もずっと凍結したままだった。現在の前の間氷期が始まったのは約13万年前、「ホモ・サピエンス」はアフリカで初期の「ホモ」種から進化したばかりで、たいして有利な立場にあったわけではなかった。しかし勝れた知性を活用して世界中に分散を始め、自分たちが出現した土地とは似ても似つかぬ土地へも移住した。石器を作りあげ、狩猟採集生活を送っていたが、まだあまりにも原始的で、かつ絶対数も少なく、農業を始めて定住するには至らなかった。そのうちつぎの氷期へと突入し、高緯度の地域では生存そのものが困難となった。人類がテクノロジーを駆使して環境を変更することができたのは、間氷期なればこそだった。そしてここ200年は、テクノロジーを駆使するためには、膨大な化石燃料を使用することが欠かせなかった。いま、我々人類は前例のない状況に立たされている。環境を変更する過程では、当然大量の二酸化炭素を排出した。それには土地の開拓、森林破壊、水源の活用（と枯渇）、農作物の栽培が含まれる（そして数千年にわたってそれを実行してきた）。しかし比較的最近の、それを人類にかわって実行する機械を発明し、その動力源が必要になったことがなによりも大きな影響をもたらした。我々人類が排出した気体が、どのようにしてこの気候変動を引き起こしたのかを考えてみよう。その前に、まず最初に我々が依存している、この惑星に存在する自然な温室効果について考察しよう。

自然な温室効果

温室効果はきわめて単純な物理学に基づいている。地球が単純な球形で、大気もなく、現在とおなじ距離で太陽の周囲をまわっているのなら、（1884年に発見された科学知識に基づく）ひとつの方程式で地球の平衡温度を計算することができる。そこに大気という条件を付加し、それが気温にどう影響をおよぼすかを確認する。すると自然な状態の大気は地球を暖めることがわかる――いわゆる〝自然な温室効果〟である――そして現代では我々人類が大気に加えるガスがさらに温暖化を加速する。

地球が宇宙に浮かぶ大気のない球体で、太陽の放射エネルギーによってのみ暖められると仮定しよう。地球は暖まるにつれ、地球自体も熱を放射し、それは当然気温にも影響する。そうしたふたつの影響を受けた結果が地球の気温である。絶対温度で計測した数値を仮にTとしよう。これは絶対零度をうわまわる数値であり、摂氏温度に273・16度を足した数値となる。

太陽はつねにおなじ量のエネルギーを放射していると考えがちだが、実際には放射エネルギーは太陽の表面温度によって決まる。温度は約6000度で、黒点の活動の様々な影響でわずかながらも刻々と変動しており、ごく緩慢ではあるが数十億年にわたって増加傾向にある。しかし話を単純にするため、太陽と地球の距離が変わらないかぎり、太陽光に向かって正しい方向を向いている1平方メートルが受ける放射エネルギーは同量とする。これが太陽定数でSと表現し、1平方メートルあたり1・37キロワットだ。べつの表現を使って説明すると、人工衛星で変換効率100パーセントの太陽電池を直接太陽に向ければ、その太陽電池は表面積の1平方メートルあたり1・37キロワットの発電が可能という意味であり、発熱する部分が1本だけの電気ヒーターを遙かにうわまわる能力だ。これは太陽光発電で達することができるエネルギー密度の最高値であり、だからこそ太陽エネルギーはそうした高性能な収集装置が必要だともいえる。

つまり、太陽光が降りそそぐ地球上の全域に、1平方メートルあたり1・37キロワットのエネルギーが届くわけだ。それでは、合計するとどれだけのエネルギーが地球によって吸収されているのかを考えてみよう。太陽定数のSに地球の断面積を掛けるとその解を求めることができる。断面積はπR^2で、Rは地球の半径だ。地球は可視光線下で完璧に黒体（その場合は放射されたエネルギーの全量を吸収する）ではないため、エネルギーの一部を即座に宇宙に向かって放射しかえす。つまり一定量αはそのまま反射される。これが地球全体のアルベドであり、およそ30パーセントだ。したがって$\pi R^2 S(1-\alpha)$で、地球が吸収する放射エネルギーの総量を求めることができる。

地球はこの放射エネルギーのおかげで暖かいわけだが、暖かくなる過程で地球自体もエネルギーを放射している。１８８４年に発見されたシュテファン＝ボルツマンの法則（ふたりの優秀なオーストリア人物理学者ヨーゼフ・シュテファンと彼の弟子ルートヴィッヒ・ボルツマンの業績）で、絶対温度がＴである物体の表面積１平方メートルあたりが放射するエネルギー量を求めることができる。そのエネルギー量はT^4つまり絶対温度の４乗に比例係数σを掛けたもので、数字で表すと5.67×10^{-8}（単位はw/m^2K^4）となる。それゆえ、熱い物体は冷たいものと比較すると、圧倒的に多くの量を放射する。また１８９３年にドイツ人のヴィルヘルム・ヴィーンが発見したヴィーンの変位則によって、熱輻射時に電磁放射が可能な周波数の分布も明らかになった。太陽の温度ではその最大域は可視域にある——つまり太陽は白く見え、白熱状態にある——一方、比較的温度が低いときは赤熱状態にあり、低温の地球にいる我々には放射を肉眼で見ることは不可能だが、電磁波領域では放射を確認することも計測することも可能である。

つまり地球は表面積全体が、１平方メートルあたりその場所の気温のσT^4のエネルギーを放射しており（これが低周波の場合、地球は実際には黒体なのだと推察できる）、それは$4\pi R^2$（４は太陽の放射エネルギーを遮断している断面積と地球の表面積との比率である）と表現することもできる。必要とあらば、放射エネルギーに「放射率」と呼ばれるε（0以上1以下の値）を掛ける。通常の温度であれば、地球が放射するエネルギーは完全放射体である〝黒体〟にほぼ等しいが、放射率がこのまま変わらなければ、我々人類がさらに排出する温室効果ガスの影響を目にすることとなるだろう。

地球が宇宙に唯一存在する球体であれば、そうした2種類のエネルギーはうまくバランスをとる――太陽から受ける放射エネルギーに釣り合う量だけを放射するので、地球の気温はある一定の温度T、つまり地球の「平衡温度」を保つからだ。温度Tを求めるにはつぎの方程式を解く必要がある。

$$4\pi R^2 \varepsilon\sigma T^4 = \pi R^2 S(1-\alpha)$$

これを少し整理するとこうなる。

$$T^4 = S(1-\alpha)/4\sigma\varepsilon$$ （方程式1）

これは本書で使用するただひとつの方程式だが、単純に地球が吸収するエネルギーと放射するエネルギーの均衡を求めて、地球の居住可能性を明らかにする重要なものである。

この方程式の解は驚くべきもので、Tは２５５、つまりマイナス18度だ。べつの言葉で表現すると、地球に大気がなかったとしたら、表面の平均気温は氷点を優に下まわっていたのだ。我々の地球はなにもかもが凍りついた死の世界だった。また、気温は地球の半径はもちろん、太陽からの距離のみで決まるわけではないことがわかる。現に、大気がなく、太陽からの距離は地球とほぼ変わらない月の平均気温もマイナス18度だ。

しかし地球の気温がマイナス18度よりも高いことは明白だ。その理由は地球が大気で覆われているからで、大気に含まれるガスが地球表面から放射される長波（マイクロ波）を吸収し、一方で太陽から受ける短波（可視光線）のすべてではないにしろ、ほぼすべてを通過させる。これはまさに、太陽放射がガラスを通過して室内を暖め、一方で長波のほとんどの流出を防ぐ温室そのものといえる。だからそうしたガスの影響を「温室効果」と呼ぶのだ。

そうした役目を果たすガスについては、注目すべき重要な点はただひとつだ。［５－１］は地中海上空を通過する人工衛星で測定した地球の放射エネルギーをグラフにしたものだ。なだらかなラインを描いている破線は、ヴィーンの変位則から求めた、理論的に気温が7度のときに放射されるエネルギーの波長を表している。地球が宇宙に向かって最大のエネルギーを放射する気温はおよそ7度となる。そしてギザギザを描いている実線は、実際に人工衛星が測定した数値をグラフ化したものだ。両方のグラフを見比べると、人工衛星の下方の大気はおおむね7度であるかのように効率よくエネルギーを放射しているが、ところどころ大きな穴があいており、その周波数はヴィーンの変位則で求めた数値よりもかなり低いエネルギーしか放射していないことがわかる。それは「吸収帯」と呼ばれる現象で、電子がエネルギーを得るか、全体的な回転運動もしくは波動によって分子のエネルギー測定値が高くなり、分子が高いエネルギー準位を有した場合に起きる。量子論によると、そうした変化は離散化の過程でのみ起こり、そのとき分子はある一定の周波数の電磁気エネルギーを特定量吸収する。そのため、ある一定の周波数なり周波数帯なりでは（影響が広範囲におよぶかどうかは分子の複雑さによる）分子が付随するエネルギーを吸収するので、残されるエネル

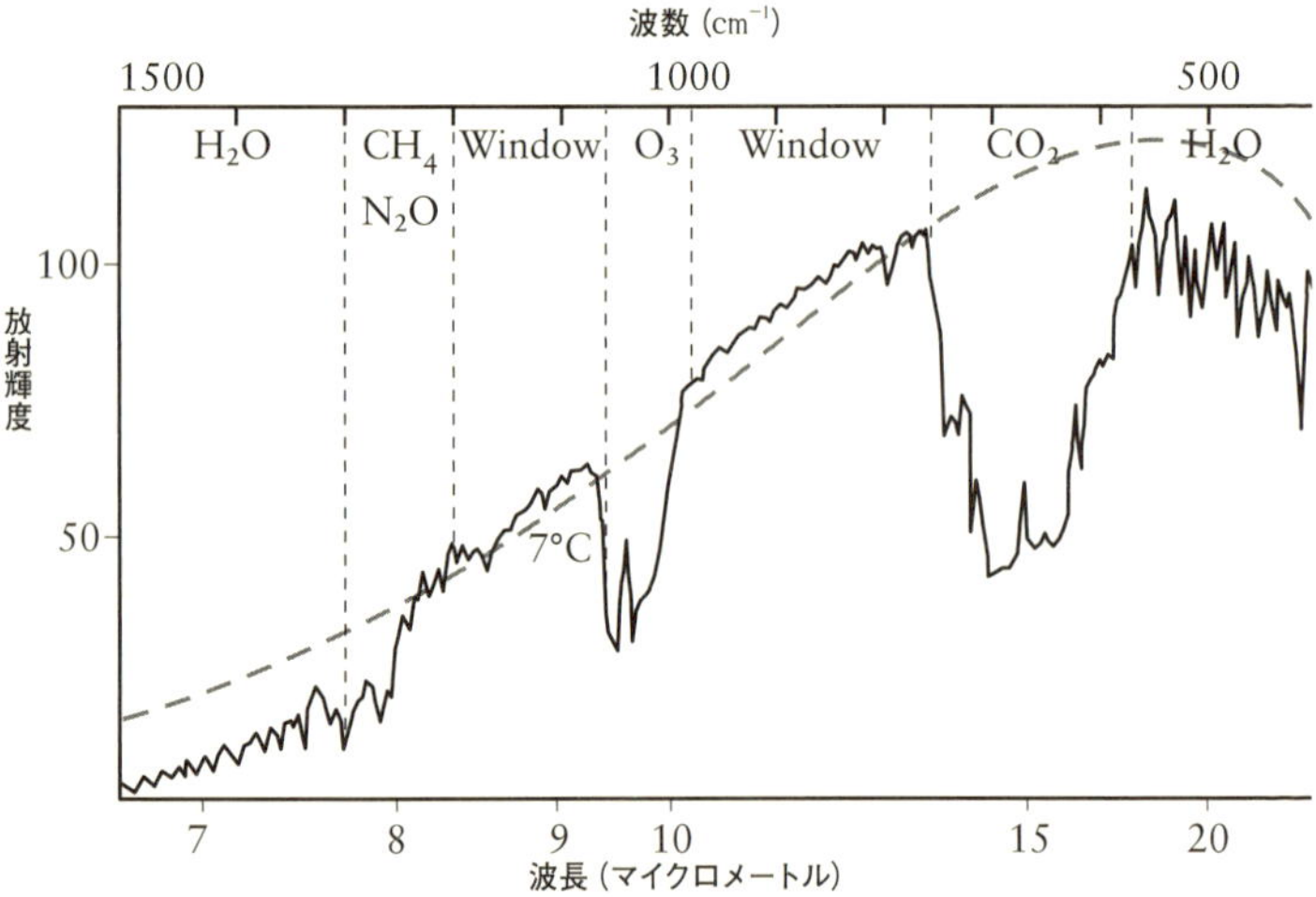

[5-1] 地中海上空の人工衛星が測定した、大気圏上部での地球の放射輝度の変化。オゾンの吸収帯である 9.5 から 10 マイクロメートルは例外として、8 から 14 マイクロメートルの大気の大部分は（雲がなければ）放射を遮るものがない〝大気の窓〟である。それ以外には二酸化炭素、水蒸気、メタンガス、一酸化二窒素の吸収帯がある。追加したグラフは 7 度における黒体の放射を表したものだ。放射輝度の単位はワット毎ステラジアン毎平方メートル毎波数（w/sr/m^2/cm^{-1}）。

ギーは減少傾向にある。地球は上方へエネルギーを放射すると仮定すると、そうした周波数帯ではエネルギーの一部は特定のガスに吸収されるため、そこを通過して宇宙へと放射されるエネルギーは減少する。これが自然の温室効果の基本的な仕組みだ。では、そうした効果を有するガスにはどういった種類があるのだろうか。大気の主要成分である酸素と窒素は、地球がエネルギーを放射する周波数帯には吸収帯がない。［5－1］が示しているとおり、水蒸気（H_2O）、二酸化炭素（CO_2）、メタンガス（CH_4）、一酸化二窒素（N_2O）、そしてオゾン（O_3）が、それらの効果を有するガスに該当する。そうしたガスは「温室効果ガス」と呼ばれ、大気の主要成分ではないものの、それらが重大な働きを果たしたために気候が温暖化へ向かい、その結果、地球が液体の水を保有することが可能になり、さらには生命体を支援することにつながった。

［5－1］が示しているとおり、水蒸気は低周波数および高周波数に広範囲の吸収帯を有するが、メタンガス、一酸化二窒素、オゾンは中間周波数にごく狭い範囲の吸収帯しかない。二酸化炭素はいちばんの吸収率を誇り、それはスペクトルの最大値、つまり地球が最大限のエネルギーを宇宙へ向かって放射しようとするとき、吸収率も最大となる。このグラフがはっきりと示しているのは、数ある温室効果ガスのなかでは二酸化炭素がいちばんの脅威になる可能性が高いという事実で、現実でも実際にそのとおりとなっている。

こうした温室効果ガス全体での影響力はどの程度なのだろうか。［5－1］を見ると、地球が宇宙に向かって放射する長波放射がガスの影響で減少していることがわかる。すべての波長に対する影響を合計すると、地球が実質的に放射する量は完全放射体である黒体よりも少ない。実際の地球の放射率εは1未満の値であり、温室効果ガスが多く存在するとその値は減少する。ふたたび唯一の方程式をあてはめると、左辺が減少していることがわかる。放射エネルギーがシュテファン＝ボルツマンの法則で求めるよりも減少しているからだ。しかし右辺、つまり太陽から受けとる放射エネルギーは変化しない。両辺のバランスを保つには、地球の平衡温度Tの数値が上昇するしか道はない。ここでまた方程式1に登場願うと、T^4と$1/\varepsilon$は比例するので、Tが上昇するならばεは低下する。必然的に地球は宇宙へ放射するエネルギーと同量だけ温暖化するのだ。これを「自然な温室効果」といい、Tをマイナス18度から15度へと上昇させるだけの効果を果たす。これは我々が慣れ親しんだ快適に生きていける気温であり、包容力のあるこの惑星の平均気温でもある。[1]

悪辣な分子、二酸化炭素

これまでのところは順調に進んできた。自然の温室効果ガスのおかげで、生命体の生息が可能になった。こうした大気中のガスが存在しなければ、我々人類は凍りついた世界で死に絶えるしかなかったのだ。では大気の成分を変更したとしたら、なにが起こるのだろう。特に大気中の二酸化炭素を増加させ、［5－1］で示されているとおり、波長15マイクロメートルに集中している吸収帯を増やすことができるとしたら、いったいなにが起こるのだろうか。まず最初に、地球の放射率がさらに減少するので、平衡を保つために地球の平衡温度Tの数値がさらに上昇する。大気中の二酸化炭素が増加すれば、気温は上昇するのだ。この結論から逃れる道はない。基本的な物理学だ。これを否定するのは、重力を否定したり、地球は平らだと主張したりするのと変わらない。しかし、いまだに二酸化炭素濃度と気温との相関関係はすべて認めない気候温暖化懐疑論者は存在する。そこで、もう少し言葉を強めさせてほしい。大気中の二酸化炭素濃度が増加すれば、かならず気温は上昇する。そしてあなたが二酸化炭素を増加させれば、さらに気温は上昇する。これは前述の単純な方程式で求めることができる、きわめて明瞭な解である。

我々人類が大気中に深刻な量の二酸化炭素を排出しはじめたのは19世紀のことだ。産業革命によって増大したニーズに水力では追いつかず、炭鉱、鉄道、そして石炭燃料を使用する蒸気機関の開発が進められた。産業革命を強力に推進したのは石炭燃料の蒸気機関で、石油燃料や電気が登場するのは19世紀の終盤近くになってのことだ（現代になって最初に油田が採掘されたのは、ごく近年といってもいい1858年のカナダだった）。その後も新たに配電網を整備するための電力を供給したのは、もっぱら石炭燃料の発電所だった。石油燃料が不可欠な存在となったのは、内燃機関の出現と、1886年にベンツが最初の車を完成して以来、車両の数が容赦なく増加したためである。その2年後にたまたまシュテファン＝ボルツマンの法則が証明された。燃焼によって排出される二酸化炭素は惑星を温暖化させる事実を理解するために必要な法則だ。

地球の未来になにが待ちうけているかは容易に予想できるとはいえ、我々人類がそれに目を背ける理由もまた存在する。これまでの歴史を鑑みると、二酸化炭素濃度が急激に上昇したのは19世紀半ばで、氷期後の標準値280ppmを超える300ppmに達した（現在では400ppmをうわまわり、産業革命前と比較すると50パーセント近く上昇している）［5-2］。もっとも、それは氷床コアの気泡に含まれる二酸化炭素も測定できるようになったせいだということは周知の事実だ。19世紀には二酸化炭素濃度の測定や記録はおこなわれておらず、きちんと系統立てておこなわれるようになったのは、1958年にスクリップス海洋研究所がハワイ州マウナ・ロア山に二酸化炭素濃度を測定、記録するマウナ・ロア観測所を建設してからのことだ。

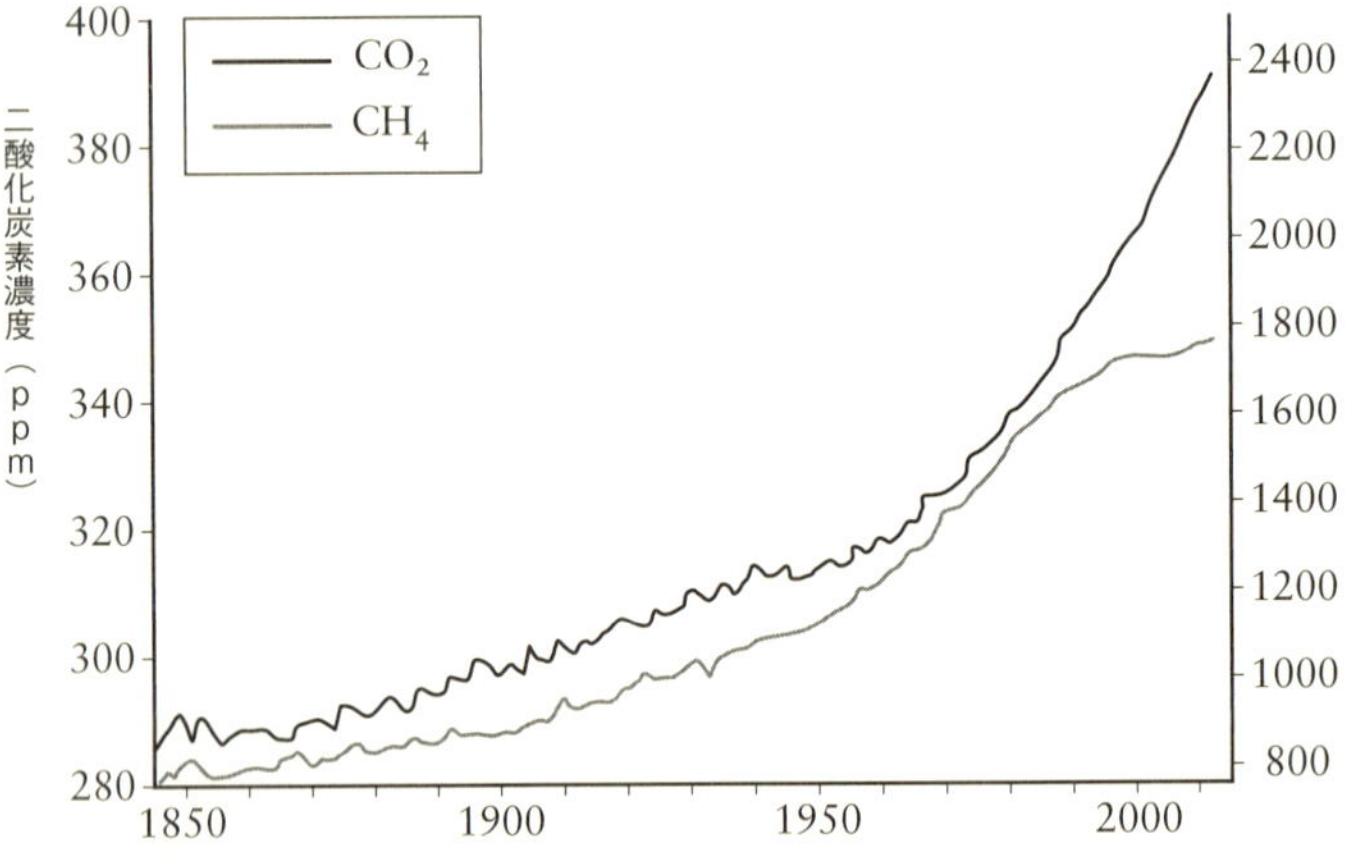

［5-2］地球全体の大気中の二酸化炭素とメタンガス濃度の平均値（IPCC第5次評価報告書より）。

人類はみずからが引き起こした温室効果について、どうしてその効果が顕著になった20世紀後期まで気づかなかったのだろうか。その理由は、第一に地球の気温と温室効果ガス濃度とを結びつける理論が存在しなかったからだ。きわめて重要であるシュテファン＝ボルツマンの法則とヴィーンの変位則が発見されたのは、それぞれ1884年と1893年だったうえ、スウェーデンの科学者スヴァンテ・アレニウス（1859－1927）が初めて地球温暖化と温室効果の関係について発表したのは1896年のことだった。[2] そういうわけで、気候に与えるかもしれない影響については露とも知らないまま、我々人類は19世紀に石炭を燃やしつづけたのだ。

第二に、地球の気温についてきちんとしたデータがなかったからだ。（ダーウィンが参加した〈ビーグル〉号航海で艦長を務めた）海軍大将フィッツロイが英国気象庁を設立したのが1854年で、同様の国立機関もその直後に設立されたが、業務の中心は天気予報だったので、英国内ですら気象統計のデータ収集に着手したのはかなりあとのことになる（イングランドでは地方の教区牧師が教区の記録を手書きで報告した）。現存するなかで継続した記録の最古の部類に入るのは、オックスフォードにあるラドクリフ気象観測所の1767年から続く記録で、かつては公開されており、2014年1月のオックスフォードは記録を始めて以来もっとも雨の多い月だったことが判明している。当然のことながら、平均値に基づいて結論を導きだすためには世界中の降雨量と気温双方のデータが必要となるが、そのためのネットワーク構築にはまだ時間がかかる。

アレニウス以前にも因果関係を考えた者はいたが、温室効果ガスが気候に与える影響について定性的論考をおこなったにすぎなかった。フランスのジョゼフ・フーリエ（1768-1830）もそのひとりだ——現在では、いかなる関数も一連の調和級数へと分解できるフーリエ級数の発見者として有名だ。また英国のジョン・ティンダル（1820-1893）も有意義な考察をおこない、その功績をたたえてイースト・アングリア大学の最新の気候変動研究所はティンダル・センターと名づけられた。

アレニウスはそれまでの科学者と違い、放射の法則を求め、予測はきわめて正確であった。処理方法がわからないため雲の影響は黙殺し、我らが方程式1を推論しただけでなく、そこからさらに、いま以上の二酸化炭素排出がもたらす温暖化の規模について的確な解析にたどり着いたのだ。

二酸化炭素排出量が等比数列的に増加したら、気温は等差数列的速度で上昇する。

表現を換えると、大気中の二酸化炭素濃度が倍になったら、気温は一定量、つまりN度上昇するとの意味だ。二酸化炭素濃度がさらに倍になったら（さらに増加したら）、気温も「同」量、つまりさらにN度上昇するのだ。我々人類の二酸化炭素排出量はいまも加速度的に増加している事実を鑑みると、安穏としていられる状況ではないことははっきりしている。この二酸化炭素濃度の倍加が原因で気温が上昇することを「気候感度」と呼ぶ。アレニウスは4度と算出し、現在では2度から4・5度のあいだと考えられているものの、前述したとおり、それよりも高い数値だとする説もある——二酸化炭素濃度の増加に気温が〝追いついた〟としたら、7・8度も上昇するというのだ。[3] アレニウスは、増加した二酸化炭素の6分の5は海に吸収されるので（実際には約40パーセント）、大気中の二酸化炭素濃度が増加するのには時間がかかり、倍になるのは3000年後だろうと予測した。現在では、いまのペースで増加していたら、実に75年から100年後には倍加することが判明している。二酸化炭素濃度の増加率については低く見積もりすぎていたが、アレニウスは気温上昇によって高緯度の気候が改善され（氷が融解する可能性は考慮しなかった）、産業が発達して増加する一方の人口にも対応できる収穫高が期待できると、温暖化は有益な影響をもたらすと考えていた。また同時に、つぎの氷期を迎えれば地球温暖化には終止符が打たれると悠長に構えていたが、これまで述べてきたとおり、それは現在でも諸説飛び交うデリケートな問題である。

そして最後に、二酸化炭素は気候変動の主たる原因と思われており、実際に第一級の悪玉ではあるが、その悪辣な特性、つまり大気中にしつこく残留する点が正確に理解されたのはごく最近のことだからだ。化石燃料の使用が原因で発生し、そのまま不活性ガスの状態で大気中に残留している二酸化炭素が問題なのではない。それどころかそれは反応が早く、「炭素循環」と呼ばれるシステムにおいても複雑な役割を果たしているのだ。二酸化炭素は緑の植物や海中の植物プランクトンに吸収され、蒸散作用を経て（葉緑素の作用で）バイオマスへ変換され、生命を育む酸素を放出している。この反応のおかげで動物は生存できるのだから、文字どおり地球にとってなによりも大切な化学反応といえる。植物群の組織に吸収された炭素は、木や植物が枯れたり、腐朽したり、あるいは切り倒されたり、燃やされたりするとふたたび大気中に放出される。二酸化炭素は海にも吸収されるが、水温や海流が変化すればふたたび放出される。実際に環境から完全に二酸化炭素を除去するためには、炭素で組成されている物質を地球上から永久に葬り去るしかない。典型的な例としては海底が挙げられる。有孔虫という名のごく一般的な動物性プランクトンは、死んだあとのごく小さな殻が海中で雨のように絶え間なく降り注ぎ、海底に層となって堆積する。その殻は方解石、つまり炭酸カルシウムでできている。植物プランクトンを摂取することで炭素化合物を吸収し、殻を形成するのだ。海水内の二酸化炭素を減少させる点で、有孔虫もバイオマスといえる。

気候システムのなかで二酸化炭素の実効寿命がどの程度なのか、いまだにたしかなことはわからない。仮に石炭や石油を燃焼して1トンの二酸化炭素を排出したとしたら、その1トンの二酸化炭素はいつまで気候に影響をおよぼすのだろうか、そしてその影響は時間の経過とともに衰えていくのだろうか。従来は100年とされていたが、それは炭素循環の不充分な理解に基づいたかなり漠然とした推測にすぎない。車の排気ガスの二酸化炭素分子から、そこに含まれる炭素原子が最終的には深海か岩石に埋没するまで、考えられるかぎりのルートを考慮に入れると、現在では数千年だと推定されている。しかし推定の最低値である100年だと仮定しても、無頓着に化石燃料を使用するのは、将来の世代、つまり我々の子供、孫、ひ孫に厄介な問題を先送りするだけなのは明白だ。第一次世界大戦中の工場や1950年代の燃費の悪い大型車が原因の温暖化を我々がいまなお負わされているように、我々が現在排出している二酸化炭素が原因の温暖化を、将来の世代が長期的に被ることになる。

メタンガスと一酸化二窒素

ごく最近まで地球温暖化の主たる要因は二酸化炭素だと考えられていた。これまで検証したとおり、化石燃料の使用、二酸化炭素濃度の増加、そして温暖化には相互に関連があることは明白だ。しかしそれ以外の温室効果ガスも重要な役割を果たしており、合計すると現在の温暖化の45パーセントを担っている計算になる。そのひとつがメタンガスだ。大気中のメタンガス濃度は二酸化炭素と同様に増加している［5‐2］。実際、産業革命前には700から800ppbだったのが、現在は倍以上の1800ppbに増えたメタンガスに対し、二酸化炭素は50パーセントの増加にすぎないので、メタンガスのほうが増加率は高い。メタンガスは自然に発生する原因が多種多様なので、複雑かつ独自の特性を有する。発生する原因の例を挙げると、湿地帯での有機物の腐敗（したがって一般的には沼気と呼ばれる）や、シロアリの活動に対して起こる化学反応、養豚場を訪ねた者が異口同音に訴える草食動物の消化作用もそうだ。メタンガスの主な供給源は海底に埋蔵されているメタンハイドレート（高圧下で形成されるメタンガスと水の化合物）で、いうまでもなく天然ガスの主成分でもある。しかし、それ以外は人類の活動が原因で発生する。天然ガスのパイプラインや水圧破砕法を含む、石炭、石油の採掘現場からのガス漏れ、米の栽培（水田で腐敗した植物を使用するため）、多数の家畜の飼育（世界中で、特に中国のような裕福な新興国で肉の消費が増加したため）が挙げられる。ゴミの埋立地や廃棄物処理施設でもメタンガスは発生する。こうした人為起源のものはすべて人口の増加とともに増加していたが、大気中のメタンガス濃度は２０００年に1回横ばいとなり、２００８年からまた増加に転じた。ふたたび増加したのは北極沖合での噴出のため（それについては詳しく後述する）ではないかと疑っているが、横ばいの理由は不明だ。ひとつの可能性としては、以前からガス漏れが多いと悪名高かったロシアが、天然ガスのパイプライン建設により注意を払うようになったことが挙げられる。あるいは天然の湿地帯の水が排出されたまませき止められ、その状態で固定されている可能性も考えられる。

大気中の濃度は二酸化炭素に比べて遥かに低いにもかかわらず、メタンガスは温室効果ガスとして強力なため、気候変動全体にかなりの影響力がある。１００年単位で考えると、メタンガスは二酸化炭素よりも分子あたり23倍強烈なのだ。これを「地球温暖化係数（ＧＷＰ）」と呼ぶ。放出されたメタンガスは大気中に7年から10年しかとどまらず、酸化して二酸化炭素に変化するか、それ以外の化学反応へと移行するので、さらに限定された期間（放出後の数年）に注目すると、その影響力は23倍よりも遙かに大きく、１００倍から２００倍だと推定されている。突如メタンガスが大量に放出されたら、短期間だけにしても、気候に重大な影響をおよぼすのは明白だ。この点については、北極の沿岸永久凍土が崩壊したらなにが起きるかという問題と併せて後述する。

一酸化二窒素はわずかしか存在しない温室効果ガスだ。大気中濃度は３００ｐｐｂにすぎないが、１２０年と長期間大気中にとどまる。そのほとんどが化学肥料の使用が原因で生じる。

オゾンとフロン

気候の外部因子である温室効果ガスを考えるうえで、オゾンと特定フロンガス（ＣＦＣ類）を無視することはできないだろう。オゾンはひとつの分子に2個ではなく3個の酸素原子を有し、酸素分子よりも格段に反応性が高い。化学式はO_3だ。オゾンもまた吸収帯を持つ温室効果ガス［５－１］だが、１９８５年に違う理由で有名になった。英国南極観測局のジョー・ファーマンが、南極上空に〝オゾンホール〟が存在することを観測局の機器を用いて発見したのだ。[4] オゾンは地球の長波放射を吸収するだけではなく、太陽の短波放射のうちもっとも周波数が低いものを実に効率よく吸収する。それは紫外線（ＵＶ）と呼ばれ、日焼けや皮膚がんの原因となる。短波放射のなかの紫外線が10パーセント増加するだけで、もっとも深刻化しやすく、命にかかわることも少なくない皮膚がんの一種、黒色腫の発生率が19パーセント増加することが判明している。[5] 特定フロンに由来するオゾンの減少については、すでにマリオ・モリーナとシャーウッド・ローランドが予測していたが[6](その発見によりパウル・クルッツェンとともにノーベル賞を受賞した)、南極上空のオゾンが70パーセント減少しているとのファーマンの計測結果は、このオゾン〝ホール〟下(オーストラリア、ニュージーランド、パタゴニア地域、南アフリカまで含まれる)で暮らす住民が紫外線障害を引き起こす可能性が非常に高くなったことを示している。この場合の悪者は、人類が環境に持ちこんだ様々な化学物質だ。エアコンの冷媒やエアゾール噴射剤として使用されてきた特定フ

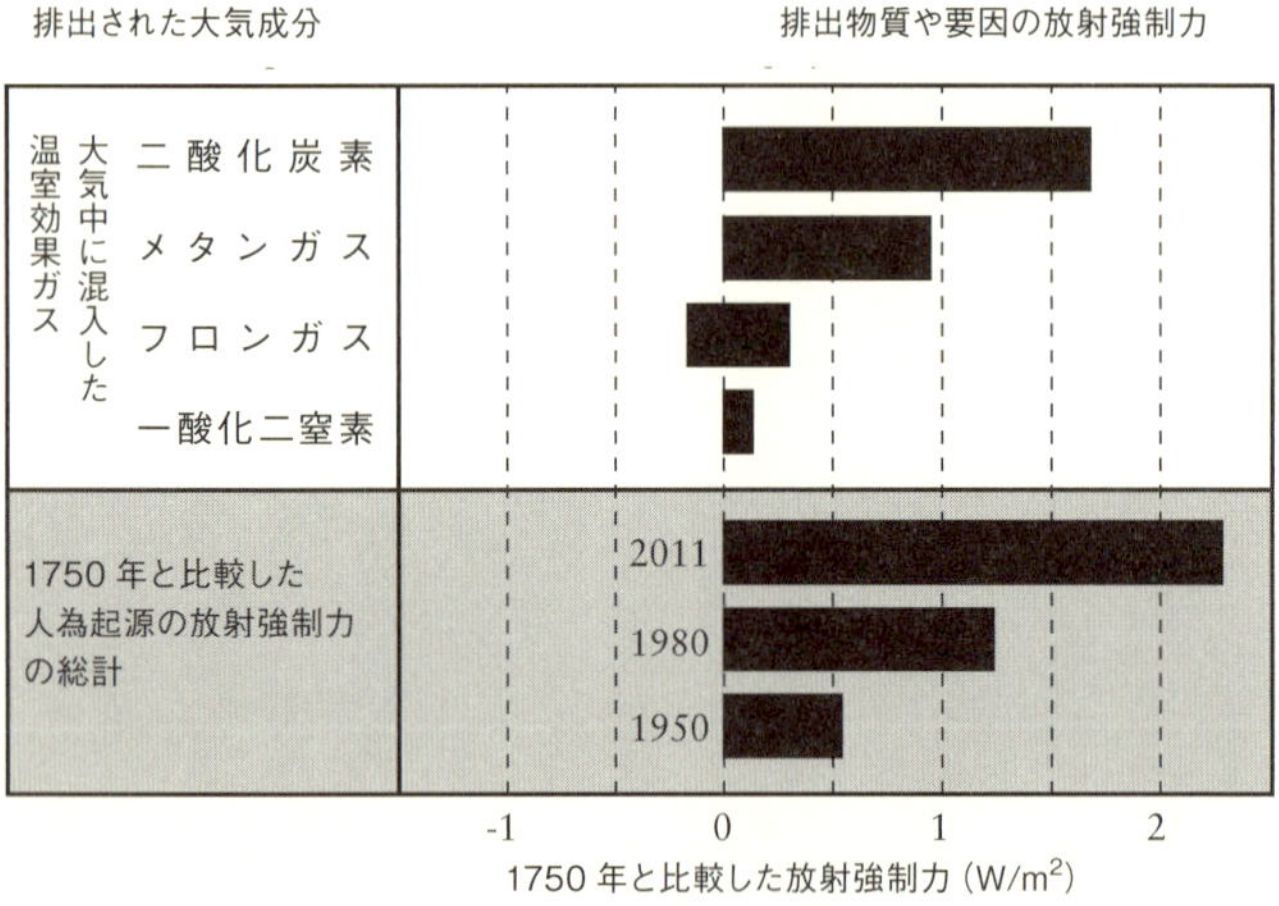

[5-3] それぞれの大気成分の放射強制力。(IPCC 第5次評価報告書より)

ロンは大気中のオゾンと化学反応を起こし、オゾンを破壊するのだ。オゾンホールが発見されると、人類はすぐさま行動を起こした。1987年にモントリオール議定書が採択され、特定フロンを段階的に廃止し、より害が少ない（とはいえ無害ではない）代替フロンを採用すると決定したのだ。代替フロンがすでに利用可能だったから実現したとの皮肉な意見もあるが、少なくとも一時は北半球へも広がりつつあったオゾンホールは現在縮小している。オゾン量減少への対策としては成功したものの、代替フロン自体が強力な温室効果ガスだと判明している（地球温暖化にかなり寄与していることを示す［5－3］を参照）。

放射強制力

こうした温室効果ガスとそれ以外の要因が気候に与える影響を比較するため、科学者たちは「放射強制力」という概念を考案した。おなじみの方程式1を使えば、地球の放射の平衡を求めることができる――太陽の入射エネルギーと、地球のアルベドと地表の気温によって変動する放射エネルギーは平衡を保っているのだ。そして温室効果ガスは長波放射のエネルギーを減少させるので、それぞれのガスがどの程度放射エネルギーを減少させるかを測定することで、温室効果ガスの影響力を比較することができる。あるいは、増加する温室効果ガスは放射エネルギー定数を抑制しているが、同時に太陽の入射エネルギーを増加させると考えることもできる――言葉を換えると、放射強制力と太陽定数を比較すれば、我々人類がどの程度地球の自然な熱平衡を乱しているかが明らかになる。放射強制力が正と算定されたら、気候は温暖化することを意味する。大気へのエアロゾル注入などの人類の活動が原因で放射強制力が負となれば、太陽の入射エネルギーにも影響がおよぶ。

気候変動に関する政府間パネルの現在の──第5次──評価報告書から最適な数値をグラフにまとめたのが［5－3］である。人為起源の放射強制力の合計は1平方メートルあたり2・3ワットで、地球全体が受ける太陽の入射エネルギーの平均値よりも約0・7パーセント増加している。そのおよそ55パーセントを占めるのが二酸化炭素で、残り45パーセントはそれ以外の要因だが、そのなかではメタンガスがもっとも重大な意味を持つ。放射強制力が1980年以降という短い期間にほぼ倍増している（1960年から1980年の期間にも倍増した）のは、数十年にわたる政治家、気候変動活動家、そして著名な科学者の奮闘にもかかわらず、人類による排出が制御不可能なほど激しいことを示している。

気候感度

氷床コアに残る40万年間の氷期と間氷期の記録から、二酸化炭素濃度と気温の変化に驚くほど類似性があると判明したことは第4章で説明したとおりだ。少なくともこの期間においては、氷期と間氷期の二酸化炭素濃度は、それぞれ１８０ｐｐｍと２８０ｐｐｍだったと考えられている。それはとりもなおさず、典型的な氷期と典型的な間氷期で平衡温度も２種類存在することになり、これらは６段階に分けることができる。これを利用して地球に自然と備わった「気候感度」を定義することができる。氷期と間氷期との気温の上昇率と二酸化炭素濃度の変化から、二酸化炭素濃度が２倍になった場合の気温の変化を算定することができるのだ。結果は非常に高い７・８度という数値となった。[7] この数値を現状に適用したらどうなるだろうかと考えてしまう。またこの基準でいくともっと高い数値のはずなのに、ＩＰＣＣが現在の気候感度を２度から４・５度という低い数値とした理由を質問したい誘惑に駆られる。この〝氷期気候感度〟が単純明快であるにもかかわらず評価が低い理由のひとつは、その数値の高さにほかならないだろう。これが現状にあてはまるとすれば、これまで潜在的温暖化の原因とされていた現在の二酸化炭素排出量の占める割合が小さいことを示しており、驚愕すべき推論である。

　気候感度の大小はともかく、地球はまだその気候感度に相当する気温に達していないのは明らかである。１８５０年以降、地球全体で気温の上昇は０・９度だが、二酸化炭素濃度は50パーセント近く増加している。ＩＰＣＣ発表の数値によると１度から２・25度、氷期と間氷期の比率によると３・９度上昇するはずにもかかわらず、なぜこうした食い違いが起きるのか。この答えは「実現温度上昇」という概念にある。現状よりも地球の気温が上昇するはずの外部因子があり、すべての温室効果ガスの濃度が一定に保たれているとすれば、気温は気候感度が示す数値まで上昇するはずだ。しかしいまのところそれは遅れている――加速する外部因子に追いつかないのだ。では、どうしてそれほど遅れるのだろうか。地球全体の気温上昇に時間がかかる理由は、まず海が熱を吸収し、深海でゆっくりと対流する熱塩循環（第11章を参照）の過程で徐々に気温が上昇するとはいえ、その莫大な体積の海水にほとんどの放射エネルギーが吸収されるからだ。そして地表の72パーセントは海面だ。いい面は、考えていたほどのスピードでは温暖化していないことだ。悪い面は、いつかはかならず追いつくことだ――海が地球の巨大なフライホイールの役割を果たしており、人類が超人的な努力で迅速に温室効果ガスの排出を停止したとしても、今後何十年も温暖化が続くのは確実なのだ。気候感度がどの程度かでも違いが生じる。IPCCが発表した2度から4・5度ならば、気温の上昇はそれほど遅れているわけではない。しかしそれが7・8度となると、気温の上昇はまだほとんど始まっていないことになり、人類が排出をやめたところでどんどん上昇することは必至なのだ。

最近の地球の気温記録

人為起源の温暖化が始まったと考えられている1850年以降、地球の気温がどう変化したのかを詳しく検討する必要があるだろう。［5‐4］は、有名なマン‐ブラッドリーのホッケースティック曲線のここ160年のグラフだ。それ以前の1000年は誤って低い気温を算定していたが、160年前からは温度計を用いた世界的気象網が運用開始されている。19世紀半ば以降は急激な上昇曲線を描いているが、1920年から1960年の期間は上昇が中断しただけでなく、ごくわずかながら気温が低下して、またそれ以降は高騰曲線を描いているのが興味深い。モデル調査によると、中断した期間は石炭燃料の使用が急増し、大気中に大量のエアロゾルを排出したことで一時的に地球全体の温暖化が止まった可能性を示唆している。

北極の温暖化増幅

ここ160年のマン－ブラッドリーのホッケースティック曲線［5－4］と北極気象観測所の気温を比較してみると、相似の曲線を描いていることがわかる。［5－5］は北緯60度から90度の地域にある19箇所の気象観測所の海上の年平均気温（海上気温）をグラフにしたもので、温暖化が一時中断、気温が低下し、ふたたび上昇に転じる傾向は北極圏でも起きていることがわかる。しかし、上昇率に着目すると、おなじ期間にそれ以外の地域の気温は0・8度上昇しただけだが、北極は2・4度上昇している。気温が上昇したという事実はほかの地域と同様だが、北極は変動の幅が違うのだ。これを「北極の温暖化増幅」と呼び、この場合の増幅係数はおよそ3である。それ以外の係数は2から4の範囲内と推定されている。

北極の温暖化増幅が重要な意味を持つのは、地球全体の温暖化がまず北極から始まるため、地

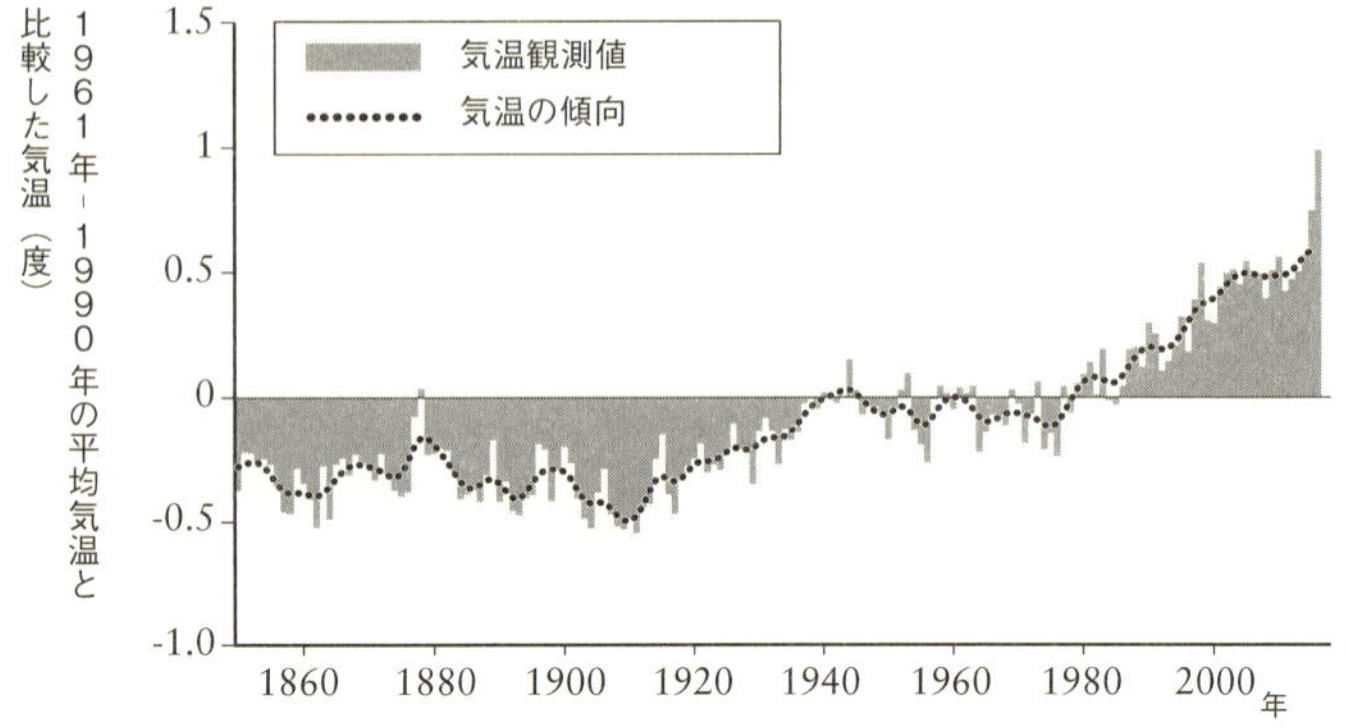

［5-4］マン-ブラッドリーのホッケースティック曲線による
ここ160年間の地球の温暖化。

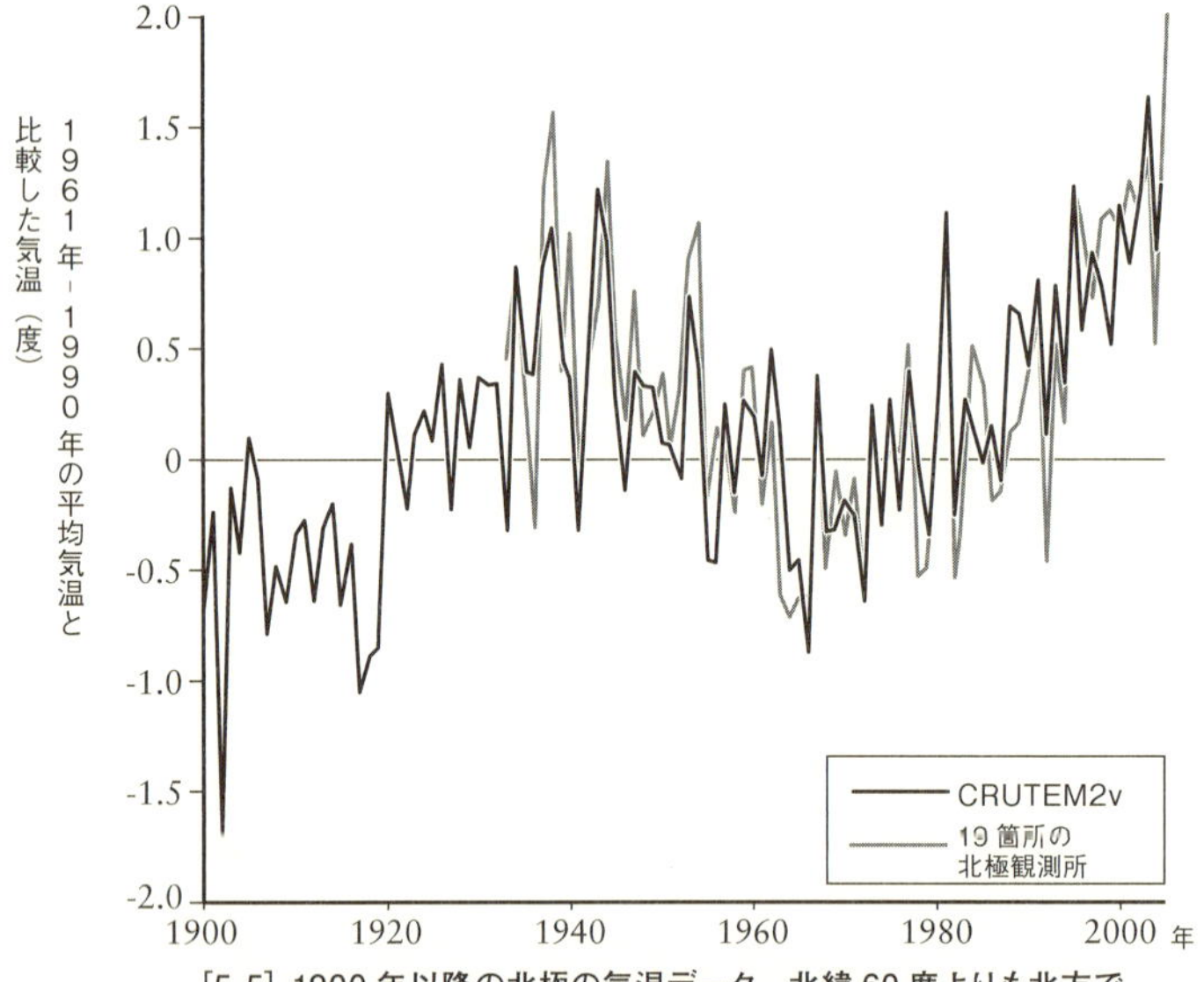

［5-5］1900年以降の北極の気温データ。北緯60度よりも北方での観測値しか使用していない。19箇所の北極観測所の平均値とグリッドごとの地域平均値。（CRUTEM2v）

球の未来の指標となるからだ。そうなると即座にふたつの疑問が湧き起こる。北極の温暖化増幅はどうして起こるのか。そして近年増幅率は拡大しているのだろうか。

雲量の変化、大気中の水蒸気の伸び、低緯度地域からの大気中の熱伝導の増加、海氷の減少、こうしたすべてが北極の温暖化増幅の一因だと考えられている。その解釈の問題点は、［5-5］に表されているとおり、温暖化増幅が始まったのは1900年なので、主要原因が最近の現象である可能性はないことだ。しかし2010年に〈ネイチャー〉誌に掲載されたジェイムズ・スクリーンとイアン・シモンズの論文では、[8] 海氷の減少が北極の温暖化増幅の原因だと主張している。論文によると、低緯度の地域からの大気熱の移動が温暖化の主要原因だとしたら、海抜が高い地域の気温がもっと上昇するはずで、一方雪線や海氷面積の後退が主要原因だとしたら、その表面がいちばん高い気温上昇を示すはずだとする。そして温暖化が実際に観測されるのはほとんどが大気の下層であり、海氷の減少との関連が強く疑われると示している。問題は、筆者はすでに夏期の海氷の減少が無視できないレベルになっていた1989年以降しか考察していない点だ。彼らの分析から推察できるのは、最近の海氷の減少は北極の温暖化増幅の要因となった可能性があるという点だけで、温暖化増幅はそれ以前から起きていたのだ。

つぎの章では、北極の温暖化増幅のため、北極の海氷が急速かつ大量に減少し、ごく近いうちにほとんどが開水域へと変貌するのはほぼ避けられないと思われる点について述べたい。

第6章

海氷融解がまた始まった

19世紀の海氷

北方で暮らす住民を除けば、毎年変化する北極圏の海氷の種類の豊富さ、広大さを継続的に目にした最初の訪問者は、グリーンランド海で捕鯨やアザラシ猟に従事する者たちだった。なかでも有名なのは、捕鯨技術と科学的関心を結びつけたウィリアム・スコアズビー・ジュニア（1789－1857）だ。ヨークシャーのウィットビーで生まれ育ったスコアズビーは、1820年に初めて北極海の詳細、特に千差万別の海氷を記録した本を執筆した。[1] 同書はいまも極地の科学の古典とされている。

職業を考えれば不思議はないが、スコアズビーは王立協会《ロイヤル・ソサエティ》の会員にはなったものの、英国の学会には黙殺された。だが1818年にスコアズビーがフラム海峡（グリーンランドとスピッツベルゲン島のあいだに位置する海峡）の北方にある海氷は通航可能だと発表したとたん、政府はにわかに関心を寄せた。内容は以下のとおりだ。

１８１７年と１８１８年の2シーズンは、最高齢の漁師たちがこれほど海が見えた年はないと口を揃えていう。開水域は２０００平方リーグにおよび、それには通常であれば氷に覆われている北緯74度と北緯80度に挟まれた海域も含まれる。そこの海面にもほとんど氷がないのだ。

探検船で北極点を目指す好機だとほのめかしていたのかもしれない。比較的高緯度（北緯80度－81度）から出発すれば、開水域のグリーンランドの西を通航できると。スコアズビー本人は、それよりも早い１８０６年の時点で最北緯度到達記録を打ち立てていた。

わたしはウィットビーの〈レゾリューション〉号で一等航海士を務めた。父の命で〈グリーンランドの同業者で父の驚異的な意志の強さを知らぬ者はいない〉たゆまぬ努力を続け、常に切迫した危険にさらされながらも、北緯81度30分まで到達することができた。

ナポレオン戦争に勝利したばかりの英国海軍――疑問の余地なく世界最大の海軍――はいわば手持ち無沙汰な状態だったので、北極点到達なりアジアへの航路なりを発見すればさらなる栄誉がもたらされると考えたのだろう。政府は時間を無駄にせずに、すぐさま海軍を北極探検に送りこんだ。しかし北極経験が豊富なスコアズビーには目もくれず、不慣れな海軍中佐デイヴィッド・バカンを、〈ドロシア〉号と〈トレント〉号を率いる探検隊長に任命した。副司令官は若き大尉ジョン・フランクリンで、彼はその後も長く北極探検に関わり、ついには悲惨な最期を遂げることとなる。いずれにせよ、フラム海峡の探検は無残な失敗に終わった。気づいたときには漂流する海氷に巻きこまれ、すさまじい速さで南方に流されており、自力で北へ向かうことは不可能だったのだ。これはスコアズビーが予想もしなかった要因だった。

　海軍の興味はカナダ北極圏と北西航路の探検へ移行したが、ダンディーの捕鯨船は毎年グリーンランド北へと通い、ノルウェーのアザラシ漁師はいわゆるオッデン氷舌の氷縁内外で漁を続けた。北緯75度、グリーンランド東部で氷縁が東側に突出した部分のことをオッデン氷舌と呼び、春になるとここには仔を連れたタテゴトアザラシが現れるのだ（海の対流に必要不可欠であるこの狭い地域の重要性については第11章で述べる）。1872年にデンマーク気象研究所が設立され、初めて捕鯨船員、アザラシ漁師、探検家が観測結果を報告する機関ができた。気象研究所はヨーロッパ北極圏の毎月の氷限図も含む年鑑を発行しており、それはデジタル化されて分析されている。[2]長期間の傾向はわからないが、例外的な年があることは明らかになった。たとえば1881年は、突然北極海から大量の氷が北大西洋北部に流入し、ノルウェー北部海岸近くまで流れついている。

もちろんデータは不完全なものである。捕鯨船員やアザラシ猟師たちからの数がかぎられた報告と、例年の氷縁の位置についての多くの経験から、半球全体の氷縁を推測しているのだ。この気候学的アプローチは人工衛星の時代になっても続いた。デンマーク気象研究所は毎日船舶へ氷況図を送っており、１９８０年代にその現物を見せられたことを覚えている。唯一利用可能な人工衛星は可視光観測しかできないため、雲がない状況が必要だった（現在は夜間や曇天下でも見通せるマイクロ波衛星を使用している）。グリーンランド海で雲のない日はめったにないという事情もあり、雲のある日はデンマーク気象研究所が前日の氷況図を配布した。氷縁が移動したとの観測データを目にするまで移動はしていないと判断するという、おおざっぱな経験則に基づいて作成されていたので、氷縁が静止したまま1週間以上たったとしても、単に雲に隠れていただけという可能性もある。

そうした観測データから海氷面積の変化に気づくのは容易なことではなく、年によって任意の変動はあるにしろ、海氷は毎年変わらぬサイクルを繰り返しているとみなしていたことは驚くにあたらない。そのせいもあり、海洋科学者は不確実かつ壮大な仮定を前提としていた。海に存在する万物は不変であり、我々人類に求められているのは、未知の分野の研究を推し進め、広大な海洋地図へデータを加筆することであり、そうすれば最終的にはおのずと全貌を現すだろうと。わたしが初航海に出発した１９６９年はまだその考えが主流だった。わたしの乗船した〈ハドソン〉号が持ち帰った、南極海の遠隔地での海洋観測点のデータは海洋地図に加筆された。しかしほどなくして、海は――気象だけではなく気候に関しても――はかりしれない変化を内包していると考える科学者がぽつぽつ登場し、海洋地図という概念は次第に顧みられることがなくなった。

我々人類は現代に突入した

第二次世界大戦後、北極は華々しい探検譚の舞台ではなくなり、日常業務をおこなう場所としての道を歩みはじめた。冷戦のために空軍基地や長距離レーダーが建設され、メルカトル海図ではなく地球儀を使用するようになった軍人は、ロシアと米国間を飛び交うミサイルや航空機は最短距離である北極上空を通過するという恐ろしい事実を発見する。そして海氷の偵察は軍人と民間の航空機が担うようになった。1950年代初頭にはまだ人工衛星は存在しておらず、従来は観察をアザラシ猟師たちに頼っていたが、米国空軍機がユーラシア大陸の氷縁周辺を定期的に飛ぶようになったため、その観測データも追加されることになったのだ（〝プロジェクト・バーズアイ〟）。カナダ北極圏では軍ではなくカナダ大気環境局の航空機が縦横無尽に飛びまわっていた。1970年代初頭に氷の観測のため、戦争中から現役の古いダグラスDC-4機に乗ったことがある。当時、カナダ大気環境局はニューファンドランド島ガンダーを本拠としており、飛行中に氷の観測者が腰を下ろして地図に記入できるよう、古いセイバー戦闘機のドーム型操縦室を機体上部に溶接した飛行機を使用していた。ガンダーで唯一の娯楽といえるのは、トップレスの女性たちがいる〈ザ・フライヤーズ・クラブ〉という名の地下酒場で、ＤＣ－４機のパイロットと搭乗員が毎晩早朝の発進前に時間を過ごすのはこの店だった。それにもかかわらずきちんと任務は遂行され、彼らが作成した地図にははかりしれない価値があった。

氷が後退を始めた可能性の最初の徴候を目にしたのは、航空機の観測者だった［６－１］。徴候が現れるのは夏期のみで、それ以外の季節は海氷が北極海全体を海岸まで覆い尽くしていた。秋、冬、春に海氷が海岸線から離れたことをはっきりと確認したのは、さらに長い年月がたってからのことだった。

１９８０年代の終わりには、新しいマイクロ波衛星でも夏期の海氷の後退が観

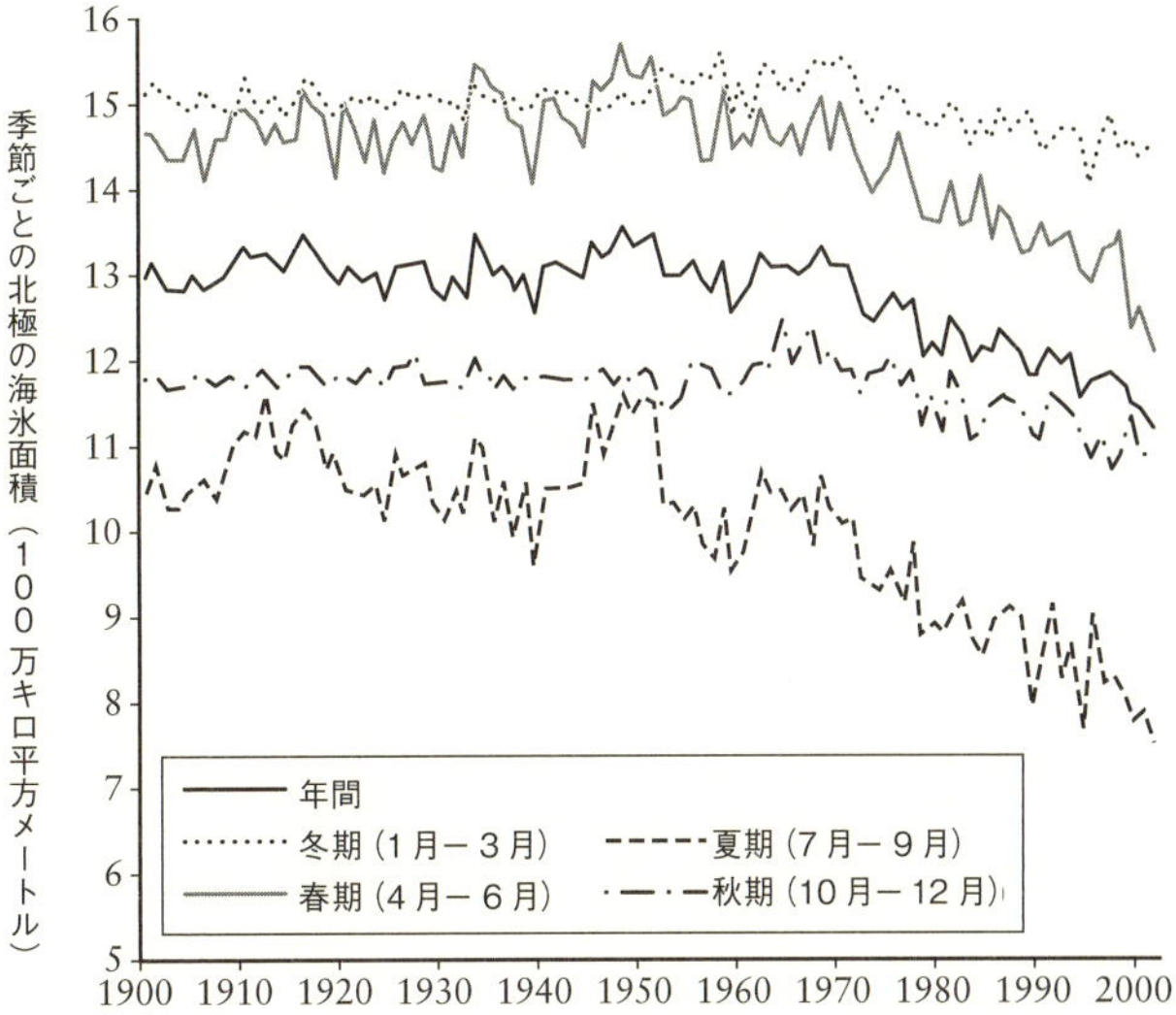

[6-1] 1900年以降の北極の季節ごとの海氷面積。

測された。[3] 後退したのは10年間でおよそ3パーセントとみられ、氷の寿命は長いものと思われた。このときわたしは三次元——厚さについての注意喚起に貢献することができた。氷は減少しているだけではなく、薄くもなっているのだ。長年英国の原子力潜水艦に同乗し、北極の海氷の厚さを計測してきた。頭上の海氷の裏側にソナー（音響測深機）を発し、海中に沈んでいる部分（全体の90パーセント）の輪郭を調べるのだ。英国海軍の協力を得て、1976年は〈ソブリン〉号に、1987年は〈スパーブ〉号に乗船し、北極海全域をめぐる長期遠征調査をおこなった。どちらのときも、カナダ空軍と米国空軍による航空機リモートセンシングも同時に計画し、海中の氷のデータとマッチする氷表面のデータを提供してもらった。[4] どちらもフラム海峡から北極点までの似たようなグリッドで計測したデータだったが、1987年と1976年を比較すると、重大な相違を発見した。潜水艦で計測した北極圏全体のデータを平均すると（［6 - 2］を参照）、1987年は1976年に比べて15パーセント近く厚さが減っていたのだ。1990年に〈ネイチャー〉誌でこの現象についての論文を発表した。[5] 人工衛星が観測した海氷の後退には、海氷が薄くなる現象も付随することについて、初めて証拠を提示した論文となった。この場合の科学技術の進歩とは潜水艦に負うところが大きい。人工衛星が進歩したといっても、海氷量を観測するだけで、氷を透視してその厚さを計測することはできないのだ。

この結果に駆りたてられるように、わたしはそれから10年英国で調査を続けた。また我々とは違う地域、ボーフォート海で活動することが多い米国でも、志をおなじくする科学者たちが頻繁に潜水艦での遠征調査をおこなった。そしてついに我々は信じがたい結果にたどり着いたのだ。北極圏全体をならし、1年を平均した結果、1970年代と比較すると1990年代の氷は実に43パーセントも薄くなっていた。2000年に発表された米国のドルー・ラスロック（ワシントン大学）たちの論文のデータと、[6] わたしや同僚による英国勢の新たな遠征調査のデータが、[7] ラスロックたちは米国のセクター、わたしたちはヨーロッパのセクターと、北極の異なる地域で調査したにもかかわらず、おなじパーセンテージを叩きだしたのだ。

　当時は特に気候モデラーの関心を集めることはなかったが、この発見は並々ならぬ重大性を秘めている。第一に、夏期の海氷が減少もしているということは、つまり

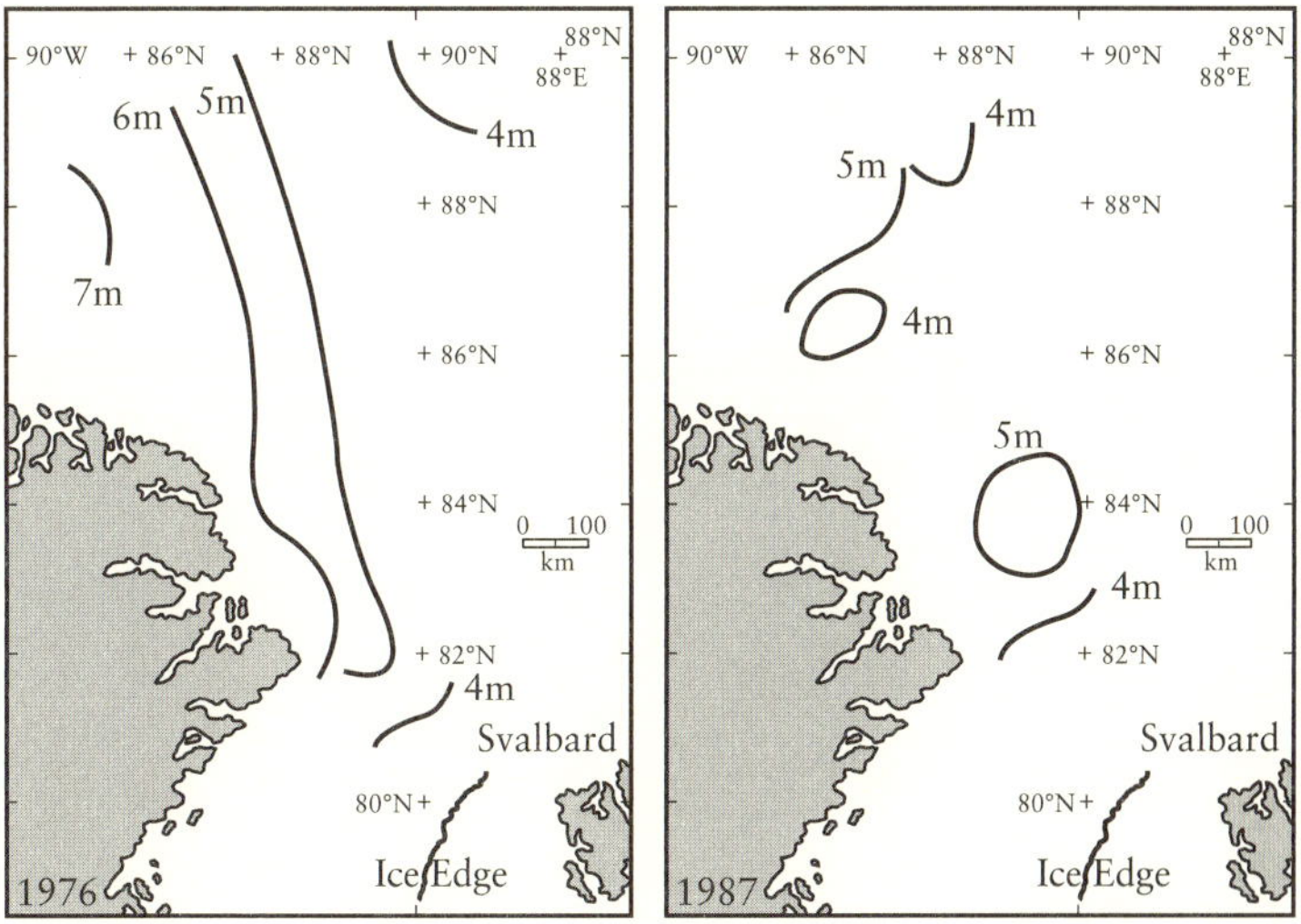

[6-2] グリーンランドから北極点にかけての氷の厚さの平均値を等高線で表したもの。（1976年と1987年）

1970年代から1990年代のあいだに夏期の氷量が60パーセント近く消滅したことを意味する。これは海氷の厚みを考慮に入れないで想像するよりも、遥かに劇的かつ衝撃的な事実である。このままでは21世紀の早い時期に、夏には氷がほとんど存在しない事態を迎えるだろう。世界は警告を必要としていて、我々は全力でそれを届けようと務めている。しかし知ろうとしないのは政治家や実業家だけではなく、科学者である気候モデラーも同様なのだ。彼らは21世紀が終わっても海氷は大量に存在すると予報する、非現実的な気候モデルをいまだに信奉している。そして英国気象庁も彼らのありえない予報にいまもしがみついているのだ。かれらが間違っていることは遠くない未来に自然が証明するだろう。

ここ10年の氷の崩壊

北極圏の海氷量は1年周期で変化しており（口絵17）、最大面積に達するのは2月、最少面積となるのは9月中旬だ。太陽放射のサイクルより2、3ヵ月遅れるのは、太陽が放射するエネルギーが氷を融解させ、海と陸を温めるのに時間がかかるからである。ここ10年、9月の最少面積に関心が集中するのは、2005年にこれまでと比較して大規模な後退が起こったことが話題になったからだ。このとき初めて夏期の海氷がシベリアとアラスカの陸地から完全に離れた。それでもかろうじてグリーンランドと北極諸島の沿岸は氷に覆われていた（口絵13）。北西航路はまだ航行はほぼ困難だが、北極海航路（ロシア名は北東航路）は完全に氷が融解した。２００５年9月に氷に覆われていた地域はわずか５３０万平方キロメートルで、それに対して〝季節平均〟（口絵13のピンクの線）が安定していた１９７０年代から１９８０年代にかけては８００万平方キロメートルだった。わたしは２００４年にふたたび潜水艦で遠征調査をする機会に恵まれ、一段と厚さが薄くなっていることを確認した。加速する一方の氷の後退は、さらなる温暖化に対して海氷が量の減少という形で反応を示しただけで、これは崩壊の始まりなのだと認識した。

２００6年には一部回復したが、２００7年には北極圏の状況はさらに飛躍的に悪化した（口絵13を参照）。今回大きな影響が出たのはアラスカ北部とシベリア東部で、かつては氷に覆われていた場所に広大な青い海原が出現したのだ。氷に覆われた地域は４１０万平方キロメートルへと縮小した。不思議なことに氷の消え方にはむらがあり、今回は北西航路の氷が姿を消し、北極海航路のシベリアの北方に位置するヴィリキツキー海峡の航行が困難になった。

この現象のいちばんシンプルな説明は、融解することで氷は薄くなり、崩壊が進行しているというものだ。しかしそれと同時に力強い要因が登場した。初夏のアラスカに南や西から吹く風が、ボーフォート海に残っている氷をフラム海峡へと運んでいることが判明したのだ。国際北極ブイ計画（ＩＡＢＰ）の漂流するブイの記録でそれが明らかになった。ＩＡＢＰはまさに国の枠を越えたプロジェクトで、毎年北極海に漂流ブイを設置し、ブイの位置情報を人工衛星で追跡している。２００7年、氷は急速に東方に移動した。氷の後退に追いつかれたブイは海中に落下し、生き残った氷はフラム海峡にぎゅうぎゅう詰めとなった。北極海の出口は、だれかが「火事だ！」と叫んで観客が殺到した映画館の出口にそっくりなのだ。

この新しい傾向は２０００年代には次第に一般的になりつつある。第２章で述べたように環流の力で移動するかわりに、氷は新たに定期的に出現する卓越風に吹かれてフラム海峡を通り抜けるようになり、海流の影響は届かなくなった。年を経た多年氷もまたこの新しい傾向の一端を担っており、かつてのようにボーフォート循環のなかを漂流するかわりに、フラム海峡を通って北極海の外に出るようになった。その結果、北極海の多年氷の数は年々減少しており、このままいけば北極海にはほとんど存在しなくなるだろう。新しい氷が形成されても、フラム海峡を通って北極海の外へ出てしまい、多年氷へと成長するものは稀だ。２０００年代に起こった多年氷の劇的な変化は、一年氷と多年氷を識別できるマイクロ波衛星でも確認済みだ。[8] 気候を原因とする氷の成長の減少は重大な問題であるが、形成されて間もない氷が北極海で優勢になった事実自体が氷の厚さの平均が減少している要因である。

２００７年の個人的なエピソード

北極が重大な局面を迎えた２００７年、わたしは忘れがたい体験をした。その年の３月、潜水艦〈タイヤレス〉号で北極横断し、氷の厚さを測定する遠征調査に出発した。今回は氷の裏側を三次元で再現してくれる驚異的なマルチビーム・ソナーを使用する予定で（口絵10）、氷の裏側の大規模な調査でこれを使用するのは初めてだった。スコットランドのファスレーンからフラム海峡を通過し、グリーンランドの北を抜けてボーフォート海に入るコースで、我々は北極海全体を横断した。ボーフォート海では頭上にある氷のほとんどが一年氷だと判明した。数日間、縦横に潜航した海域の頭上には、ワシントン大学が設置したAPLIS（応用物理研究所極地観測所）という名の観測キャンプがあり、科学者たちが試錐孔を掘って氷の表面を計測し、電磁探査法で氷を調べ、レーザーを搭載した航空機で氷の表面の形を測定していた。そして潜水艦も非常に重要な共同研究のデータを採取していたのだが、3月20日に突然惨事が起こった。夕方ソナーで観測していたら、バンという音がとどろいたのだ。現実とは思えない音量だった。衝撃波を感じたと思うと、大量の茶色い煙がすさまじい勢いで下のデッキの廊下を覆い、またたく間に操舵室へつながる階段を呑みこんだ。それと同時に艦長が階段を駆けあがってきて、叫んだ。「緊急事態発生！　総員、EBS（緊急呼吸器）マスクを装着！」

その瞬間、全員が恐怖で凍りついた。そして即座に手近なマスクに飛びついた。船尾へ向かっていたわたしは、手招きされて無線通信室に入った。通信士がマスクを差しだし、それを酸素ラインにつないでくれた。通信士は不安でたまらない様子だった。「大変な事態になりましたね。こんなことは初めてです！」

なにが起きたのかを知る者はひとりもいなかった。衝突？　原子力事故？　わたしは数秒で死を覚悟し――艦内での爆発は通常なら潜水艦自体の最期を意味する――全員が酸素マスクをして、最期のときを待った。わたしは驚くほど冷静だった。想像を絶する恐怖で、パニックに陥るどころではなかったのだ。酸素マスクをつけ、腰を下ろして死を待った。心臓の鼓動が速くなることさえなかったと思う。わたしが北極でいちばん死に近づいた瞬間だったが、奇妙なことにあれこれ思い悩むことはなかった。しかし電気はついたままだし、潜水艦は潜航を続けている。

それぞれの区画から報告が届き、爆発が起こったのは船首の脱出ポッドの区画だと判明した。乗務員に〝キャンドル〟という愛称で呼ばれているSCOG（自家酸素発生器）が吹き飛んだのだ。乗務員の呼吸のため、潜水艦は水を電気分解して酸素を製造している。仮に凍結などでその装置が故障した場合は、違う方法で酸素を発生させなくてはならない。そういう場合は、塩素酸カリウムの容器を触媒作用を起こさせる装置に入れ、酸素を発生させるのだ。その塩素酸カリウムの容器がSCOGに入った状態で1個爆発し、それが悲惨な結果を引き起こした。艦内に有毒ガス（高濃度の一酸化炭素と二酸化炭素）と煙が充満したのだ。

やがて「火事だ！　火事だ！」という声が聞こえ、事態はさらに悪化した。潜水艦乗りにとってはなによりも恐ろしい悪夢――海中での火事だ。そのうえ氷の下を潜航中の火事となると、浮上することが不可能なだけにさらに悪い状態といえる。その区画を水浸しにするほどの乗務員の消火活動の甲斐あって火事は鎮火した。その後、2回ふたたび出火して「火事だ！」という声が上がったものの、なんとか鎮火に成功した。

艦は即座に浮上する必要があった。そのときごく近くにポリニアがあったのは、たぐいまれなる幸運といえるだろう。我々は通過したポリニアの位置を海図に記入していたのだが、最後のひとつがすぐ近くだったのだ。艦は方向を変え、一路そのポリニアを目指した。近くなるといったん停止して、（艦首、水平舵、艦尾）それぞれの上方の氷を上方監視ソナーで確認し、安全だと判明すると同時に浮上した。優秀な艦長のおかげで、我々はなんとかポリニアに浮かぶことができそうだった。とはいえ、方向転換しながら浮上を続けるあいだ、艦内全員息を殺して待った。緊急浮上に成功すると、スピーカーから感謝に満ちた声が流れた。「ポリニアへ浮上した。ハッチを開ける用意」ハッチが開けられ、換気孔が新鮮な空気を艦内へ送りこみ、有毒ガスを一掃した。

その間に負傷者の状況が報告された。負傷者は下士官用食堂（下士官用食堂は病室に転用できる）に運ばれ、軍医の治療を受けているそうだった。当初、それほど状況は悪くないように思えた。しかし、その後恐ろしい噂が艦内に広まり、わたしたちの耳にも届いた。「ふたりの死者が出た！」

無線通信室に若い水兵が飛びこんできて、むせび泣きながら通信士に報告した。彼は遺体を目にしたそうだった。あとになってから、わたしは胸の痛い真実をすべて知らされた。実際にふたりの死者が出たという話だった。ふたりとも水兵で、ひとりは18歳、もうひとりは32歳。年長のほうの水兵はつい前日に婚約を祝ってもらったばかりだった。ふたりは〝キャンドル〟を運びだす任務についていた。しかしふたりが手をかけた瞬間にＳＣＯＧが爆発し、装置の外を覆っていた金属が榴散弾のような役割を果たし、ふたりの命を奪った。区画のデッキ下面にも金属の破片がめりこみ、デッキの鉄板は爆風でねじれた。ふたりは即死だった。遺体は消火にあたる乗務員の目に極力触れないよう、ハッチに安置された。３人目の負傷者はそれほど重傷ではなかった――最初の爆発の煙を大量に吸ってしまったが、体調は悪くない様子だった。

すでにＡＰＬＩＳに緊急事態発生を知らせてあったので、浮上してしばらくすると、観測キャンプの米国人たちが暗闇のなかスノーモービルで医療品を届けてくれた。歩ける負傷者は後送されることになり、月のない闇夜、ヘリコプターでプルドー湾に搬送された。プルドー湾には輸送機Ｃ－１３０ハーキュリーズが待機しており、治療のためにアラスカ南部にあるエルメンドルフ空軍基地へ移送された。ふたりの遺体も観測所に運びだされた。

半年の潜水艦生活で慣れ親しんでいた、完璧に安全で儀式化された世界は消え去り、かわりに艦内を満たしたのは恐怖と不安だった。だが過去の潜水艦乗船時に感じたことがある不合理な懸念がすべて脳裏に浮かんだうえ、いまや最悪の事態を経験したというのに、わたしは怯えもせずにまったく冷静だった。一緒にいた同僚のニック・ヒューズもおなじ心境だった。我々はひと晩潜水艦で過ごし、翌朝下船した。よく潜水艦の士官たちから、潜水艦がどれだけ安全かという冗談を聞かされたものだ――艦内に滞在するほうが地表よりも健康的な環境だと。原子力潜水艦が深海に潜っているあいだは宇宙線が遮られるので、地表で暮らす不幸な人たちよりも浴びる量が少なくて済むからだ。潜水艦での生活は安全だとつい誤解しがちだ——ワイシャツ1枚で仕事をし、おいしい食事を楽しみ、士官室のインド更紗張りの椅子で寛ぐ。しかしわたしの50回におよぶ北極遠征調査では、快適にはほど遠いテント、小屋、船、飛行機、ヘリコプター、犬ぞり、スノーモービルも利用したが、このときの潜水艦でのエピソードほど死を覚悟させられたことはなかった。

この話の結末は気持ちが高揚するものではない。有人時のロシアの宇宙ステーション〈ミール〉内で、漏れた油がSCOGの容器のひびに入りこんで爆発物を形成し、それが原因で火災が起きたため、英国海軍の内務規定でSCOGの容器に傷がないかを確認した。規定どおりに乗務員は欠陥のある容器を運びだしたのだが、海軍基地がそれをまた艦内に戻し、経費削減のためにそのまま使用するように命じていたのだ。のちに開かれた調査委員会で、2008年6月12日にその報告がなされた。それ以来、英国海軍の潜水艦による北極遠征はおこなわれていない。

状況を考えれば驚くべきことだが、飛行機で英国へ戻って一週間ほどで、わたしはふたたび悲劇が起きた現場、APLISに舞い戻った。AUV（自律型無人潜水機）でいくつかの氷丘脈の詳細を調査するためだ。ある氷丘脈（口絵7）はわずか7日前にできたばかりだったので、細長いぼた山そっくりに氷の塊が緩く積みあがり、強度はほとんど、あるいはまったくない状態なのが見てとれた。こうした氷丘脈は現在の北極でよく見受けられ、かつて砕氷船にとって多大なる障害となっていた、多年を経た巨大な氷丘脈はほとんど姿を消した。AUVでの調査はまたとないセラピーとなった。身体的には何ヶ月もひどい咳が止まらなかったものの、精神的にはもう大丈夫だと思うことができた。

氷が減少するつぎのステップ――2012年

北極の海氷面積は容赦なく減り続け、その傾向は加速しているが、その現れ方は一様ではない。気候の様々な要因は変動するため、夏期の海氷量の減少を加速させることもあれば、遅らせることもある。変動する要因によって一部回復した年があると、北極の海氷が後退などしていない証拠だと気候変動懐疑主義者から大歓迎され、その翌年にさらに後退が進んでいるのは無視されるのがつねだ。

9月の海氷面積の推移図（口絵13）は大きな変化だけではなく、力強い傾向をも例示している（口絵17も参照）。劇的な変化があった2007年以降は、2007年の最低記録を若干うわまわる状態が続いていたが、2012年の夏に340万平方キロメートルと最低記録を更新した。今回は、消滅した地域はあらゆる緯度に分散しており、極点付近は強力な風が原因で、氷はやや移動したというよりは撤退したに近かった。最低記録を更新したのは、8月6日に北極を襲った、のちに北極大低気圧と呼ばれるようになった嵐の影響が大きい。[9] これは人工衛星で気候のモニターを開始した1979年以降で、もっとも猛烈な夏の嵐だった。海氷面積はすでに最低記録に近づいていたが、NASAゴダード宇宙飛行センターで衛星の調査に携わるクレア・パーキンソンとジョーイ・コミソによると、[10]嵐のせいで40万平方キロメートルの海氷がもともとあった場所から強制的に引き離されて、風や波で粉々になり、最終的には融解したそうだ。ジンルン・チャンと同僚（ワシントン大学）のべつの解析結果によると、[11]嵐の直接的な影響で失われた海氷は15万平方キロメートルと控えめだが、どちらの研究結果も危機的な時期に相当に重要な影響を与えた点は認めている。

夏期の海氷の最後の数年

２０１３年の夏期は嵐の活動がそれほど活発ではなく、また嵐の風向きが北極に冷気を運んだ影響で、海氷に残った積雪が氷の融解を遅らせるとともに、アルベドを上昇させた。２０１４年も前年並みに海氷量を維持できただけではなく、いくらか回復した。しかしいまも危機的状況にあることは明白である。8月に米国沿岸警備隊の砕氷船〈ヒーリー〉号でボーフォート海南部の氷縁を訪れ、氷は崩壊寸前でいつ全体が融解しても不思議はないことを確認した（口絵2）。そのようにして一部回復することはあるものの、容赦ない後退傾向にそうした小刻みな変動が入りこむのは海氷の減少の特徴であり、２０１５年にはさらに目に見えて悪化すると予測できた。特に２０１５年はエルニーニョ現象の影響もあり、太平洋の海流および風のパターンが変化した。

その正味の影響は、蓄積した海洋熱の放出とそれにより大気が急速に温められることだ。

実際、2015年9月は海氷面積が史上4番目に小さく（口絵13、17）、エルニーニョ現象が激しさを増して続いたため、2016年の夏期も最低記録を更新する可能性があった。2016年は最低記録を更新こそしないものの、1年のほとんどは最低に近い海氷量であり、9月のあと秋期になっても海氷の回復のペースは非常に遅く、このままでは2017年に最低記録を更新する可能性が高い。気候モデラーはいまだに氷のない夏は2050年から2080年まで起こらないという予想を覆さないが、観察データはそれとは異なる展望を示している。モントレーにある米国海軍大学院のウィーズロウ・マスロフスキーは、早期に氷は消滅すると予測している気候モデラーだ。[12] 彼には有利な点が2点あり、ひとつはごく小規模の過程もシミュレートできる気候モデルを使用している点（2・4キロメートルのグリッド・スケールを使用している）、もうひとつはモントレーの海軍が所有する世界でも指折りのパワフルなコンピューターを使用できる点である。彼はほかの気候モデルでは無視するか不充分な扱いを受けていた過程を重要視し、氷の融解における海水上部の熱の役割と、氷と海水の接点の下の浅海のいわゆる混合層が変動することに注目した。

年によって変動する要因の重要性は、氷の後退が最大のとき氷が集中する地域を記した地図を見れば理解できる。（口絵14）は2012年9月20日の海氷面積を撮影した衛星写真で、この日氷の後退は最大だった。ボールダーにあるNSIDC（米国立雪氷データセンター）が作成したおなじみの地図に、ブレーメン大学がまたべつの技術を使って加工したもので、ただの白ではなく、残された氷の密接度をわかりやすく表している。地図を見ると、移動中のボーフォート海とロシア側北極海の氷縁に、幅広の縁飾りのようにあと2日か3日で融解しそうな密接度の低い氷があるのがわかる。変動する気象要因によっては融解する可能性が高いが、その場合さらに広大な地域の氷が失われ、撮影時に最低記録だった340万平方キロメートルを下まわる記録を残していただろう。

開水域の波

変動する気象要因のひとつに波が挙げられる。2012年の嵐はまさにそのとおりだった。夏期の海氷面積が縮小するのにも波は大きな役割を果たすようになっているが、2007年、2012年、そして2015年の地図をざっと眺めるだけで、夏期の氷の周辺には広大な開水域が存在することがわかる。海氷の大幅な後退により出現した開水域には、風が波を生じさせるだけのスペースがあり、以前ならば隔離されていたボーフォート海などの氷縁にかなりの波エネルギーが発生している。この波エネルギーは氷を砕き、その融解と後退をさらに促進する可能性がある。表現を変えれば、温暖化で海氷の後退が進み、それにより広大な開水域が出現し、そこでは波が生じ、その波の影響で氷が砕かれて減少し、さらに氷の後退が進むということだ。これは北極の壮大な海氷の初めてのフィードバックであり、その点については第8章でさらに詳しく説明している。

波と波が氷に与える影響の研究は比較的最近始まったばかりで、わたしはその初期から参加している。それどころか、1973年のわたしの博士論文のテーマでもある。わたしは1970年に研究生としてケンブリッジ大学のスコット極地研究所に入所した。所長のゴードン・ロビン博士は氷河と海氷、両方の研究に携わっており、わたしが海氷研究のプロジェクトに参加することを許可してくれた。そのプロジェクトでは、海氷が波を浴びたらなにが起きるかを研究していた。当時、その問題についてはほとんどなにもわかっていなかった。あのころ北極の研究に携わる海洋学者は数えるほどしか存在しなかったため、志す者は広範囲の解明されていない現象から自由に研究テーマを選ぶことができた。ロビン博士は波浪計を船に積みこんで南極遠征調査へ出発し、氷縁で異なる距離の波エネルギーを測定したことがあった。そして、その後研究助手をおなじ調査に送りこんだ。しかしそれきりだった——2回分の調査結果があるだけで、その分析はおこなわれていなかった。

あの当時が幸運であり、健全でもあったのは、コンピューターの気候モデルはまだほとんど存在せず、フィールドワークで計測した結果を力説することで科学的問題を解決していた点だ。現在もそうであったらと願っている。ゴードン・ロビン博士はわたしがフィールドワークをおこなう機会を熱心に探してくれた。そしてわたしが入所してわずか4ヵ月後の1971年2月、ロビン博士は海軍での人脈を利用して（博士は戦争中潜水艦に乗っていた）、氷と波の研究のためにディーゼル潜水艦〈オラクル〉号に乗船できるよう交渉してくれた。〈オラクル〉号は、南極海へ向かう英国海軍初の原子力潜水艦〈ドレッドノート〉号の護衛として、グリーンランド海の氷縁へ向かう予定だった。

わたしは〈オラクル〉号で最高の時間を過ごした。驚くほど狭苦しく、不潔で悪臭紛々だったが、それでも夢のような遠征調査だった。〈オラクル〉号はひとつの大きな筒のようなもので、区分されたデッキはない――操舵室、ディーゼルエンジン、バッテリー収納部、魚雷発射管、これらがすべてつながっており、まさに第二次世界大戦を描いた映画に登場する潜水艦そのものだった。そしてやはり戦争中と同様に、乗務員は一回も洗濯したことのない機械油のしみだらけの白いウールのセーターを着て、艦内の隙間という隙間に詰めこまれている寝台で眠る。わたしの寝台はデッキ下部の士官室のドアの外にあり、鼻の数インチ上にはべつの寝台が迫っていた。その寝台を使っていたのは士官室づきの給仕で、早朝には寝台がテーブルに早変わりし、厨房から運んできた朝食を皿に盛りつけていた。浮上中で揺れがひどいときは、しょっちゅうわたしの寝台の横をこぼれた料理が流れ落ちていったものだ。勇猛なヒューゴー・ホワイト艦長（のちの艦隊司令長官ヒューゴー・ホワイト海軍大将）は氷縁の下を潜航し、大浮氷群のなかの数十キロメートルしかないスペースに氷を避けて浮上した。艦長はバッテリーの再充電が必要なディーゼル潜水艦を剛胆に操舵するばかりか、氷原で乗務員の永年勤続勲章授与式まで執りおこなった。

わたしの調査については、尊敬する先達であるスクリップス海洋研究所のウォルター・ムンクが数年前に提唱した方法を採用した。氷縁内で異なる距離をおいて氷の下で停止し、潜水艦の上方監視ソナーで海面までの範囲を測定し、それを基にして波の時系列の記録を採取するのだ。潜水艦は波の影響を受けない深度に潜航しているため、安定性の高いプラットフォームとなりうる。[13]調査の結果、波が氷を減少させる点についてすばらしいデータを得ることができた。[14]それは初めて測定に成功した正確なデータであり、距離と影響は指数形式で表すことができた。そのデータは、波は氷板で反射されて全方向にエネルギーを拡散するが、それでもなお氷を突破しようとすることを実証した。わたしは「散乱」と呼ばれるこの過程を説明する理論を練りあげ、航空機のレーダーでさらなるフィールドワークをおこない、1973年に博士論文を執筆した。

数年後にケンブリッジ大学へ戻るまで、しばらくカナダで過ごし、その後モントレーにある米国海軍大学院で1年客員教授を務めた。そのとき米国海軍研究所（ONR）から助成金を受け、氷を崩壊させる強力な波を研究するプロジェクト、題して〈MIZEX（周縁氷帯実験）〉を立ちあげた。[15]その後、実際には2012年に、ONRは研究対象を氷に影響する様々な波に変更した。氷を研究する多くの科学者と同様に、夏期の開水域に生じる波が夏の氷消滅のバランスを変える可能性があると考えたのだ。現在、わたしは大勢の科学者たちと協力して、現代の手法を駆使して氷と波の現象を研究している。それには人工衛星で追跡できるブイを利用して、氷のなかでの波エネルギー記録を採取することも含まれる。2015年10月から11月にかけては、アラスカ大学の新しい砕氷船〈シクーリアック〉号で遠征調査をおこない、ブイは広大な北極海へと漂流するものもあれば、近距離の氷縁に流れつくものもあることを確認した。

〈シクーリアック〉号での航海では、氷と波の相互作用に関して、また別の気候の特徴を見ることができた。初秋の再凍結においては、氷縁が急速にボーフォート海南部からベーリング海峡へ、そしてベーリング海へと進むものだという教科書どおりの現象は起こらなかったのだ。かわりに氷縁は波の影響で最初は蓮葉氷（パンケーキ・アイス）を新しく形成しながら進む様子だった（このタイプの氷については第11章で詳しく述べる）。だがその後嵐が発生したため、波によって海面に運ばれてきた熱で新しく形成された氷は融解して消滅したようだ。その熱は氷のない夏期に海水に蓄積されたものである。前進する氷とそれに抵抗する海の闘いは最終的には氷が勝利を手にするものの、海水も精一杯の抵抗を試みる。その結果、２０１６年のほとんどの時期の氷量が最低記録を更新した。また２０１６年２月は世界の平均気温が２月の記録としてはいちばん高く、１９５０年から１９８０年の２月平均よりも最高で１・35度も高かったことも重要な要因といえる。この記録破りの気温は２０１６年の春のあいだすべての月で続いた。

このようにして我々は「氷‐波のフィードバック」はふたつの形態をとることを発見した。真夏は北極海の氷縁周辺に広大な開水域が出現し、そこに生じた波が氷に侵入する。氷は分散させられ、砕かれ、大きな氷原が最後には小さな破片となって急速に融解する。また秋に発生した大規模な嵐の波の力で上層水が混合すると、夏期に吸収した熱を放出し、形成されつつある新しい氷を融解させて氷の前進を阻害する。

つぎの章では氷の減少が最終的に迎える結末、つまり夏期の海氷の消滅を考えてみよう。そして第8章ではフィードバックの問題をふたたび取りあげ、氷の後退は世界中に広がっているという、また違う深刻な影響について説明しよう。

第７章

北極の海氷の未来――死のスパイラル

つぎは海氷になにが起こるのか？

優秀かつ穏健な地球物理学データ分析官アンディ・リー・ロビンソンは、急速に減少する北極の夏期の氷量は消滅に向かっていることと、それ以外の時期も減少傾向にあることを、北極の氷量データは非常に明確に示していると指摘する第一人者といえるだろう。まずは［７－１］から始めよう。氷量の偏差（つまり１９７６年－２０１５年の平均と比較した氷量）は時間軸と逆の動きを見せている。このグラフは海氷面積が減少していることを示す［６－１］のデータに、氷の厚さのデータを加えて作成した。海氷面積に厚さのデータを加えれば、面積も厚さも減少しているため、相対的に減少率は上がる。グラフは傾向を示すフィット直線を書き込んだが、２００２年以降のデータからは減少率が加速しているのがわかる。氷が薄くなっているため、海氷面積のデータだけを見て予想していたよりも、氷の減少が急ピッチで進行しているようだ。

［7－1］で表されている2種類のデータの正確性は理想的とはいえない。氷に覆われている地域についてはきわめて正確である――衛星写真から大きさ（氷縁の内側の範囲）と地域（そのなかに開水域が存在しているにしても、実際に氷に覆われている地域）を割りだしてある。一方、厚さのデータはそれほど普遍的ではないし、北極全体の厚さをモニターしているわけではないので、簡潔なモデルから抽出したデータを使用している。しかし、いまではこの作業を実行するために設計された人工衛星が存在する。それはクライオサット2号（初代クライオサット号は打ち上げ直後に失敗に終わった）という名の衛星で、2010年に欧州宇宙機関が打ち上げ、「フリーボード」と呼ばれる喫水線より上に出る氷の高さをレーダー高度計で測定する。レーダービームが氷の表面に反射し

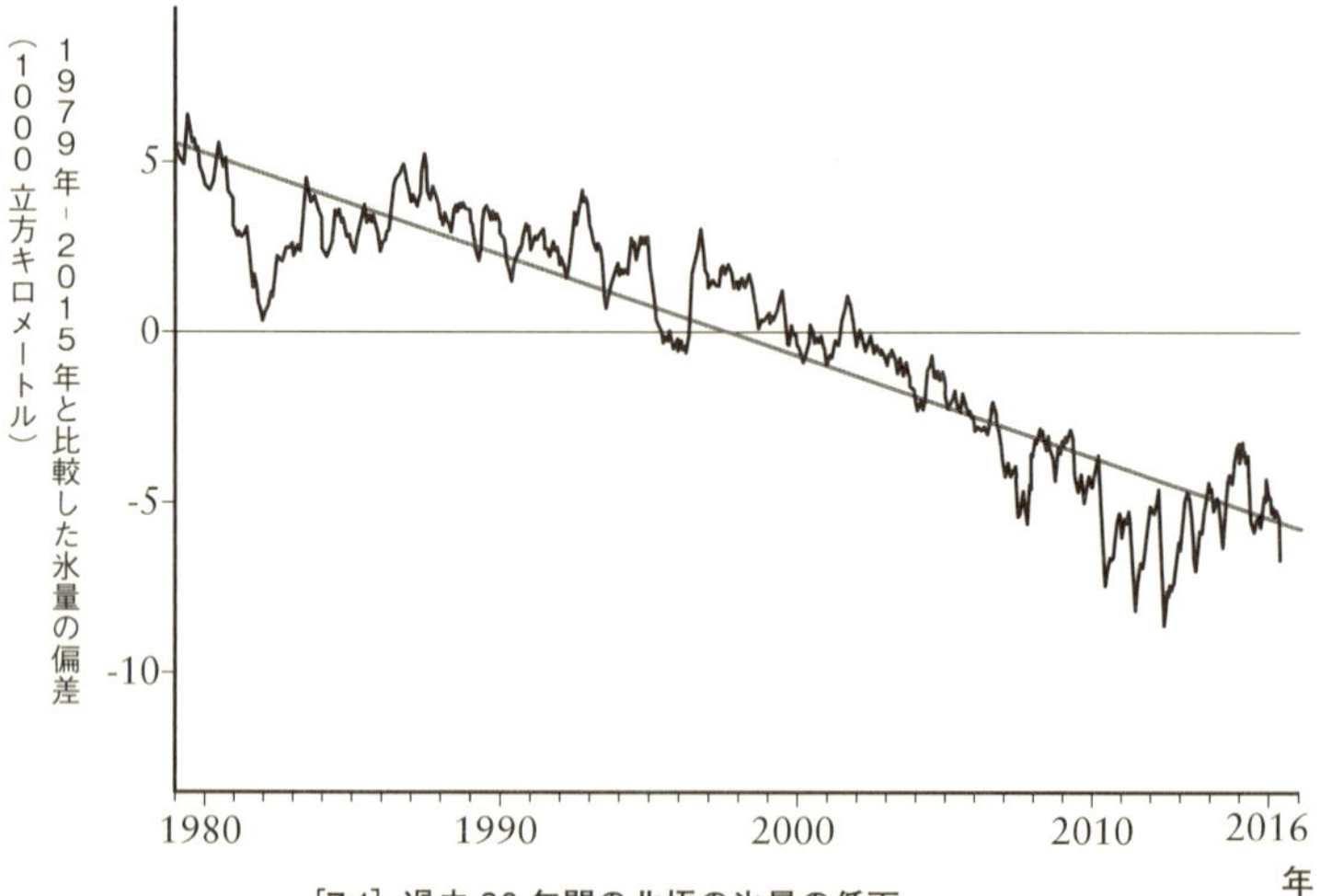

[7-1] 過去30年間の北極の氷量の低下。

て戻ってくるまでの正確な時間を計測することで、フリーボードがわかるのだ。そして既知の氷の厚さと積雪量に基づく換算係数を適用して、フリーボードから氷の厚さを算出する。この換算係数は時期、氷の種類、そして北極内のどの地域かによって変動するので、どの換算係数を使用するかで議論が湧き起こるのは当然といえる。クライオサット２号が入手する氷の厚さのデータは重要性が高いので出版されているが、[1]２０１２年以降のものだけなのは批判の対象となっている。わたし自身は１９７９年以降に起こった現象すべてに興味があるので、米国では主にワシントン大学のドルー・ラスロックと同僚のマーク・ウェンスナハンが、[2]英国では主にわたしが、北極海を横断する潜水艦に乗船して入手した不完全なデータを使用することにしている。ワシントン大学の〈ＰＩＯＭＡＳ（北極海氷体積推定システム）〉というプロジェクトでは、厚さのデータを採取して、ごく単純なモデルに適用している。そのモデルは、潜水艦が採取した不完全なデータを基に、わかっている氷の形態、年数別の分布、そして気温などの推進力を加え、氷の厚さの平均を北極海全体に適用するよう設計されている。よってＰＩＯＭＡＳのものは純粋なデータとはいえないが、データ解析の過程で最低限のモデリングしか介在させないので、我々が達成しうるかぎりそれに近いものだといえる。この点でＩＰＣＣが採用しているアイス・オーシャン気候モデルとは対極にある。

アンディ・リー・ロビンソンはそうした分析結果をわかりやすく視覚化した。［７－１］を作成するのに使用した月次データを時計の形で表したのだ。１９７９年は12時で始まり、時計の針が進むようにぐるりとまわって12時目前が現在だ。中心からの距離はその年の該当月の平均氷量を表している。その結果が12種類の曲線で（口絵16）、北極の氷になにも起こっていなければ同心円となるはずだ。しかし曲線は中心に向かってらせんを描いており、9月に至ってはかぎりなく中心に近い場所にある。ボールダーのNSIDC（米国立雪氷データセンター）所長でもある氷河学者のマーク・セレズは、これを見て〝北極海の死のスパイラル〟と命名した。

北極海の死のスパイラルを目にすれば、おのずと夏期の北極海氷は長く保たないと気づくだろう。減少傾向によって夏期の氷量はゼロに近づき、2016年は9月と10月の氷が、2017年はな8月から10月の氷が、2018年には7月から11月の氷が消えるだろう。このような傾向線は2016年には氷のない期間が2ヵ月、2017年には3ヵ月、2018年には5ヵ月になると予想している。残る7ヵ月もそれよりはいくらか時間がかかるとはいえ、どの時期も加速度的な勢いで死のスパイラルの中心へと向かっていくことは間違いない。もっともこの単純な外挿法を用いて冬期の予想をするべきではないのは明らかだ。冬期の北極の状況に関しては今後数十年で多くの変化が起きると予想されているからである。また夏期の傾向も減速しているのは明らかで、2016年の9月と2017年には、海氷が消滅することはなかった。しかし、冬期も夏期も氷量の減少傾向は続いているため、夏期にそれほど猶予があるわけではない。つまりこのまま減少傾向が続けば、数年とたたずに9月の氷量はゼロになるだろう。

第6章で述べたとおり、〝小刻みに変動する要因〟の影響も考えなくてはならない。海氷量の増減の危機的状況下だろうと、明白かつ強力な長期的な傾向に、天気事象の任意の要因によってある年に混乱が生じる可能性はある。しかし小刻みな変動は一時的な現象であり、傾向は動かしえないのだ。［７－１］の時系列は、９月の海氷はごく近い将来に消滅するとの力強い傾向を表していることに疑問の余地はない。

科学者が〝消滅〟という言葉を使用するときは、広大な氷の大半が消え去り、アメリカ大陸からユーラシア大陸まで北極海が開水域となることを意味する。当然、小さな氷は残存しており、特に沿岸部や北西航路などの航路には１００万平方キロメートルかそこらの氷は存在するだろう。だが、主要な氷は消滅している。つぎの章では、我々が感知できる北極のフィードバックはすべてその方向を指しており、夏期の海氷が減少する傾向を遅らせるか、あるいは阻止できる対策は存在しないことを説明しよう。これは北極点にとって最初の重要な一歩となり、氷のない９月へ至る道は、氷のない北極へ至る道と同義だという意見が優勢となるかもしれない。

近年加速する一方の減少傾向に寄与する要因を思いだしてみよう。多年氷はほとんど姿を消した。そのうえ北極の大気循環に突然変化があったとしたら、北極ではもはや新しい氷が翌年や２年後に充分な厚さとなるまで成長することができなくなったということだ。また夏期に氷がないと水温は上昇しつづけ、秋になっても氷結が遅れるうえ、いま存在する氷も高い水温と波の影響のために崩壊する危険が高まる。

すでに転換点を超えたのだろうか？

近年、〝ティッピング・ポイント（転換点）〟という概念が広く知られ、気候とは無関係の分野でも使われるようになったため、言葉の定義が非常に曖昧になっている。わたしは厳密な定義にしたがい、ある一定のレベルのストレスを与えられて以前の状態に戻ることは不可能となり、ストレスが排除されたら新しい状態へ移行することを、ティッピング・ポイントを迎えたと表現する。我々の大多数は学校でフックの法則を学んだ。針金なりばねなりに荷重をかけると伸びるが、その伸び率は荷重に比例し、荷重がなくなると同時にもとの長さに戻る。しかし荷重が大きすぎると、針金のいわゆる弾性限界を超えて、おなじ荷重でもさらに伸びつづける。そして荷重がなくなってももとの長さに戻らず、今後も戻る見込みがない場合、金属の結晶構造が変化したことを示している。これをティッピング・ポイントを迎えた状態という。北極の海氷はティッピング・ポイントを超えたのだろうか。わたしは以下の理由から、超えたと考えている。

北極圏では冬期の多年氷が年を追うごとに減少していることが判明している。[3] 気圧場の影響もあり、いま氷は広大なボーフォート循環のなかで長期間循環するよりも、形成域からすぐに北極海盆の外へと流される傾向が強い。この傾向が今後も続くのであれば、広大な海氷は年々完全に融解する地域が増大するだろう。なぜなら以前に比べて一年氷が成長するのに時間がかかる一方、融解は急速に進み、水温が高い地域が広がることで氷のない状態が毎年恒例となるからだ。

ある夏に氷量がゼロになれば、その年の冬の氷はすべてが一年氷となるので、つぎの夏にはまた融解する。つまり強固な多年氷がふたたび形成される機会がないのだ。よって、夏期の融解率と冬期の成長率が変化して、すべての一年氷が夏期に融解したとき、海氷のティッピング・ポイントを超えたことになる。（凍結が始まる）10月まで生き延びて多年氷へと変化する一年氷は存在せず、北極圏での多年氷の比率は上昇するどころか、最後のひとつが消え去るまで減少傾向が続くことは間違いないだろう。その後の北極は永遠に（あるいは少なくとも気候がふたたび寒冷化するまで）、ある季節にかぎり氷に覆われた状態になる。

ステフェン・ティーチェと同僚が２０１１年に発表した論文は違う結論を導きだし、世間の注目を集めたが[4]、この論文は全面的に誤解を与えるものである。筆者は（気候モデルで）人工的に北極の氷量をゼロに設定したところ、２年以内に氷量が以前と同等に戻ったと主張する。北極圏では温暖化への反応として20年周期で氷量の減少を繰り返すが、毎回かならず氷量はもとに戻ると。そして氷の後退は撤回できる、北極の氷量をもとに戻すために我々人類が果たすべき責務は、これ以上放射強制力が働かないように炭素放出量を抑制することだと結論づけた。これはふたつの点から筋の通らない結論である。まず第一に、コンピューター上の気候モデルで氷量をゼロにするときは、それ以外の要因は現状維持のまま人為的に氷量のみ変化させるため、当然その後の氷量は以前の状態に戻ろうとするのだ。第二に、二酸化炭素が原因の放射強制力には時間差があるという既知の事実と、それゆえ今後も大気中に排出される特定量の二酸化炭素は気候システムに100年以上のあいだ影響を与える点を考慮に入れていないため、自然に減少した氷量は撤回できるとの結論は誤りである。仮に二酸化炭素排出量が突然減少したとしても、気温は長期間、ことによると数十年も低下しない可能性も考えられる。水温はいうまでもなく。

こうしたすべてが現実に起こることを、どうすれば我々人類は認識するのだろうか?

意気阻喪させられるうえに理解できないのは、フィールドワークをおこなう科学者がデータに対する態度を変えることだ。わたしが若かったころは、北極圏で起こる現象の観測・測定結果は自動的に正当だと受けとられ、観察傾向から導きだした推論もそれが予測を立てる最善の選択だとみなされていた。少なくとも、短期間はそのとおりのことが起こっていた。ところが現在はもはや事情が違うようだ。観測結果に基づいた予測が、主に気候モデルを研究している科学者に警鐘を鳴らすような内容であると、それを黙殺し、かわりにすでに不完全だと判明しているような、コンピューター上の気候モデルの予測結果を採用する科学者が存在するのだ。最初にこの現象に気づいたのは、2012年に下院環境監査委員会で北極の氷の急速な減少について証言したときだ。その2週間後、気象庁の主任研究員デイム・ジュリア・スリンゴはわざわざ同委員会で、気象庁の気候モデルによると海氷が長期間存続するのは間違いないし、北極の夏期の海氷が数年で消滅する可能性など考えられないと真っ向からわたしの意見を否定した。また２０１４年に上院特別委員会で北極の氷の急速な減少について証言したときは、隣に座る気候モデラーに、気候モデルは夏期の海氷は２０５０年から２０８０年まで存続すると予測していると反論された。尋常とは思えないのは、たしかなデータに基づいて作成された（口絵16）の曲線を目にすれば、一般人でも夏期の海氷がそれほど長期間存続する可能性など皆無だと理解できることだ。しかしそうした気候モデラーの助言を耳にすると、政策立案者は思考が麻痺してしまうらしく、急行列車よろしく迫りくる気候の大惨事に直面することをやめるのだ。

ＰＩＯＭＡＳのデータでは、夏期の海氷の２０２０年のデータが否応なく目を惹く。これを認めたくなく、もっと遠い先の未来だと考えたい者は、氷量がこの傾向から逸脱する理由を提示するに違いない。それが実現すれば9月の海氷はいまよりも1年か2年長持ちするだろうが、それを可能にするメカニズムはまだ発見されていない。ＰＩＯＭＡＳのデータを否定することなく、最善の予測を得るための基準だと受けいれれば、この予測はごく近い未来に9月の海氷がなくなることだけではなく、その後しばらくすると7月から11月まで氷が消滅することも示していることが理解できる。世界にとって危険なのは、このデータを否定するのは、人びとを誤った方向へ導く政府機関の科学者や化石燃料関係者を含む、通常の懐疑派だけではないことだ。１９９２年に、このまま二酸化炭素排出の増加が続いたら、未来になにが待ち受けているのかについて科学に基づいた警告がなされたとき、おおいなる期待をもって応えた大多数もまた含まれているのだ。

気候変動に関する政府間パネル（ＩＰＣＣ）が２０１３年に発行した第５次評価報告書（ＡＲ５）は、北極の氷の消滅が近い未来に始まることについて警告するのを放棄し、かわりに氷が姿を消すのは今世紀の後半だという〝衆目一致の意見〟を提言した。この衆目一致の意見は、すでに正しくないと判明している気候モデルを採用するために、意識的に観測データを黙殺している。

これはほとんどの科学者が多大なる敬意を払っている団体に対する容易ならぬ批判だが、２０１３年の評価報告書の政府機関向けのサマリー、特に21ページのグラフＳＰＭ・７を見てもらえば正当だと認められるだろう。[5]［７－２］はそのグラフの（ｂ）部で、４点誤解を招きかねない箇所があることを指摘したい。第一に、２００５年に黒い太い実線を引いている点。普通の人間ならば、その実線の左側のグレーのエラーバーを記された黒の曲線は、表題どおりの９月の海氷面積の経年データを表していると思うだろう。なにしろ１９５０年から２００５年までを網羅するすべてのデータがまとめられているのだ。しかし実際は、〝復元した過去の外部因子を使用した過去の進化のモデル化〟なのだ。言葉を換えれば、データが入手可能にもかかわらずＩＰＣＣは過去のモデルを選んだわけで、その理由は現実よりも氷の減少が穏やかに見えるからに違いあるまい。また過去の曲線が２００５年で停止しているのも、深刻な誤解を招く。海氷の急速な激変が始まったのは２００７年からなのだから、グラフで省略するべきではない。第５次評価報告書は２０１２年までに発表されたデータに目配りしているとされているのだから、２０１２年までの海氷面積もきちんと発表するべきだ。しかもどういうわけか、このグラフは２００５年で終わっているが、それは２００７年に発行された「前回の」第４次評価報告書の移行日なのだ。そして未来の予測については、９年前の２００５年から開始しているが、それぞれエラーバーが記された２種類の曲線が描かれている。一方は今後の炭素排出が〝ＲＣＰ８・５〟シナリオの場合の予想で、もう一方は〝ＲＣＰ２・６〟シナリオの場合の予想だ。

温室効果ガスという外部因子を処理するための、この不必要に複雑な新しい手法を簡潔に説明する必要があるだろう。ＲＣＰは〝代表濃度経路〟の頭文字で、数字は産業革命前の１７５０年と比較した場合の２１００年の人為起源の放射強制力の概算だ。８・５というのは１平方メートルあたり８・５ワットの意で、炭素排出に関してほとんど対策を講じずに〝これまでどおりの生活を続けた〟シナ

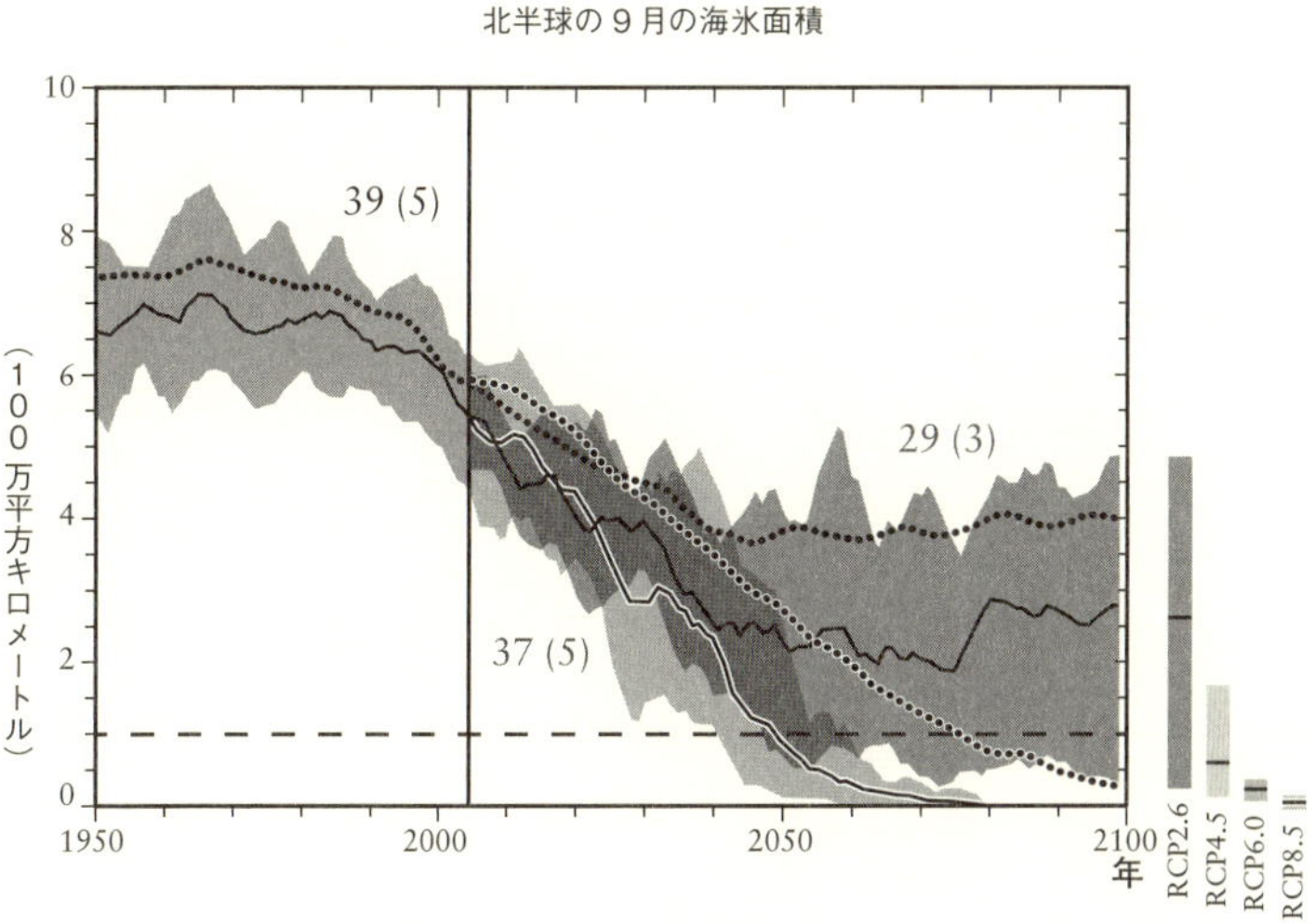

［7-2］IPCC 第５次評価報告書の政府機関向けサマリーのグラフ SPM・7 (b)。

リオ（世界は現在のところそのシナリオを選択したどころか、それをうわまわる量を排出している）の数値とされている。ＲＣＰ２・６は掲載したこと自体を恥じいるべきだ。２１００年には１平方メートルあたり２・６ワットになると予測しているわけだが、その状態は２０３０年には通過するだろう。どれほど人類が高潔に転じようとも、到達することは絶対に不可能な状態まで含めたのはなぜだろうか。人為起源の外部因子は２０１１年に１平方メートルあたり２・29ワットに達した。ちなみに１９５０年は０・57、１９８０年には１・25だった。倍加時間はおよそ30年で、２１００年までわずか２・６に抑えることができる方法は存在しない。つまりＲＣＰ２・６はまさに絵に描いた餅なのだ。これが報告書に加えられたのは、ひとえに人びとに安心だとの誤った印象を与え、温暖化に真剣に取り組めば、悲惨な未来ではなく快適な将来を迎えられる可能性が高いと誤解させるためだと思われる。ＩＰＣＣはすでに、ＲＣＰ２・６シナリオは、炭素排出量の削減（どのみち人類には不可能だと思われる）だけではなく、そのうち開発されるだろう大気中の「炭素除去」をおこなわないかぎり、達成不可能だと認めている。

ではグラフＳＰＭ・７へ戻ろう。どちらもかなり曖昧だ。ＲＣＰ８・６の海氷面積は着実に減りつづけ、２０５０年には事実上ゼロになる（つまり１００万平方キロメートルを下まわる）。だがグラフは２００５年から始まっており、すでに説明したとおり、実際のデータと比較して混乱しないよう注意しなくてはならない。事実、現実の２０１２年９月には３４０万平方キロメートルにまで減少しているが、ＲＣＰ８・６シナリオではおなじレベルまで減少するのは２０３０

年となっている。現実はすでにその状態だというのに！　では、どうして実際のデータを反映させないで、モデルの数値を提示するのだろうか。さらに、これは高排出シナリオとされているほうだという事実を思いだしてほしい。実現不可能な低排出シナリオのRCP2・6では、海氷面積は「絶対に」ゼロにならないし、なんと今世紀後半には「回復」に転じて、2100年には300万平方キロメートルとなっているのだ。これは現在の面積とほぼ変わらない。この巧妙な目くらましにはどんな意図があるのだろうか。この評価報告書が発行されたとき、このグラフを見た記者ふたりから電話を受け、「やあ、IPCCが海氷は今世紀中に回復すると予測したのを見たよ。つまり地球温暖化になにか対策を講じる必要はないってことだよな」といわれた。このグラフの作成者はみごとに目的を果たしたのだ。科学的なごまかしとしては、例を見ない成功例だろう。

事実、IPCC内の権力バランスを反映した〝衆目一致の意見〟は、この章の冒頭に記したわたしの質問に答えることはできない。彼らの気候モデルでは、現在地球がどの段階にいるのかはもちろん、今後どこへ向かうのかも説明することはできない。そして未来に起こることを論理的に証明することもできないのだ。既存のデータで証明する責任は否定する者に任された。我々はメタンガスについて、万が一のときの措置について話し合うという予防原則すら講じていない。この問題は否定や隠蔽などせず、団結して行動を起こすべき問題だ。正しくない〝衆目一致の意見〟にしたがい、現在起こっている急激な変化やその意味するところを黙殺したら、高い代償を支払わされることになる。

氷の後退がもたらす当面の影響――北極圏の航海

未来の北極圏、特に夏期は、現在よりもはるかに氷量が減少することは明らかだ。つぎの章では、氷の後退が気候システムに計り知れないほど重大な意味を持つこと、そしてそれが引き起こしたフィードバックの結果として起こりうる大惨事について説明しよう。しかしながら、氷の後退は人類の2種類のありふれた営利活動、船舶航行と石油探査にも影響をおよぼすのは間違いない。

氷が少なくなった北極圏の航海には3種類の新しい可能性が考えられる。アメリカ大陸の北方を通過する北西航路の商業利用、ロシアの北方を通過する北極海航路の商業利用、そしてベーリング海峡とフラム海峡を結ぶ、真の北極横断航路の開発だ。

第1章で述べたとおり、北西航路の航海はつねに氷との闘いだった。北西航路を探索する初期の探検隊は、同時にふたつの不可能な任務に挑まなければいけなかった――氷が弱体化するごく短い夏期に氷のなかをなんとか船を進めながら、バフィン湾とベーリング海峡間の尋常ではなく複雑に入り組んだ航路を探査しなくてはいけないのだ。ふたつの任務の両立は不可能だったが、英国海軍が長年探査を諦めなかったのは、最初の探検隊が達成まであと少しだった事実も関係しているだろう。1819年、ウィリアム・エドワード・パリー大尉（のちに大将）は〈ヘクラ〉号と〈グライパー〉号で出発した。例外的に航海が容易なシーズンだったこともあり、幸運に恵まれてヴァイカウント・メルヴィル海峡を通過し、メルヴィル島で越冬して帰還した。これは北西航路を横断したにほぼ等しかった。しかしパリー自身その後の遠征でその偉業をもう一度達成することはかなわず、それ以外の探検家も同様だったのは、技術が不足していたからではなく、氷の量に敗れ去っただけだった。北西航路の航海が年によってかなりの違いがあったのは、夏期に氷が砕かれ、その破片が風と海流に流されて、主だった可航水路から氷が姿を消さないかぎり、航海が可能にはならなかったからである。パリーはあと少しだったとはいえ、19世紀に実際に氷のない北西航路に遭遇した者はおらず、したがって帆船での北西航路横断は達成できないまま終わった。

蒸気船の出現で実現の可能性は高まったものの、最初の北極探検船の蒸気エンジンは馬力に乏しいうえ、大量に石炭を消費するために短時間しか使用できなかった。1845年、海軍本部は北西航路の問題を今度こそ完全に解決しようと、サー・ジョン・フランクリンを隊長とする探検隊を送りこんだ。探検隊に参加した〈エレバス〉号と〈テラー〉号は、どちらも船倉に鉄道会社製の蒸気機関を搭載し、美しいゴムバンドでプロペラと接続されていたが、25馬力しかないために船を動かすので精一杯（最高速度は4ノット）で、キング・ウィリアム島で立ち往生したのも驚くにはあたらない。フランクリンが死亡（おそらく自然死）したあと、副隊長は氷に閉じ込められた船を放棄し、見込みのないまま陸路南を目指したものの、128名の乗組員全員が死亡する悲劇に終わった。1903年から1906年という歳月をかけて、北西航路の横断にようやく成功したのはアムンセンだった。アムンセンは例によってスカンディナヴィア人ならではの能力と知識をもってことにあたり、初期のガソリン・エンジンである焼玉エンジンを搭載したシングルマストの小型ニシン漁船〈ユア〉号で偉業を達成した。〈ユア〉号の強みは小さなサイズと喫水の浅さで、そのおかげで夏期に海岸線と砕かれて座礁した氷群のあいだに出現する、浅く狭い海域を航海することができた。フランクリン隊は船の喫水が深かったために可航水路の途中で動けなくなり、氷に閉じ込められたのだ。キング・ウィリアム島のいまはグジョア・ヘイヴンと呼ばれる場所で、アムンセンは2年越冬するあいだに方位を測定し、地元のイヌイットと(あらゆる意味で)交流し、旅、衣服、狩猟の技術を会得した。アムンセンは北極〝大学〟で学んだのだ。

アムンセンが横断に成功したあと、北西航路はほとんど忘れられたも同然の存在だった。横断には成功したものの、現実的には航路として利用できないことが明らかだったからだ。つぎに横断に成功したのは、1940年から1942年にかけて偵察した王立カナダ騎馬警察のエンジン付きスクーナー〈セント・ロック〉号で、指揮を執ったのは伝説に残る巡査部長ヘンリー・ラーセンだった。そして第二次世界大戦後になってようやく、大型船も北西航路を航行するようになった。先頭を切ったのは1954年のカナダ海軍の砕氷船〈ラブラドール〉号だ(1978年にニューファンドランド島沖の海氷調査のために〈ラブラドール〉号に乗船できたのは無上の喜びだった。その後しばらくして同船は廃船処分された）。その後さらに船のサイズは大きくなっていき、積載重量10万5000トンを誇る巨大タンカー〈マンハッタン〉号が、命名を間違えた〔ハンブルには謙虚の意がある〕船主ハンブル石油社の要望で、アラスカ州北部海岸にあるプルドーベイ油田の石油を米国東部とヨーロッパ市場へ運ぶために出発した。〈マンハッタン〉号は特別に舳先を強化してあったものの、それでもサイズを考えると充分ではなかった。結局何度か立ち往生し、カナダ政府のパワフルな砕氷船〈ジョン・A・マクドナルド〉号に救出された。そのうえ氷にぶつかった衝撃で船体に穴があき、真水のタンクが徐々に塩辛くなるというおまけまでついてきた。1969年と1970年の〈マンハッタン〉号の2回の航海は芳しくない結果に終わり、代替案としてトランス－アラスカ・パイプラインが建設されたが、ノーススロープ油田の石油を市場に運ぶ方法としては非常に経費がかさんだ。

1970年はまた我らが英連邦勢も北西航路に挑んだ。〈ハドソン〉号が姉妹船に近い〈バフィン〉号を従えて、本書冒頭で述べた1970年のアメリカ大陸周航中に通過したのだ。船長はまっすぐ北へ向かい、プリンス・オブ・ウェールズ海峡からパリー海峡へ入る航路を選んだ。1940年の〈セント・ロック〉号、1954年の〈ラブラドール〉号、1969年の〈マンハッタン〉号とおなじコースだが、ピール・サウンド、フランクリン海峡、コロネーション湾を通ったアムンセンよりも北方のルートとなる。プリンス・オブ・ウェールズ海峡までは難なく通過したが、その北端、つまりマクルアー海峡の南端、パリー海峡の西端で氷で塞がれた。ここは昔から頻繁に航行不能になる場所だった。北極海の真の極氷ならばマクルアー海峡を通り抜け、きびしい多年氷となって行く手を阻むのが当然だ。1855年、フランクリン隊の捜索中に、マクルアーの〈インヴェスティゲイター〉号が立ち往生したのもおなじ理由だった。なお〈インヴェスティゲイター〉号の残骸はつい先日の2013年にカナダ人ダイバーによって発見された。また〈エレバス〉号と〈テラー〉号は2014年と2016年に発見されている。我々は多くの先達の例に漏れず、ハリファックスでおこなわれる初アメリカ大陸周航の歓迎式典にきちんと間に合うように支援に来た、〈ジョン・A・マクドナルド〉号に氷の牢獄から救出された。[6]

現在では北西航路航海はことさらにめずらしいことではなくなっているが、貨物輸送に利用される様子はない。政府の砕氷船が航海し、たまに冒険心旺盛なヨットが通り抜ける程度だが、クルーズ客船で北西航路を航海する試みがなされており、わたしも微力ながらツアーガイドを務めている。船の名は〈フロンティア・スピリット〉号で、わずか6000トンの小型耐氷船だ。1991年に西から東へ向かう航路に挑戦したが、アラスカ北岸の先へは行けなかった。翌年、東から西へ向かう航路に再挑戦し、今度は横断に成功したものの、それは政府の砕氷船〈テリー・フォックス〉号と〈フランクリン〉号の助力のおかげだった。キング・ウィリアム島西岸沖、まさに1845年にフランクリン隊の船が行く手を阻まれ、最終的には放棄されたのとおなじ場所で立ち往生したのだ。マクルアー海峡から流れてくる北極海の氷はさらに南東へと向かうものもあるが、そのなかには歳月を経たとてもきびしい多年氷も含まれるからだ。

最近は北西航路の氷の状況が穏やかになったとはいえ、それがかならずしも航行可能につながるとはかぎらない。（口絵13）の地図を見ればわかるように、２００７年は全面的に航行可能だったが、２００５年はそうではない。夏期に残っている氷は格段に減少し、氷はつねに細かく砕けていくとはいえ、海流と風が砕けた氷群をすべて北西航路の外へ押し流して、可航水路を保証してくれるわけではない。この理由から、わたしは北西航路を横断する貨物輸送が数年後に開始される可能性には懐疑的である。もっともバフィン島で採掘した鉄鉱石を運ぶ鉱石運搬船は、北西航路の東端を頻繁に行き来している。２０１２年の小型クルーズ客船〈ザ・ワールド〉号の大成功を受けて、２０１６年にはさらに大型のクルーズ客船〈クリスタル・セレニティ〉号が北西航路に導入された。

それに対して、ロシアの北方を通る北極海航路（ＮＳＲ）は経済的に成功を収めている。地勢は遥かに単純だ。なんらかの理由で夏期に氷が北方へ後退したため、大陸海岸線に近い入り組んでいない航路が航行可能となった。現在のいちばんの難所はシベリア北方に位置するヴィリキツキー海峡だ。そこから海岸線が北方へ曲がるうえ、ノヴォシビルスク諸島が行く手を塞ぐので、夏中氷のたまり場となることがあるのだ。（口絵13）を見ると、２００５年は氷がなくなったが、２００７年は残っていたことがわかる。さらに最近の状況はというと、毎年夏期は氷がなくなるため、勇気ある海運業者が貨物船やタンカーの航行を開始している。２０１３年には航行可能な１５４日間で、北極海航路の東西端にある港に集められた１３５万５８９７トンの貨物が49回横断した。[7] 2014年は、定期的に利用していた海運業者が1社か2社撤退したため、27万4000トンに低下した。とはいえ、LNG（天然ガス）輸送業者は北極海の天然ガスを、タンカーは北極海の石油をそれぞれ市場へ供給でき、貨物船はシベリア地方へ物資を供給できるうえ、それ以外に様々な目的に特化した船舶にとっても前途有望な航路だと思われる。例を挙げれば、アリューシャン列島の米国人漁師からサーモンなどの魚を買いつける日本の冷凍船は、北極海航路を通ればまっすぐヨーロッパへ荷を運ぶことができる。また海賊に襲撃される危険がないので、使用済み核燃料の移送にも適していると推奨されている。しかし奇妙なことに、コンテナ輸送に関しては展望が開けているとはいいがたいようだ。一般的にコンテナ輸送には出荷場所と目的地のあいだに複数の中間地点が必要なのだが、北極海航路でそれを提供することは難しい。オークニー諸島（スカパ・フロー）とアイスランドが北極圏のためにコンテナ・ターミナルを提供できると熱烈な申し出をおこなっているが、まだ状況を変えるには至っていない。また、これらは耳新しい事実ではないが、北極海航路の一部は、戦時中に不運な政治犯たちをぞっとする収容所群島へ移送するのに使われていたし、航行可能なのは一部だけだった時代でも、航路にある港では通商が盛んにおこなわれていた。以前わたしがケンブリッジ大学で講義をしていたころ、元商船員から聞いた話では、1930年代に乗っていた英国木材運搬船はイガルカまで航海していたそうだ。現在は、夏期ならば全航路に氷がない可能性が高いため、航海の信頼性は以前とは比べものにならない。

つまり我々人類は、夏期ならばすでに信頼性の高い北極横断航路をひとつ手に入れており、もうひとつも道半ばといえる。最終的な目標は、さらに氷が後退するかどうかによるが、真の北極横断ルート、つまり北太平洋からベーリング海峡を抜けて北極点を横断し、フラム海峡経由で大西洋へ出る航路の実現だ。それが実現すれば、途方もない節減が可能となる。横浜からハンブルクまで北極海航路を通れば６６００海里だが、スエズ運河経由だと１万１４００海里なのだ。これが真の北極横断ルートとなればさらに節減できる。また北極横断ルートの長所として、航路のほとんどが深海なので、規制当局と彼らが課す手数料、特にロシアと無関係でいられる点も挙げられる。それでも安全規制や事故の際の捜索救助（ＳＡＲ）の整備は必要なため、北極圏の８ヵ国（ロシア、米国、カナダ、スウェーデン、フィンランド、ノルウェー、デンマーク、アイスランド）で北極評議会が設立された。現在、砕氷船の助けなしで一年氷のなかを航行できる耐氷貨物船が、韓国などの造船国で積極的に設計されている。そうした船は、耐氷船尾を備え、３６０度回転するアジポッドの推進力で船尾を前にして氷のなかを航行する、北極圏用ニッケル輸送船〈ノリリスク・ニッケル〉号と共通点があるかもしれない。

氷の後退がもたらす当面の影響――石油と海底

氷の後退がもたらす当面の影響としては、北極圏での石油探査が従来よりも盛んになることが考えられる。つい最近まで、石油探査はほぼ浅海にかぎられていた。たとえばボーフォート海で最古の海底油田は、プルドー湾とマッケンジー川デルタの水深わずか数メートルのごく浅海にあり、砂を山積みしてそのてっぺんからドリルで掘削する――つまり人工島を構築するという単純な手法がとられている。その後探査はより深い、水深数十メートルの場所へ移動したが、その深さでもまだなんらかの構築物を海底に固定する方法で掘削が可能だ。ロシア北極海も同様で、ヤマル半島やサハリン沖の水深数十メートルの海中にプラットフォームを建設し、掘削している。浅海は季節海氷域なので、氷のない時期もある。

しかし石油探査は、石油の成り立ちを考えても、より深い海域へと広がっていくのは必然である。北極圏以外では、水深1800メートルの掘削施設「ディープウォーター・ホライズン」で大災害を引き起こしたメキシコ湾沖やブラジル沖のように、深海での掘削が進んでいる。現在の石油産業界は、北極海の浅海や定義が明確な大陸棚を通り越して、深海に目を向けている。しかしここで産業界と政治が衝突するのだ。北極海について、まだ合意に至った海洋法は存在しない。原則として、海岸線から200キロメートル以上離れた海域は公海とみなされ、国際海底機構の管轄となる。（北極圏の大陸棚の幅が非常に広いように）それ以上の範囲にまで大陸棚が広がっている場合、いちばん近い海岸を有する国に大陸棚までの権利にかぎって与えられる。それ以上の権利の主張は厳重な審査の対象となる。

面倒なのは、北極には果てしない法廷論争になりかねない問題、ロモノソフ海嶺［7-3］が存在するのだ。この海嶺はグリーンランド島とエルズミーア島の国境線上で始まり、北極点近くを通ってシベリア大陸棚に達する。そのため、ロシアはシベリア大陸棚の延長だと主張している。カナダとグリーンランド島の国境線上から始まるため、カナダとデンマークも権利を主張している。しかし、それ以外の国では公海とみなすべきだとの意見が主流だ。ロモノソフ海嶺自体はシベリア大陸棚の岩石の破片で形成されている。約８０００万年前に北極中央海嶺が形成されたときに大陸棚が割れ、新しく海底地殻が生成されてロモノソフ海嶺とシベリア大陸棚とが分裂した。そして現在ではロモノソ

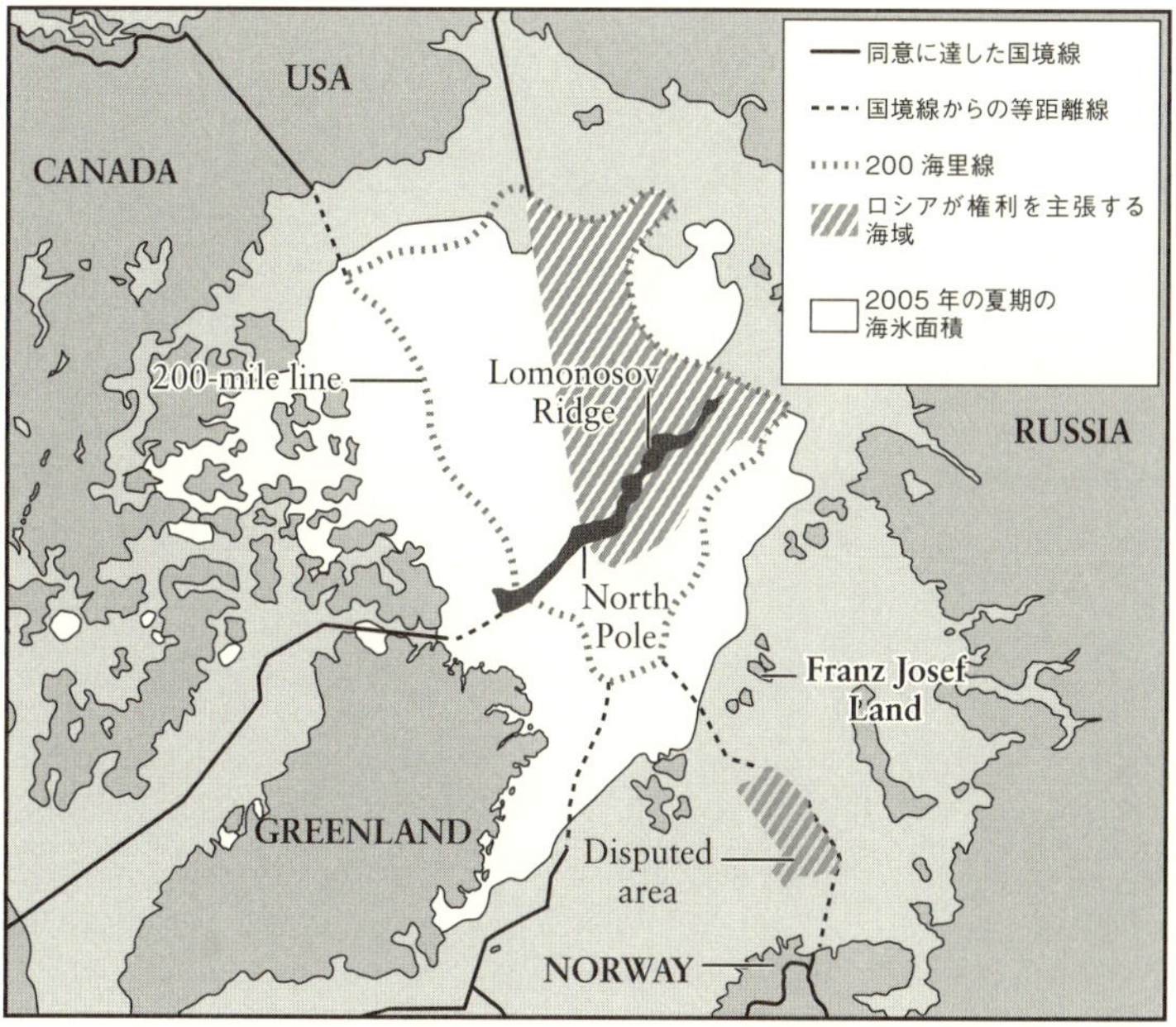

[7-3] ロモノソフ海嶺とロシアの主張する海域。

フ海嶺は北極海の中央に位置する。実際、シベリア、カナダ、デンマークのどこともつながっていないのだから、3国の主張は却下されるべきだ。なぜならロモノソフ海嶺の両端は、分裂した大陸棚とは違う岩石で形成されているからだ。それに実際には大陸棚とも無関係だ。たしかにかつては大陸棚の一部だったが、現在ロモノソフ海嶺がある場所とはまったく違う大陸棚なのだ。実際、国際海底機構にゆだねるべきなのだが、ロシアが2007年に水深4200メートルに潜水艦で潜航し、北極点直下に金属製の旗を立てるという子供じみたパフォーマンスをおこなったこともあり、ロシア、カナダ、デンマークの3国はそれぞれ正式に申し立てをする予定だ。

海底の権利国が決定すれば、深海の石油探査を実行に移すことが可能になる。海氷の後退のおかげで、深海での石油探査はかつてとは比較にならないほど容易になっただろう。しかしつぎの段階、ドリルシップで水深数十メートルの海底を掘削するには、周囲をつねに砕氷船群で取り囲み、襲いかかる夏期の氷から保護する必要がある。継続的に氷を砕いて小さな塊にしておかないと、ドリルシップが掘削地点にとどまることが難しいのだ。そうした夏期の掘削計画も、海氷量が減少すれば、さらにいえば消滅していたらいっそう容易になるし、掘削期間は前後とも拡大してさらに長期間作業することが可能になる。生産過程でも氷量が少なければ、ロシアがペチョラ海で実行したように、耐氷仕様の石油プラットフォームから耐氷タンカーへ送ることが可能となる。気候変動を研究する科学者たちは、我々人類はすでに許容範囲を超える量の炭素を大気中に排出しているのだから、手つかずの石油や石炭はそのままにしておくべきだとの意見だが、石油企業や税収に貪欲な政治家からは激しい抵抗を受けるだろう。イデオロギーの問題はべつにして、世界中で新たな探査を中止すると決定すれば、即時にすべての石油企業の資産価値は低下し、やがては企業もおそらくは脆弱な国際金融システムも経済的に破綻することを、石油産業界は承知しているのだ。

原油流出とその対処法

北極の環境が海底噴出による原油流出の脅威にさらされていることは広く知られている。米国学術研究会議の委員会でも、わたしも作成に参加した原油流出に関する報告書が発表された[8]。我々は海底噴出が起きたら、それを除去する方法は発見できていないとの結論に達した。原油はオイルガスのように海底から立ちのぼり、海氷の下に原油の飛沫が飛び散って、それが集まると油膜となる。海氷の下部はつねに移動しているので、原油が付着した氷は噴出現場を離れ、かわりにきれいな海氷が現場へ移動してくる。冬期だと油膜の下でも即座に氷が形成され、原油を包みこんだ〝氷のサンドウィッチ〟のままその年の冬を過ごす。浮氷塊は1000キロメートル以上漂流することもあり、北極圏内のかけ離れた場所まで移動するだろう。春になると表面の融解が始まり、ブライン排水路（第2章を参照）を通って徐々に氷の表面に原油が現れる。ブライン排水路は春になると少し融けて広がり、氷表面までの通路となるのだ。至るところにあるブライン排水路に小さな原油のしみがつぎつぎと現れるが、通常は小さすぎて除去することも燃やすこともできない。そして夏になると浮氷全体が融解するので原油は海水に広がり、北極の夏期の開水域のかなり広い範囲が汚染される。これはとりわけ海の生態系と数多の渡り鳥や海鳥にとって危険な事態である。

　1974年から1976年にかけておこなわれたカナダ政府の調査計画、通称〈ボーフォート海〉プロジェクトにわたしも参加したが、この調査でいま述べた事実のほとんどは明らかになった。[9] カナダ政府の希望は、氷に覆われた海域の試掘の認可を出す前に、海氷の下に原油が広がる危険の本質を理解することだった。そこで政府の許可を得て、なにが起こるかを確認するために、実際に大量の原油を北極海に流出させたのだ。冬中動かない定着氷の下にもきちんと撒いた。ダイバーの助けを借りて、北極海の沖合で氷丘脈の下にポンプで原油を送りこんだときのことはよく覚えている。わたしはポンプ係を任命され、手押しポンプで原油を噴霧していたら、自分の防寒上着にまでかけてしまったのだ。結局、どうしても悪臭がとれなかったため、上着は処分するしかなかった。その後の科学の進歩が氷河のように超低速なのは、ポリティカル・コレクトネスによって研究目的であろうと北極に原油を流出させることが禁止されたからだ。つまり環境に対する懸念から、原油流出が環境におよぼす影響についての研究の進歩が止まったのだ。2014年に米国学術研究会議の調査をおこなっていたとき、1974年から1976年のカナダ政府のプロジェクトがいまでもいちばん信頼できるデータであることを知って驚いた。

２０１４年のわたしたちの調査は、氷の下で大規模な流出が起こった場合、被害の大きさは「ディープウォーター・ホライズン」の原油流出の比ではないとの結論に達した。北極海は氷が存在するために、原油が低濃度でより広範囲に拡大し、除去が困難なのだ。また救助井の掘削（一般的に噴出停止の方法として推奨されている）では時間がかかりすぎるので、噴出を迅速に停止できるようにキャッピング装置を備えつけるべきだと意見が一致した。この新しい方針の最初の犠牲者はシェル石油で、２０１２年にキャッピング装置を建設したが、初回のテストで崩壊した。シェル石油はあくまでも自社の計画を実施すると、２０１５年にチュクチ海で掘削を開始したが、最初のシーズンを稼働しただけで、その後は断念した。米国学術研究会議では、我々の結論が北極海で石油掘削する際の規定となるよう希望している。米国学術研究会議の委員会が開催されたのも、北極の氷が後退したことで石油ブームが起き、新たな油田の確保と生産を急ぐあまり環境保護が置き去りになる懸念からだった。しかし石油ブームはまだ起きていない。石油企業はかなり慎重だ。それは「ディープウォーター・ホライズン」の悲惨な事故の結果として、莫大なコスト（罰金、清掃費用、賠償金で約５４６億ドル）を負担しなければならないＢＰが破産の危機に瀕しているのがおもな理由だと思われる。環境を汚染するとコストがかかるのだ。そして北極海で、それも米国領海で流出事故が起きれば、企業はメキシコ湾と同等か、それ以上の負担が課される可能性もある。そういった事情から石油企業は北極海に及び腰で、水圧破砕法ブームのほうが熱を帯びている様子だ。

きわめてコストが高くつく事故への懸念は、石油産業界と規制当局双方に驚きの決断をもたらした。つい最近選挙に負けた元カナダ首相スティーヴン・ハーパーは環境保護に熱心ではなく、連邦政府の環境問題を専門とする科学者を数多く罷免し、アルバータ州のオイルサンドの生産を促進した。オイルサンドは有用な炭化水素を抽出するために〝加熱する〟必要があるため、化石燃料のもっとも無駄の多い形態といわれている。2014年4月2日、カナダ連邦政府運輸大臣リサ・レイットは、ぶしつけにタンカーのカナダ北方航行禁止を宣言した。カナダはマニトバ州ハドソン湾に面する町チャーチルに北極海へ通じる港を持ち、そこからカナダ南部までは列車が通っている。この提案をしたのは、貨物列車で石油をチャーチルまで輸送し、そこからは北西航路の東側半分を通ってヨーロッパへ運んでいたオムニトラックス社だった。大臣の説明はこうだ。

わたしにいえるのは、原油流出を初めとした北極海の事故を目にするのは、この世界のだれひとりとして望んでいないということだ……。つねに経済が優先されるべきではない。保守派としてこう発言する自分が信じられない気分だ。しかし、つねに経済が優先されるべきではないのだ。安全についても、そして環境についても、出来事のバランスを保つことが大切だ。

マニトバ州政府はハドソン湾の海岸を保護区域に指定するよう求めている。現在、地球温暖化で本来の生息地を追われ、チャーチルのゴミ箱のご馳走に群がるホッキョクグマの避難所を確保するためというのも理由の一部ではある。しかし州政府は沿岸水域に生息する絶滅危惧種のシロイルカに対しても同様の保護を求めている。そして連邦政府が州政府のこのスタンスを支援しているのは異例といえるが、励まされるニュースである。

もしも北極で1年間続く流出が起こったとしたら、氷の後退は実に悲しい結果をもたらすだろう。１９７０年代に想定された流出事故のシナリオは、原油は氷のサンドウィッチとなって北極海内を漂流し、夏になると氷原から分離して氷縁が融け、夏期の氷の周囲に原油が浮かぶというものだった。だが将来は、夏期は氷が消滅しているだろうから、そもそも氷縁など存在しない。原油が混入した氷はすべて融解し、流れでた原油は遮るもののない北極海の開水域全体に広がるだろう。与えるダメージも除去の費用も莫大なものとなる。

最後に密接な関係がある問題を指摘して終わりたい。氷の後退によって、北極海の海洋生態系が変化している。春期の水中の光のレベルが格段に上昇したことで、プランクトンが従来よりも早い時期に大量に発生し、それにより新たな漁場が出現する可能性がある。海洋生態系がどのように変化するかを予想することは難しいが、海氷の後退が時期的にも地理的にも漁船の活動範囲を拡大し、それがなんであれ生物資源の利用を可能にしたことはたしかだ。

今世紀に氷の後退がたどるだろう道

今後開水域が登場する時期がどのように変化するかを予測するのは、気候モデラーにはきわめて難しい。主な理由は、情けないことにほとんどの気候モデルは夏期の北極海氷の現状を再現することに失敗しているからだろう。これまでは9月の北極から氷が消滅するのはいつかという問題に激論を闘わせてきたが、いまとなっては関係者の興味はもっと重要な問題に移っている。北極の海氷が季節を問わず後退するときは、どのくらいの速さで、どのような形で訪れるのか、だ。死のスパイラルが示すところによると、わずか数年で9月の海氷は消滅し、氷のない季節が基本的には7月から11月の5ヵ月に拡大する。しかしそれで終わるのだろうか。南極海のほぼ全域が4ヵ月から5ヵ月は氷がなく、それ以外の季節は一年氷に覆われている南極は、まさに周期的に氷量が変化している。これは恒常的な状態なのだろうか。太陽放射と高い気温の影響で温暖化が進めば、氷のない季節が拡大するのは間違いないだろうが、氷のない夏を迎えたあとはどうなるのだろうか。氷がないと水温が上昇するため、その後時期は不明だがおそらく12月あたりに、暗闇、低下した気温、そして夏のあいだの蓄熱が海面から放射されたことの相乗効果で氷が形成され、つぎの春なり初夏なりまで氷が存在する可能性も考えられる。

1年中氷が存在しない北極海を想像するのは難しいが、死のスパイラルから予測できる冬期の最終的な状態はそれしかない——冬期の氷量もらせんを描いて徐々に内側に向かっていくのだ。

真冬にも氷が存在しない北極海は、周期的に氷が存在する北極海とは、海水の循環も熱サイクルもまったく異なるだろう。今世紀中にその事態を迎えるかもしれないが、そのころには地球にさらに劇的な変化が起きて、人類が居住できなくなっている可能性もある。北極海氷の後退が原因か、少なくとも関連があるそうした変化については、つぎの章で説明しよう。また、我々はすでにこの惑星へ多大なダメージを与えてしまったことを認識しなくてはならない。夏期のシベリア大陸棚にすでに氷は存在せず、それにより大量のメタンガス噴出という脅威が生まれたことについては第9章で述べたい。

第8章

北極のフィードバックの促進効果

気候フィードバックという概念

前章では、北極海氷の後退が将来の北極海に与える様々な直接的影響と、すでにその事態が進行中であることを述べた。一見したところは、北極海氷の後退は経済的には恩恵をもたらすようだ。かつては障害にすぎなかった北極海だが、少なくとも夏期は通商路として利用できるかもしれない。石油や天然ガスの探査も、海洋生物の活用も容易になる。そうした変化すべてが表面的には好ましいものに思えるが、それらは氷の後退によって、以前よりも北極海で人類の活動が長期間可能になったことの直接的な影響にすぎない。海氷の後退のために地球の気候システムのほかの面がどう変化するか、まだ考察していないことを忘れてはならない。この章では、北極海氷の後退の「間接的」な影響が、地球全体にとって圧倒的に好ましくない事実を考えてみよう。北極海氷の後退は、地球にとって大惨事以外の何者でもないと思えてくるだろう。

それほどの差異が生じる理由は「ポジティブ・フィードバック」にある。つまり直接的には温室効果ガス起源の温暖化が原因で生じた北極海氷の後退は、それ自体が地球規模の気候変動を促進する力があり、そもそもの変化など比較にならないほどの悲惨な結果を招くのだ。そうしたフィードバックや関連性は気候システム全体に存在する。詩人にして神秘主義者でもあるフランシス・トンプソンの言葉どおりだ。

汝、花をそよがすこと能わず
星を煩わせることなくば

第6章ではきわめて重要と思われるフィードバック、「氷‐波のフィードバック」について述べた。氷の後退によってボーフォート海の夏期の波が大きくなり、それがまた氷に作用して、大量の氷を砕いて融解を促進するため、秋期には小型化した氷が増加する。それ以外の重要なフィードバックで、この章で考察するものは以下のとおりだ。

氷‐アルベド・フィードバック
雪線後退フィードバック
水蒸気フィードバック

氷床融解フィードバック
北極圏の河川フィードバック
黒色炭素フィードバック
海洋酸性化フィードバック

潜在的にもっとも危険なフィードバック――海底永久凍土の融解によって起こるメタンガス噴出のフィードバック――については独立した章を設けた（第9章）。また、さらに衝撃的な力を持つフィードバックが最近判明した。北極海氷の後退とジェット気流の変化に関連があり、後退が原因である可能性もあることがわかったのだ。そしてジェット気流の変化が、北半球の農業地帯の大切な時期に前例のない異常気象をもたらし、世界の食料供給の脅威となっている（これについては10章で詳しく述べる）。

氷‐アルベド・フィードバック

第2章で、開水域のアルベド、つまり太陽の入射エネルギーがそのまま宇宙へ反射される率はわずか10パーセントなのに対し、海氷のアルベドは50パーセントから90パーセントのあいだで変動することは述べた。そして平らな海氷の表面に新雪が積もるとアルベドは90パーセントになる。太陽が比較的高い位置にあり、昼間が長い3月か4月にそうした海氷の上に立つと、雪の眩しさに目がくらんでなにも見えなくなる。これにはスコット船長と隊員たちを始め、初期の探検隊の多くが苦しめられた。

海氷表面が隆起していたり、風で「サスツルギ」と呼ばれる波のような起伏ができていたり、雪が次第に変色したりすると、アルベドは80パーセントに低下する。そして春になるとアルベドはさらに低下する。気温が0度を超えると、表面の雪が少し融けて曇った色合いになるせいで低下するのだ。実際に雪が融けはじめると、これまで絶えることのない降雪で隠されていた、冬のあいだに付着した黒色炭素と融けかけの雪が混ざりあい、さらにアルベドは低下する。最終的にはむきだしの氷表面に融解水のパドルが点々とできる。パドルの表面は黒っぽいので太陽放射を吸収しやすく、その部分の氷が融けて穴ができる――そのようにして融けた氷は見た目がスイスチーズそっくりになり、氷自体の強度はほぼないに等しい（口絵18）。この段階での地域平均アルベドは50パーセントもしくはそれ以下だ。しかし、氷がすべて消滅してアルベドが10パーセントまで低下するのが、いちばん大きな変動といえる。

夏期のアルベドを測定し、モデル化するのは難題だ。新雪のアルベド（90パーセント）はかなり正確にわかるのだが、冬期の北極にはほとんど太陽放射がないため、アルベドは北極の熱収支にほとんど影響がない。一方、夏期の太陽放射は最高値なので、表面の温度が1度上下しただけで性質が変化する、融けかけでぬかるみ状の雪、氷、融解水のパドルが混合した状態の平均アルベドを推定しなくてはならないのだ。1971年に北極の熱力学のモデル化に最初に成功したのはゲリー・メイカットとノーバート・ウンターシュタイナーで[1]、この難問に果敢に挑み、夏期のアルベドとしてふさわしい任意の値を選出した。しかし近年になって、米国陸軍寒冷地研究・技術研究所のドン・ペロビッチのように、非常に多種多様な状態が混在しているため、現地を注意深く観察することが必要だと強く推奨する者もいる[2]。

アルベドの変動は気候変動に対してはふたつの面を持つ。気候が温暖化しているときは、夏期に表面の融解が始まるのが早く、結果として雪に覆われた状態（80パーセントから90パーセント）から黒っぽい融解水のパドルが点在する状態（およそ50パーセント）までアルベドが低下するのも早いので、肝心の夏至のころに太陽放射をさらに吸収する傾向にある。しかし、なによりも重要かつ現在も進行中である変化は、海氷の後退にともない、これまでは黒っぽくても氷に覆われていた夏期の海面が、なにもない開水域になったことだ。これによりアルベドは50パーセントから10パーセントまで低下するため、夏期のアルベドがどのようにして低下するかの詳細よりも、海氷面積の総計を把握することのほうが重要性を増している。それがわかれば、かつて氷が存在した場所にどれだけ開水域が増えているかを知ることができるからだ。2007年には非常に狭かった開水域が（口絵13）、アルベドが低下するとどれだけ広がるかがわかる——アルベドの低下は太陽放射の増加と同義で、つまりは地球の温暖化が加速する。

温暖化が進行する地球にとって、アルベドの低下はどのくらい深刻な問題なのだろうか。スクリップス海洋研究所のクリスティーナ・ピストーネと同僚の論文では、[3] 1970年代と2012年のあいだに失われた夏期の海氷が原因で、世界平均アルベドが低下したことによる温暖化促進効果は、この時期に人類が排出した二酸化炭素の25パーセントに相当すると推定している。これは影響が即座に現れるため、〝高速フィードバック〟と呼ぶ。短波エネルギーの反射が減少すると、地球規模の放射強制力が増加し、結果として世界の気温が上昇するのだ。ピストーネたちは人工衛星に搭載された放射エネルギーを直接計測する機器CERESを利用して、北極圏全体の地上ベースのアルベドを実際に測定するという難題に挑戦した。そして1979年から2011年のあいだに、北極圏全体の年平均アルベドは52パーセントから48パーセントまで低下したことを発見したのだ。数値を見ると大きな違いはないように思えるかもしれないが、これは北極圏全体ならば1平方メートルあたり6・4ワット、地球全体ならば1平方メートルあたり0・21ワットの放射エネルギーをさらに吸収するに等しい。

雪線後退フィードバック

氷のない北極の高い気温は雪線もまた後退させる。そして氷 - アルベド・フィードバックは、海氷の後退だけではなく、春期の北極沿岸が早期に雪融けすることによっても促進される。おそらく氷のない海から沿岸地域に移動してきた暖かい大気が原因と思われる。たとえば太陽放射が最大値となる6月を見ると、１９８０年と比較して２０１２年は６００万平方キロメートルの負の偏差が生じた［８－１］。つまり20世紀後半に比べ、夏至のころの積雪地域は６００万平方キロメートル減少したのだ。同時期に海氷もおなじ規模で負の偏差が生じており、おおよそのアルベドの変化も、雪に覆われた地域と雪のないツンドラ地域の差は、開水域と海氷との差と等しかった。海氷についてはピストーネたちが論文を発表したが、ツンドラ地域についての論文は発表されていない。しかし似たような規模だということは、雪線の後退と海氷の後退、どちらも地球温暖化に同程度寄与していると考えられる。つまり二酸化炭素増加による温暖化に、雪／氷－アルベド・フィードバック全体が直接的な地球加

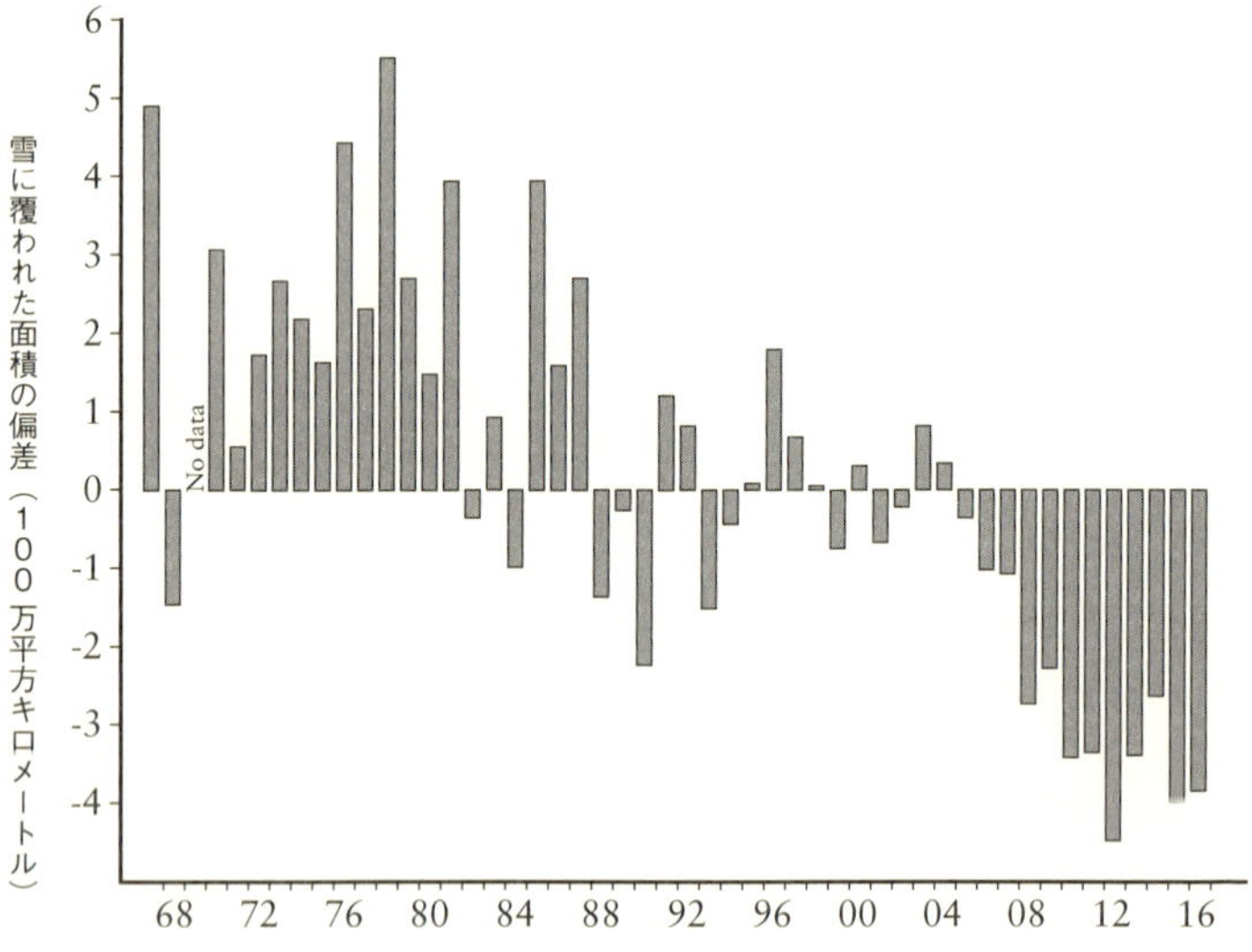

［8-1］1967 年から 2016 年の 6 月に北半球で雪に覆われている面積の変化。

熱効果を50パーセント（25パーセントではない）追加しているのだ。このことは、北極はただ地球の変動に応える存在なのではなく、むしろ促進する存在になる可能性を示している。

これはなによりも重要な事実だが、一般的にはあまり知られていない。二酸化炭素の増加が原因の温暖化に、北極の海氷と雪線の後退が50パーセントの加熱効果を加え、それに地球規模のフィードバックが生じるということは、もはや単純に大気中の二酸化炭素の増加が地球を温暖化しているとはいえない段階に到達しているのだ。そのかわりに、我々人類が「大気へ排出した」二酸化炭素は、「すでに」雪／氷‐アルベド・フィードバックによって温暖化効果をさらに50パーセント追加するほど、地球を温暖化していたと表現するべきだ。いまやフィードバックが温暖化を促進する段階に突入しているのだ――つまり、これ以上二酸化炭素排出を増やさないだけでは充分ではない。それでも温暖化は進むのだ。この段階を「温暖化の暴走」と呼び、この現象が金星を灼熱の乾燥した死の世界へと変貌させた可能性がある。ギタリストのジミ・ヘンドリックスは、曲の1節をフィードバックだけで弾くことができた――彼の指は弦に触れていないのに、電子的フィードバックを起こして音を奏でるのだ。人類の二酸化炭素排出量削減は効果を発揮しないまま、なすすべもなく気候変動が曲を奏でるのを見守るしかない段階に急速に近づいている。

水蒸気フィードバック

水蒸気フィードバックは気温の変化と正確に連動している。気温が1度上昇するごとに、大気中の水蒸気濃度が7パーセント増加し、その結果として放射強制力が1平方メートルあたり1・5ワット増加する。水蒸気は温室効果ガスだからだ。現在の北極が自身の増幅特性のために急速に温暖化が進んでいる一方、地球全体の気温上昇がここ10年緩やかなのは、おそらく深海の熱吸収が増加しているからだと考えられる。局地的に起こる水蒸気フィードバックのなかでも北極圏は重要な位置を占め、長波放射の放出を厳しく抑制しつつ、熱を海面近く、つまり氷と海に蓄える。北極圏の気温が3度上昇したら、水蒸気濃度は20パーセントを超え、北極海盆に1平方メートルあたり4・5ワットの熱が加えられる。ちなみに気温が3度上昇するのは最近実際に起きた現象である。このフィードバックは北極限定だが、影響力が大きいため、地球全体の温暖化効果に含めるべきだろう。

氷床融解フィードバックと海面上昇

アルベド・フィードバックが我々人類の存続へのいちばんの脅威だとすれば、海面上昇をともなう氷床融解フィードバックもまた、今後数十年で我々の生活が次第に苦痛を増す要因といえる。

1980年代まで、世界規模の海面上昇は同等の影響力を持つふたつの要因が引き起こすというのが、海水位研究家の共通認識だった。要因のひとつは海の温暖化だ。暖かい大気からの熱伝達と、温室効果ガスが原因で放熱が妨げられ放射束が大幅に低下したことで水温が上昇し、その結果海水が膨張して水位が上昇する。当初は海面近くの水温が上昇するだけだったが、いまではより深くまで水温上昇は拡大している。これを「ステリック」海面上昇と呼び、新しく海に流れこむ水は存在しない。もうひとつの要因は、陸地から海へ流れこんだ水による海面上昇で、水の供給源は主に極地近くの氷河だ——アルプス山脈、ヒマラヤ山脈、アラスカ、チリ、ノルウェーの氷河、稀にキリマンジャロ山のような低緯度の高地氷河のこともある。そうした氷河がいかに急速に質量を失うかは周知の事実だ。最初は氷河に棒を立て、氷の表面が下がっていくのを記録するという伝統的な手法で、近年は人工衛星で氷河表面の高度を計測して、氷河学者が何十年もかけて地図を作成してくれたおかげだ。1980年代、すでに世界中のすべての氷河の後退が報告されていた——アルプスの氷河がほとんど消滅した驚愕の映像はだれもが目にしたはずだ。わたしは1970年にロッキー山脈にある有名なコロンビア氷原を訪れ、2008年に再訪した。1970年はカナダ大陸横断高速道路の目と鼻の先に氷河があったが、2008年は長時間バスに揺られてようやく到着した。現在では、世界中の「すべて」の氷河が後退している。［8－2］がその証拠だ。1980年代に稀に見られた氷河の前進は、それ自体地球温暖化の産物だった——ノルウェーの沿岸氷河は暖かい湿った風を受けて大きく成長したが、いまではそれらも後退している。

水力発電計画やダムなどもいくらか寄与しているが、主に氷河の後退が世界の海に水を加え、いわゆる「ユースタティック」な海面上昇を引き起こす［ユースタティックとは地球規模で海水面が垂直方向に変異する現象。海面変化］。しかし、いまやそれに加えて、むしろ実際にはそれを遥かにうわまわる規模で、グリーンランドと南極大陸という極地の2大氷床の融解水が海に流れこんでいる。この脅威はいま現実に起きているのだ。高緯度で標高2000メートルから3000メートルの高い標高をもつグリーンランド氷床は、かつては周辺がいくらか融解する程度で、1年中がっちりと凍結していた。ところが1980年代半ばから、毎年夏期のごく短期間氷床の表面が融け

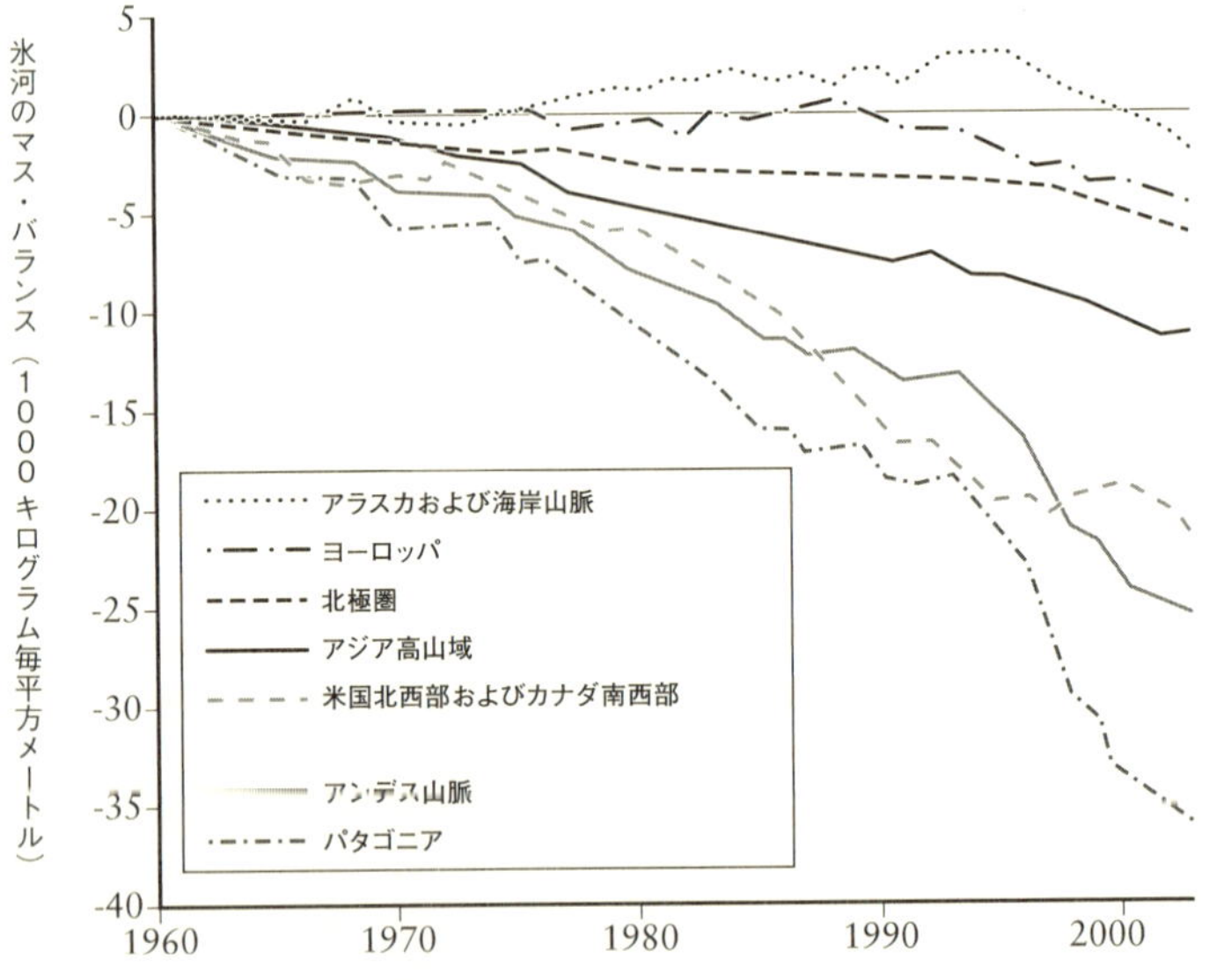

[8-2] 世界の様々な地域の氷河のマス・バランスの変化。

るようになった。当初はごく短期間だったものが次第に長くなり、融解する面積も増えた。融解面積が最大だったのは2012年で、7月1日から11日の期間は氷床の表面の97パーセントにおよんだ（口絵19）。そのときも気候モデラーは楽観視していた。彼らの予測によると、ほとんどの融解水は夏の終わりには再凍結するので、氷床の損害はわずかであり、氷床が融解してその融解水が海に流れこむのは数千年後になるとのことだった――その事態になれば海面は7・2メートル上昇する。しかしその後彼らが予想もしなかった事態が到来した――氷河ムーランだ。氷床表面にできた無数の排水孔は氷床を貫通し、たいていは3キロメートル下の底まで達する。そして表面の融解水は氷河甌穴を通って、驚くほどの速さで排出される。その氷床内を通る過程で融解水の温度が伝わり、氷床全体の温度が融点まで上昇する。また底に到達した融解水は氷床の下の水路を通って海に流れこむので、融解水が潤滑油の役目を果たし、氷床全体、特に排出路である溢流氷河の流れが速くなる。NASAのエリック・リニョーは人工衛星画像で、グリーンランドの氷河が以前に比べて2倍の速度で流れていることを発見した。[4] つまり真水が氷山の形をとって以前の2倍の速さで海に放りだされているのだ。そしてその変化は氷床の縮小という形で現れる。現在ではNASAの2基の人工衛星GRACE（重力回収・気候実験機）を利用すれば、氷床の質量を正確に測定できる。その正確さときたら、氷床の下の塊の重量がわずかに変化したことまで計測できるのだ。そのGRACEの観測によると、グリーンランド氷床は年に300立方キロメートル相当の水量を失っており、その速度は増しているうえ、すでにそれ以外の世界中の氷河が失った総量よりも多い。

ユースタティックな海面上昇にはほかにも小さな要因がいくつか存在する。水循環に化石水が流入するのもその一例だ。数千年間大気に触れていない地下の帯水層から地下水をポンプで汲み上げた場合、使用したあとは河川に流れこむか大気中に蒸発するかで、最終的には海水に加わる。これは海面上昇にポジティブに寄与する。一方それ以外の人為起源の要因、たとえば貯水ダムは、世界中のダムの数は増加しつづけているので、正味ではネガティブの影響を与える。

また氷床の高度の変化という小さなフィードバックもある。グリーンランド氷床は、徐々にではあるが全体的に表面高度が低下しており、高度が下がるにつれて表面温度は上昇するので（高高度のほうが気温が低いため）、夏期はさらに融解が進む。表面の高度低下が速くなれば、それにともない温度はさらに上昇するので、この現象だけでフィードバック・ループが完成する。この影響はいまはまだ小さいだろうが、氷床の高度がさらに低下して氷床全体の終焉のときが近づけば、重要性を増す可能性がある。

南極氷床はごく最近までマス・バランスに変化はないものと考えられていた。融解したとしても、積雪、特に海岸線の山脈への積雪で相殺されるからだ。しかしＧＲＡＣＥの観測結果により、グリーンランド氷床ほどの速度ではないものの、南極氷床もまた紛れもなく後退していることが明らかになった。[5] 最新の推定値では、南極氷床は年に84立方キロメートルの水量を失っている。グリーンランド氷床の年に３００立方キロメートルと比較すると穏やかに思えるが、南極氷床は存在する氷量が比較にならないほど莫大で、融解したら海面上昇は60メートルにおよぶため警戒が必要である。また氷河学者も、南極氷床の一部、南極半島地域に位置する西南極氷床は従来考えられていたほど強固ではなく、底部の岩盤で大量の融解が起きる可能性があると推測している。これが現実になっただけで、海面は突然数メートル上昇する。

そうした脅威が存在するにもかかわらず、ＩＰＣＣは安穏と現状に満足している。事実、２００７年の第４次評価報告書（ＡＲ４）はそのとおりの内容だった。ユースタティックな海面上昇を評価することもせず、ステリック海面上昇のみを俎上に載せ、今世紀の終わり、２１００年にわずか30センチメートル上昇するだけだと推定したのだ。執筆者は氷河の融解を含まない不完全な数字だと注釈を入れているが、科学者以外の人びとや政策立案者のほとんどは小さな文字になど目を通さない。事実、その海面上昇の深刻な過小評価を国家機関の洪水対策担当者、たとえば上海市の担当者が根拠としているのだ。ＩＰＣＣは２０１３年の第５次評価報告書ではこの過失を訂正したものの、依然今世紀末の予測として低い数値（これまでどおりの生活を続けたＲＣＰ８・５シナリオでは52センチメートルから98センチメートル）を挙げているが、ほとんどの氷河学者は1メートルを超えるのは確実で、２メートルになる可能性もあると予想している。ＩＰＣＣは、多少の変動はあっても海面上昇率は今世紀中不変だと想定し、直線上に変化するとの予測に基づいて数値を算出した。しかしフィードバック・ループに入ると直線状の変化はしないと判明している。海氷の消滅の例を挙げれば、夏期の海氷量は直線ではなく、指数曲線を描いて減少していく。これは大きな違いとなる。氷床反応フィードバックは指数曲線を描くか、少なくとも加速度的に進行するユースタティックな海面上昇を引き起こす。そして加速度的に進行する海面上昇を許せば、２１００年までの海面上昇の総計は直線を描いて変化する推定値よりも遙かに大きくなるはずだ。ＮＡＳＡゴダード宇宙科学研究所の元所長ジェイムズ・ハンセンは、海面上昇率の倍増に要する期間は10年以内だと推定した。つまりＩＰＣＣの海面上昇に関する自己満足の予測値は、驚くほど短期間に現実が追い抜いていくかもしれない。

わたしがその論争に参加したのは２００４年で、ある疑問に駆りたてられてだったが、いまだに答えは見つかっていない。その問題を提示したのはわたしではなく、尊敬する先達であるスクリップス海洋研究所のウォルター・ムンクだった。当時はまだＧＲＡＣＥの打ち上げ前で簡単に氷床の計測はできず、海洋学者シド・レヴィタスがユースタティックな海面上昇を算出する独創的な手法を考案した。それはいわば水路測量学の国勢調査だった――つまりこれまで海洋学で使用された、何百とある計測法すべてを方眼の世界地図へ反映させ、それを使ってあらゆる海域と水深における海水の塩分平均がここ50年でいかに変化したかを検討することを提案したのだ。現れた変化の原因は氷河にあり、氷河の減少によって海水が薄まり、塩分が低下したと推測しての提案だった。レヴィタスが算出したユースタティックな海面上昇予測値は、ほかの方法で算出した数値と合致したので、その説は問題がないかに思われた。しかしムンクは、トレードマークである科学的洞察力に裏打ちされた、そして拍子抜けするほどの単純明快さで、わたしが１９７６

年以来後退し、薄くなっている海氷を計測してきたこと、海氷の融解が海水の希釈を招いても、海面上昇には無関係（これはアルキメデスの原理だ——海氷はジントニックの氷のように、すでに浮かんでいる）だと指摘した。わたしの計測によると、海氷の融解量は年におよそ３００立方キロメートルで、氷河の後退によって失われた量とほぼ同量だった。しかしレヴィタスの手法で算出した海水の希釈は、海氷の融解とは「無関係」に観測結果と合致している。どうしてそうなるのか。なにかが間違っているのは明らかだ。海の塩分の変化が氷河の融解によるものならば、海氷の融解による真水が入りこむ余地はない。ムンクとわたしはこの矛盾について連名で論文を執筆し、その論文は有名な機関誌に掲載された。[6] 我々は世界中の海面上昇を研究する機関からの意見や反応を待った——なにしろムンクは世界の海洋学のリーダーでもあり、この矛盾が解決されるべきなのは明白だ。しかし、我々の論文についての反応や感想はただのひとつも届かなかった。わたしはパリで開催された世界海面変動会議でも発表したが、感想や質問はないままに終わった。ムンクは穏やかに「こうした海面変動研究家がいる世界が現実なんだ」と述懐した。いまも10年前の論文に対する反応を待ちつづけているが、どのみちＧＲＡＣＥにはレヴィタスの方法が採用された。論文についてわたしが受けとった有意義な意見はひとつだけだった。海氷の融解水は長期間北極海に蓄えられ、ボーフォート循環の一端を担う可能性がある。よって高緯度の北極海のデータを扱うには不向きの、レヴィタスの平均化する方法では表面化しないのだろうという海洋物理学者の意見だった。

海氷の後退と関連性がある海面上昇の規模は、いまだ正確には判明していない。しかし規模はともかく、海氷の後退が原因で、夏期に暖かい大気がグリーンランド氷床に吹きつけているのは間違いない。かつて夏期の海氷は、海水と大気双方にとっての空調システムとして機能していた。そのおかげで夏期の水温を0度以下に保っていたのだ――つぎの章で詳しく述べるが、この機能を失ったことが悲惨な結果を招いた。また海氷は夏期の気温も0度前後に保っていた。夏期の海氷の穏やかな影響がなくなって、北極海上ばかりか近隣の陸地の大気まで0度以上に上昇し、氷床表面の融解を引き起こしたのだ。

北極圏の河川フィードバック

北極海に流れこむ水温の高い河川のフィードバックもある。陸地の雪線の後退のため、初夏の地表のアルベドは劇的に低下した。それにより、北部ツンドラ地域の気温が上昇し、雪融け水が暖かい地表を流れて氷のない北極海の大陸棚へと流れこみ、その熱がさらに氷の融解を促進する。それがまたアルベドの低下を招いて沿岸地域が加熱され、さらに雪線の後退を引き起こし、ツンドラ地域の気温が上昇し、暖かい雪融け水の量が増え、と続く。その影響力はこの章で取りあげたほかのフィードバックよりは小さいだろうが、これは一連の段階を通じてポジティブ・フィードバックが成立する古典的なケースである。

黒色炭素フィードバック

最近存在が確認されたなかで、当初に考えられていたよりも重要なのが、森林や農耕地火災、ディーゼルエンジンの使用、産業活動などによって排出された黒色炭素が雪や氷に堆積し、融解を促進するフィードバックだ。[7] わかりやすい言葉にすると、すすのフィードバックだ。氷河学者はかつて近隣の山脈から飛散して氷河を覆うよごれは、小さい驚異的な自己完結型の生態系を成立させているとみなしていた。初夏、氷河に散乱するよごれの小さな粒子は優先的に太陽放射を吸収する。その結果周囲よりも温度が上昇して氷が融解し、小さな穴が形成されて粒子は穴の底へ沈む。穴の底でバクテリアが活動して植物の塊が形成され、粒子の塩を溶かした融解水を栄養分として成長する。この塊を「クリオコナイト」と呼ぶ。これは地球上でもっとも過酷な環境でも生命体が忍耐強く生存する好例だと推奨したい。クリオコナイトのために氷河は黒、緑、場合によっては淡いピンク色に見える。

クリオコナイト以外にも、融解シーズン初期は海氷に付着したすすが目立つ。表面の雪が融けたことで、冬期に付着したすすが凝縮されるからだ。しかし最近まで、このフィードバックは黙殺されるか、夏期のアルベドの算出時に含まれるかのどちらかだった。いまもそうした処理をすれば、ある程度推測値を下げることができる。黒色炭素フィードバックだけを考えたら、世界規模での影響はかなり小さい。IPCCの推定では、黒色炭素の放射強制力は1平方メートルあたり0・04ワットで、観測結果によると北極圏の大気中の濃度は1990年以降低下しているようだ。中国のような大気汚染がひどい国が対策に乗りだしたからだろう。

海洋酸性化フィードバック

海は以前よりも酸性化しており、その原因は過剰な二酸化炭素が炭酸の形で海水に溶けたせいだと判明している。化学反応は以下のとおりだ。

$$CO_2 + H_2O \rightleftharpoons H_2CO_3$$
$$H_2CO_3 \rightleftharpoons H^+ + HCO_3^-$$
$$HCO_3^- \rightleftharpoons H^+ + CO_3^{2-}$$

そして様々なイオン間では錯体平衡が成立する。H^+は酸性水素イオンだ。大気中の二酸化炭素が増加すると、一部が海水に溶ける。これが地球温暖化の進行を遅らせる貴重な緩衝材の役目を果たす。しかし溶けた二酸化炭素は前記のような化学反応を起こすため、海水のさらなる酸性化につながり、その結果海洋生物の（炭酸カルシウムでできている）貝殻や殻などが溶解するという深刻な事態を招く。特に有孔虫と呼ばれる小さな単細胞の殻の被害は世界中で報告されている［8－3］。死んだ有孔虫の殻は海中に雨のように降りそそいで海底に堆積し、軟泥と呼ばれる沈殿物を形成する。我々人類の化石燃料使用によって地球のエネルギー・システムへ加えられた炭素が、実際にシステムから永久に除外される希有な例である。つまり、わたしがSUVを運転して店へ行ったとしたら、わたしが排出する二酸化炭素の一部（約41パーセント）は海に溶け、その一部は生きている有孔虫が炭酸カルシウムの殻を形成するのに使われる。有孔虫が死ぬと殻は海底に沈殿し、わたしが排出した二酸化炭素は害をおよぼさない形で地球のエネルギー・システムから除去される。問題は海水の酸性化が進んだため、水深4000メートルの海底へ落ちる途中で殻が海水に溶解するようになったことだ。酸と白墨が結合するとなにが起きるかは化学の

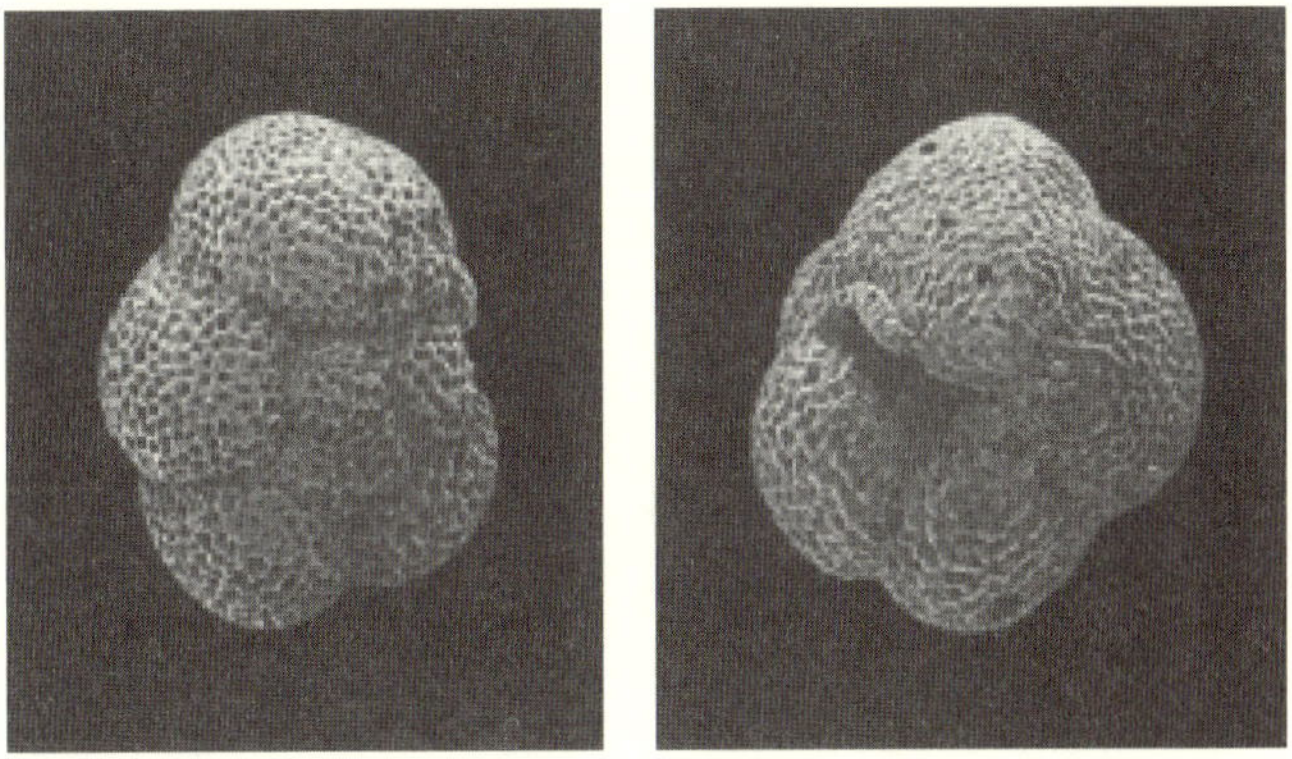

［8-3］北極海の有孔虫2種。殻はごく小さく、幅0.06ミリメートルから1ミリメートルしかない。

授業で習ったとおりだ。殻に含まれる炭素は海水へ排出され、地球のエネルギー・システムの一部としてとどまる。さらに望ましくない事態としては、翼足類のように遙かに大きな殻を持つ海洋生物が殻を失えば、はっきりした形のない小さな塊となり、容易に捕食生物の餌食となることが挙げられる。これは研究機関の酸性化した海水の実験で実際に起こる現象である。その事態を迎えたら、海水の二酸化炭素濃度の減少が起きると思われる。実際、最新の試算ではここ30年で41パーセントから40パーセントに低下している。大幅に低下したわけではないが、これから加速が始まることを鑑みると、懸念材料であることは間違いない。

このフィードバックに海氷はどう関係しているのだろうか。海面に浮いている海氷の後退は、海洋の酸性化を促進する。二酸化炭素濃度がさらに増加した大気と、これまで二酸化炭素を吸収していない海水が接することになるからだ。つまり後退する海氷は実際に二酸化炭素の貯水池を拡張する役目を果たす。大気中の二酸化炭素濃度に関しては、北極海の酸性化の加速という高い代償を払って、ネガティブ・フィードバックとなる。ネガティブ・フィードバックとしては稀な例だが、さらに海が酸性化すれば、その結果として炭素貯水池が失われるので、長いスパンで考えればポジティブとなる可能性がある。

いちばん深刻なフィードバックはどれだろうか

この章で挙げた7種のフィードバックのうち、もっとも深刻なのはおそらく海氷および雪線の後退にともなうアルベド・フィードバックだろう（北極圏沿岸地域の雪線後退は、海氷の後退と暖かい風が一因でもある）。この2種のアルベドの影響を合計し、さらに黒色炭素もアルベドの算出に含めれば、ピストーネたちが推定した影響力は倍増する。つまりアルベド・フィードバックによる放射強制力への影響は、人類が排出した二酸化炭素の影響の50パーセントに相当する。これはまさに〝気候変動の分子をふたつご注文の場合は、もうひとつサービスします〟だ。

グリーンランド氷床の融解の加速化も海氷の後退と直接的な関連があるので、世界規模の海面上昇もまた加速化し、今世紀中に海面上昇は1メートルに達するだろう。1メートル程度ならばたいした問題ではなく、海岸堤防をさらに1メートル引きあげればいいだけだと考える人が多数を占めるに違いない。英国ではそれが可能だろう。オランダなどの裕福な国も（ある程度の費用を負担するのは）可能だろう。しかし、2000万の国民の大半が貧しい農民で、海抜2メートル未満の土地で暮らしているバングラデシュには不可能だ。そして釣鐘曲線、つまりガウス分布の特性に由来する、不吉な統計結果もある［8－4］。この釣鐘曲線は、潮や風などによる変動を考慮に入れた海抜の分布を表している。曲線の右側下部は、大災害を引き起こすに違いない高さ――1953年1月に英国とオランダが襲われたように、高潮が海岸堤防を越えて洪水を引き起こすレベルを表している（ティルブリのわたしの祖父母の家も被害に遭った）。もっともこの部分は起こる可能性が非常に低いとされている。しかし分布のピークを1メートル上に変えてみよう。海面上昇の平均が1メートルとなった場合、なにが起こるのか。堤防の高さを変更しなければ、曲線の右側下部は想像を絶する災害に見舞われる。言葉を換えれば、海面がわずかに上昇したことによって、悲惨な洪水の起こる可能性がおおいに高まるのだ。

これらのフィードバックは、北極海氷の後退はいま現在目にしているレベルに達したとき、気候変動に応えるだけではなく、変動を促進することも示している。しかし現在の状況が引き起こすあらゆる脅威と危険のなかでも、さらなる悪化の可能性を秘めているものがある——沖合のメタンガスの噴出だ。つぎの章ではこの問題について考えてみよう。

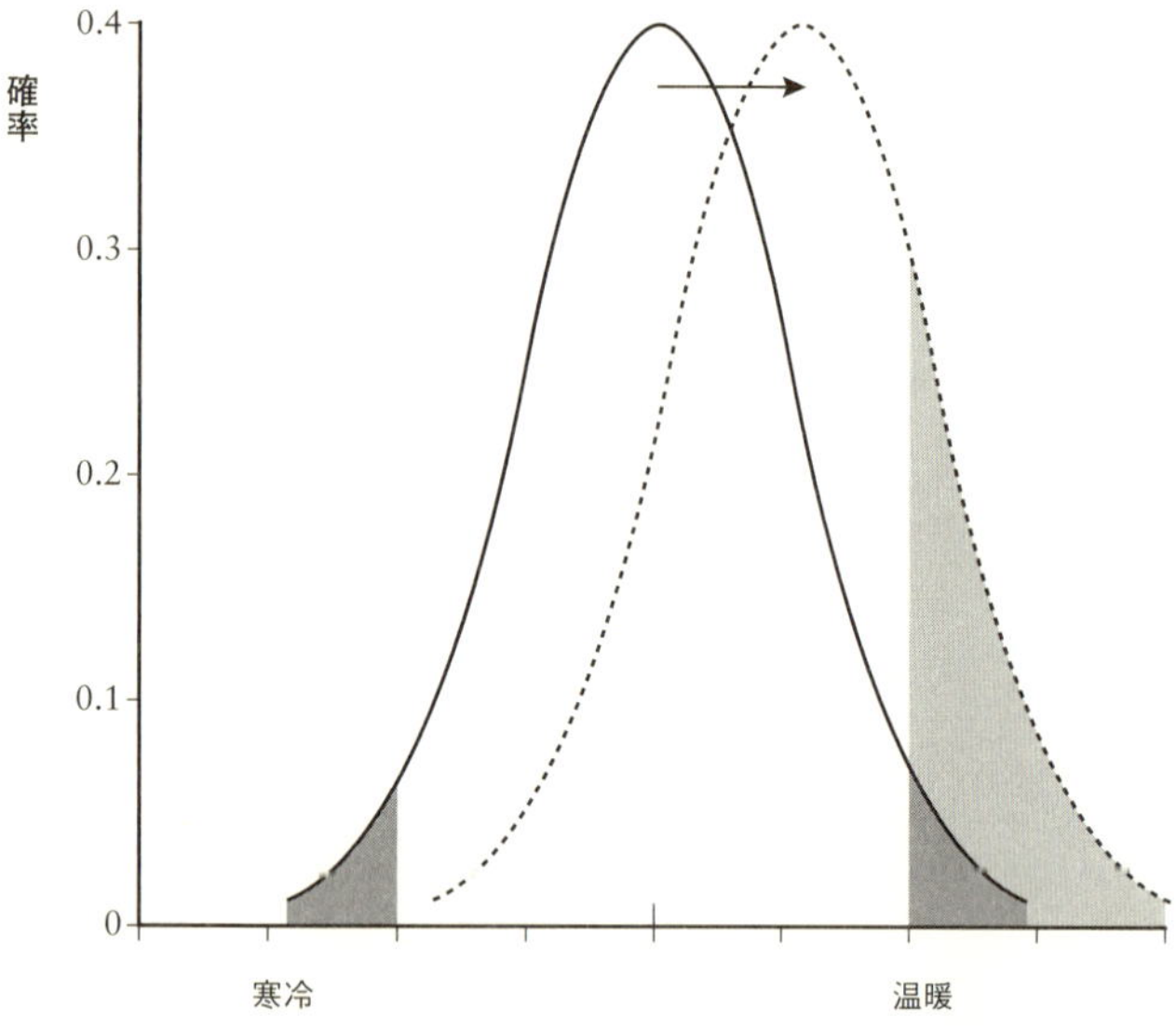

[8-4] ガウス分布の特性。平均値がごくわずかに高くなるだけで、大災害が起きる可能性(薄いグレー)が大幅に増加する。

第9章

北極のメタンガス――現在進行中の大惨事

沖合の永久凍土と水温上昇

これから説明する、大惨事を引き起こす可能性を秘めたフィードバック効果は、ふたつの現象が組み合わさって起こる。海氷の後退と北極海浅海の沖合にいまも存在する永久凍土だ。

夏期の海氷限は急速に後退し、北極海大陸棚の広大な地域、特に大陸棚の幅が広いシベリア北方の水深50メートルから100メートル程度の海域から海氷が姿を消したことはすでに述べた。では、そうした氷がなくなった海域でいったいなにが起きているのだろうか。

北極海の深海では海水は3層に分かれている。極表層水と呼ばれる上層の水深は150メートルほどで、水温は氷点もしくはその近辺だ。その下に位置するのは大西洋水と呼ばれる層で水深は約900メートルまで、暖かい北大西洋の海水が氷縁で下方へ流れ、熱を保ったまま北極海の中層を構成している。その下はまた水温の低い底層水で、水深は海底まで達する。したがって大陸棚の水深は50メートルから100メートルにかぎられるとすれば、極表層水「しか」存在しないことになる——もっと深い場所に流れる水温が高い大西洋水は大陸棚に入りこめない。およそ2005年以前の〝ひと昔前は〟、極表層水は夏期でも海氷に覆われており、それが一種の空調システムとして機能していた。つまり太陽の入射エネルギーはまず最初に海氷を融解させるため、水温は上昇しないのだ。同様に、海氷の存在が気温を0度前後に保っていた。夏期の海氷がすべて融解した2005年以降は、太陽放射は大陸棚の海水へ入りこみ、水温を上昇させることが可能になった。夏期も海氷のおかげで0度前後に保たれていた極表層水の水温が、いまは氷がないために上昇する可能性があるのだ。2011年の夏、NASAの人工衛星の観測結果によると、チュクチ海（冬期は北海とほぼおなじ水温）の海面水温は7度だった。わたしも参加した最近（2014年8月）の遠征調査で、米国沿岸警備隊の砕氷船〈ヒーリー〉号はにわかには信じがたい体験をした。ノームからベーリング海峡を抜け、さらに北方へ向かう途中のチュクチ海で、気温19度、海面水温17度という計測結果を得たのだ。（口絵15）は2007年9月に東シベリア海の海面水温が広範囲にわたって上昇したことを示している。

広大な氷のない海域に吹く風によって大きな波が形成され、その波の力で温度の高い表層水と海底の深層水が混ざりあう。こうしてここ数百万年で初めて、北極の海底が0度以上の海水にさらされることとなった。

水温の高い海水は海底で第二の要素である凍結している堆積物と接触する。それは最終氷期の遺物で、陸の永久凍土が海まで拡張したものだ。その永久凍土には「クラスレート」つまり「メタンハイドレート」の形でメタンガスが埋蔵されている。これは氷そっくりの堅牢な固体だが、それ自体が燃焼する特徴を持つ。メタンガスと水の化合物で、高圧かつ低温もしくは高圧か低温のどちらかの状況下でのみ安定する。隙間の多い結晶構造を有する。様々な海底堆積物から発見されているが、通常は水圧が安定している深海に埋蔵されている。メタンハイドレートの形で海底に眠っているメタンガスの量は、およそ大気中の炭素の13倍以上、1万4000ギガトンと見られている。北極の大陸棚は水深が浅いためメタンハイドレートが不安定になるはずだが、強固に凍結している堆積物は水圧が充分であればそのままの状態を保つ。ところが最近は氷がないために夏期の水温が上昇して堆積物が融解し、もはやメタンハイドレートの堅牢な蓋として機能しなくなった。そもそも凍結している堆積物は、海面がもっと低かった氷期に陸地で形成され、その後7000年から1万5000年前に、氷床が融解して海面が上昇するいわゆる〝完新世海進〟が起こって浅い東シベリア海が形成されたとき、海へ沈んだものだ。こうして数万年間凍結している堆積物に包まれて眠っていたメタンハイドレートは、堆積物の融解とともに分解され、できた純粋なメタンガスは堆積物から離れ、大量の気泡プルームの形で海面へ移動する。メタンガスは海中で酸化するため、深海で噴出が起こったとしても、以前スバールバル諸島沖の水深400メートルで起きたときのように[1]、メタンガスは海面に達する前に海水に溶けて消える。しかし水深50メートルから100メートルだと海水に溶ける時間がなく、ほぼ完全なメタンガスのまま海面から大気へ放出される。残念なことに科学者はつい失念しがちなのだが、夏期の北極海の大陸棚上に大きな開水域が登場したのは、つい最近の2005年以降だという事実を忘れてはならない。つまり経験したことのない状況下で新しい融解現象が起きているのだ。

メタンガス(口絵21)が放出されるときは、大量の泡がまとまって立ちのぼる。この過程を「噴出」と呼ぶ。海底噴出した軽油が立ちのぼるように(第7章を参照)、海底の噴出場所から立ちのぼる気泡プルームは視認できる。東シベリア北極海大陸棚は特に水深が浅い——全210万平方キロメートルの75パーセント以上が水深40メートル以下——ので、ほとんどのメタンガスは気泡プルーム内で酸化することなく、大気へ放出される。海面上の大気中のメタンガス濃度は、通常の4倍以上の数値であることが確認されている。氷に覆われた冬期は、北極海大陸棚からメタンガスが放出される可能性はまずないと考えられていた。しかし、最新の観測結果によると、メタンガスの噴出やそれ以外の形での放出は1年中起きている。ヨーロッパ北極圏のポリニア上のメタンガス濃度は、海上の平均の20倍から200倍高く、冬期にも排出されている可能性が高い。また冬期の氷の下に集積していることも観測されている。こうした事実から、夏期の融解のために凍結していた堆積物の蓋ははずされた状態にあり、メタンガスは常時排出されていると考えられる。

夏期の東シベリア海大陸棚の強力な気泡プルームを最初に発見、観測したのは、毎年恒例の米国とロシア共同遠征調査に参加していたナターリア・シャコーヴァとイゴール・シミョーレトフで、衝撃的な海中写真を撮影した(口絵20)。彼らの推定によると、この地域の堆積物に眠るメタンガスは400ギガトンで、このように温暖化が加速度的に進めば、わずか数年で堆積物の上部数十メートルから50ギガトンのメタンガスが放出される可能性がある。[2] 一方マニトバ大学の気候モデラー、イゴール・ドミトレンコのように、海岸に近い水深10メートルの海域の堆積物を調査した結果、堆積物の融解およびメタンガス放出には1000年程度の時間が必要だと算出した例もある。[3] しかし海で起こっているのはそれだけではない。

ナターリア・シャコーヴァたちは、堆積物からのメタンガス排出を促進する「タリク(融解層)」の役割に気づいた。[4] 断層なり不規則な地形なりが原因で、海中の永久凍土層に変則的に現れるタリクは、堆積物深部のメタンハイドレートからメタンガスが分離し、海底へと上昇するルートを提供するのだ。シャコーヴァは、東シベリア海で観測されるメタンガス噴出の多くは、タリクの上部から気泡プルームが立ちのぼるのを確認した。これはグリーンランド氷床のムーランの役割と類似している——気候モデラーの予想よりも早く、構造深部で熱変化が起きるのを促進するのだ。タリクは、メタンガス分子がメタンハイドレートの籠から脱出して、障害となっているとされる海底の永久凍土を突破し、解放されるルートを提供する。それゆえ、永久凍土の融解とともに、幾層にも重なる堆積物が時間をかけて放出するのを待つ必要はないのだ。

メタンガスは温室効果ガスとしては非常に強力である。第5章で述べたとおり、分子あたりの温暖化係数は、二酸化炭素の23倍もしくは100倍(算出方法による)なのだ。2000年から横ばいだった世界の大気中メタンガス濃度が、２００８年にふたたび増加に転じたのは、おそらく北極海沖合での放出がおもな原因だろう（ほかの候補としては水圧破砕法からのガス漏れが挙げられるが、その影響が出てくるのはもっと遅いと思われる）。こうして放出されるのを待っているメタンガスの量はいかほどで、いつ放出されるのだろうか。それにより気候はどのような影響を受けるのだろう。さらに海氷の後退が促進され、太陽エネルギーの反射が減少し、グリーンランド氷床の融解が加速化することによって、海面の上昇が早まるだろう。しかし氷の消滅の望ましくない影響は、北極圏から遠く離れた場所にもおよぶ。

北極圏のメタンガス放出が世界に与える衝撃

ふたりの同僚ゲイル・ホワイトマンとクリス・ホープとともに、わたしは今後10年間で50ギガトンのメタンガスが放出されたら気候にどのような影響をおよぼすか、気温と経済両面についてモデル化した。[5] ここで注意しなくてはならないのは、大気に放出することが一見不可能と思えるほどの量（年間の二酸化炭素排出量すらたった35ギガトン）だが、それでも東シベリア海の堆積物に眠っていると予想されるメタンガスのわずか10パーセントにすぎないという事実だ。北極のメタンガス大量放出による世界経済への影響を定量化するため、我々は統合評価モデルＰＡＧＥ09を使用した。このモデルはさらなる放出があった場合も、不確定要素を考慮に入れたうえで、海面や特定地域の気温の変動、そして洪水、健康、異常気象等の特定地域および世界への影響を予測できる。[6]ＰＡＧＥ09は、現在から２２００年までに二酸化炭素がさらに１トン多く排出された場合の増加分、あるいは１トン少なく排出された場合の減少分をまとめ、影響の正味現在価値（ＮＰＶ）から総計——つまり事実上の二酸化炭素排出の社会的費用——を算出する。ＰＡＧＥ09はケンブリッジ・ジャッジ・ビジネス・スクールのクリス・ホープが開発したＰＡＧＥモデルの最新版で、英国政府へのスターン・レビュー『気候変動の経済学』で気候変動の影響を算出するのにも使用された。[7]我々は１万回の試算を繰り返した。それによりあらゆる危険性の全体像を構築し、不確定要素を考慮に入れることができた。

我々は２種類の標準的な排出シナリオを試算した。ひとつは〝これまでどおりの生活を続けた〟シナリオで、人類はなんら対策を講じることなくこれまでと変わらぬ活動を続け、二酸化炭素やほかの温室効果ガスの排出量は年々増加すると想定したものだ。もうひとつは〝低排出〟の場合で、５割の確率で世界の平均気温の上昇を２度以下に抑えることができていると想定したものの（英国気象庁の〝２０１６ｒ５ｌｏｗ〟シナリオ）だ。どちらにしても、50ギガトンのメタンガスを大気に放出するには、２０１５年から２０２５年の10年間かかると想定した。またメタンガス噴出の短期的な影響から、長期間残存する影響まで検討した。

メタンガス放出によってさらに追加される気温上昇は２０４０年には０・６度に達し、気温上昇の要因に加えるべきだろう［９－１］。変化が現れるのが早いことも、人類にとっては不運だった。メタンガスの放出はすべての地球温暖化効果を促進するだろう。しかしメタンガス放出を停止するためには気泡プルームを冷却する（つまり海氷を戻す）しか手段はなく、それは想像しただけで非常に困難だとわかる。メタンガス噴出は、世界平均気温が産業革命以前を2度うわまわるのを、15年から35年前倒しにするだろう――〝これまでどおりの生活を続けた〟シナリオならば２０３５年、低排出シナリオならば２０４０年だ。メタンガスの気候への影響がこれほど早く現れることに注目してほしい。最大値の０・６度に達するのは放出が始まってから25年後だが、０・３度から０・４度への上昇に要するのはほんの数年だ。

これまでどおりシナリオの場合、この気温上昇による今世紀中の損失は、現在の貨幣価

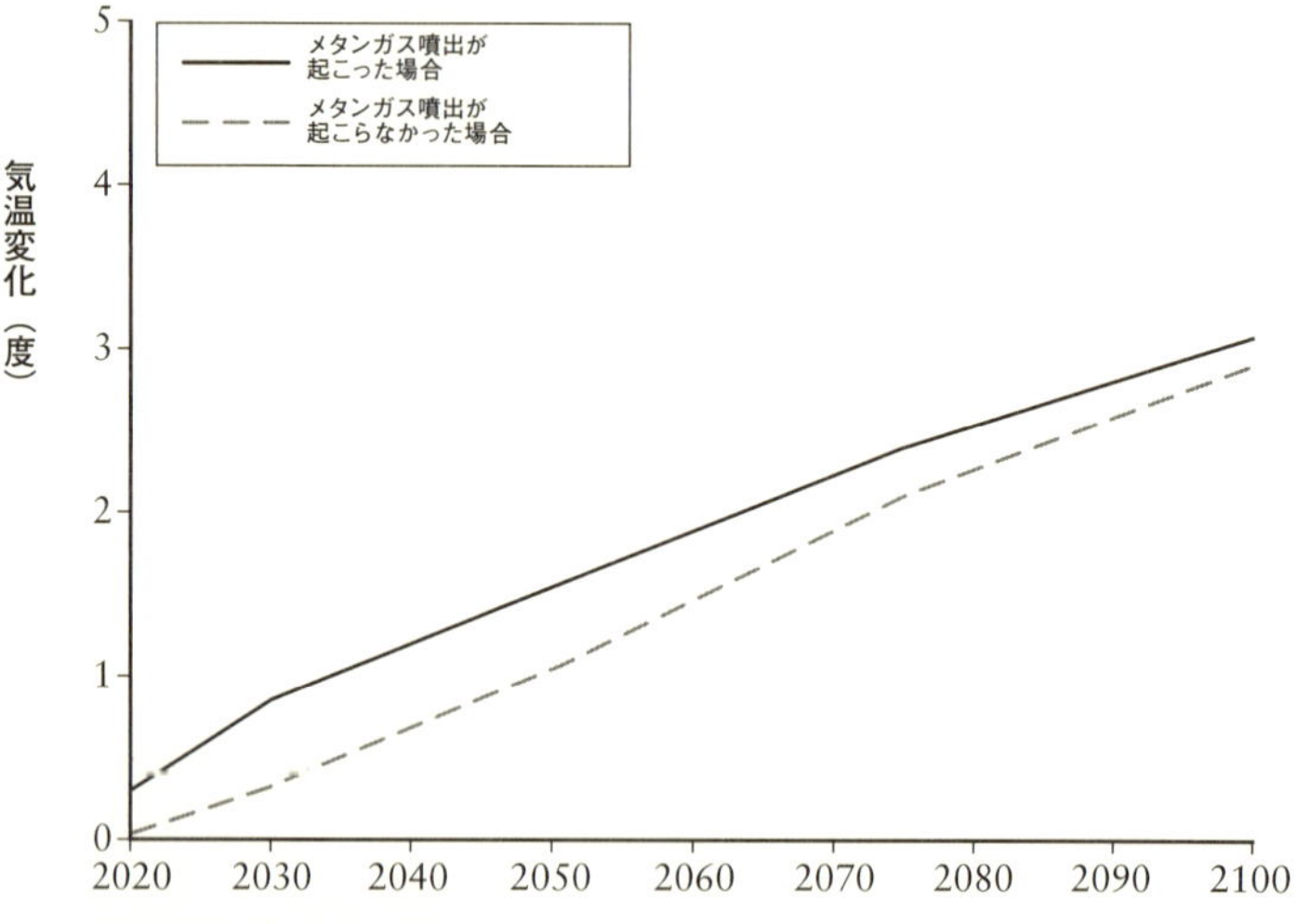

［9-1］2015年から2025年のあいだに50ギガトンのメタンガス噴出が起こった場合の、世界の平均気温の変化予想。

値に換算すると60兆ドルにおよぶ。北極の変化につけられた値札は法外なものになりそうだ。それにもかかわらず短期間の経済効果に固執する北極圏の国々と一部の産業界は、その行為がどれだけ高価なものにつくかを認識したら驚くことだろう。おなじ気候モデルの試算では、同時期の世界のあらゆる気候変動の影響による経済的損失は400兆ドルであり、その15パーセントにあたる。低排出シナリオの場合でも、損失は37兆ドルだ。そしてメタンガス噴出が20年遅れて2015年が2035年となっても、あるいは10年ではなく2、30年かかっても、経済的損失は変わらない。そして25ギガトンのメタンガス噴出の場合の影響は、50ギガトンの影響のちょうど半分となる。

気候モデルは地球を8つの地域に分けて、起こる気候変動をモデル化する。どちらのシナリオでも、噴出による影響を多く受ける地域は、総体的な気候変動の影響の場合とそっくりおなじだ。アフリカ、アジア、南米の貧しい国々に影響の80パーセントが現れた。海抜が低い平地の浸水、極端な熱波、干魃、嵐、こうした被害すべてをメタンガス噴出が拡大するのだ。北極圏だけの影響だったものが、北極海大陸棚の海氷の後退による地球温暖化は多種多様な現象を引き起こすため、地球規模の影響を持つことになる。そして例によって、その被害をもっとも被るのは世界の貧しい人びとだ。

今日行動を起こせ

環境および気候の変動の問題で潜在的な脅威に対して行動を起こすかどうかは、ふたつの基準が適用されるべきだ。ひとつは「予防原則」という概念で、実際にその現象が起きている確証はない場合でも、可能性が高い脅威に対しては緩和の対策を講じるべきだというものだ。たとえば、ＩＰＣＣが初めて評価報告書を発表した１９９２年当時、我々人類の排出が気候変動の原因だという決定的な証拠はなかったが、影響を与えている可能性が高く、なんらかの対策を講じる必要性を感じた。そして脅威の規模を定量化するには「リスク分析」が有効だ。数学上リスクを定義するには、単純にそれが起こる確率に、存在する場合はネガティブな結果を掛ければいい。なかでも評価が困難なのは、地球に小惑星が衝突するというような、起こる可能性は低いのに、その影響が非常に大きい場合だ。北極沖合のメタンガス噴出の場合、リスクが甚大であることは疑問の余地もない。第一に、噴出が起こっている可能性は高い。現状をいちばん知りうる場所に居合わせた、ナターリア・シャコーヴァとイゴール・シミョーレトフによる堆積物組成や安定性の分析の結果は、最小でも50パーセントとなっている。そのうえ、噴出が起きた場合はその損害も莫大で、高い人間の死亡率も含む経済的損失だけで60兆ドルにおよぶ。よってどのような定義であろうと、北極海底のメタンガス噴出は人類が直面する「もっとも間近に迫ったリスク」のひとつだ。

では、どうしてなんの対策も講じていないのだろうか。気候学者の多くがそのリスクを無視し、最新のＩＰＣＣの評価報告書でようやく触れられている程度なのはどうしてなのか。リスクを主張し、行動を提唱すべき人物たちは、もしかしたら集団で神経衰弱に陥ったのではないかと危惧するほどだ。北極のメタンガス噴出の脅威を隠滅したがるのは、気候変動懐疑主義者だけではなく、いわゆる〝メタンガス専門家〟も含む大勢の北極科学者たちなのだ。そうした専門家は北極での小規模なメタンガス流出に慣れているため、数多くある人為起源のものも含む自然なメタンガス噴出のひとつにすぎないと考えているという弁明は納得できなくもない。しかしそれは環境条件がいまや前例のないレベルに達しているという事実に着目していない。２００５年以来、ロシア北極海大陸棚のほぼ全域で海水は周期的に大気にさらされており、水温は余裕で融点を超えている。おそらく北極が専門ではない科学者には、いまやかつてない事態を迎えており、従来の発想では対応できないことを理解するのは難しいのだろう。現状をよく理解している科学者も、心理的にはまだ問題がこのまま消えてくれることを願って否定する段階にいるようだ。たとえば、２０１４年9月22日に開催された王立協会の会議で、メタンガスの専門家ギャヴィン・シュミット（ＮＡＳＡゴダード宇宙科学研究所長）は、海底のメタンガスが大量に噴出する懸念について、公然と嘲笑した。それもラプテフ海の噴出が増加しているとの報告を受けた直後に。誠実かつ正確な現場調査をおこなったシャコーヴァとシミョーレトフも質疑のために会議に呼ばれ、彼らがロシア人で、かつひとりは女性だという理由でひどい言葉を浴びせられた。科学団体でこうした出来事が起こるとは実に嘆かわしいが、こんな事件が起きたのは、ある意味それだけ重大な発見だということを暗示している。二酸化炭素排出削減については座して傍観することを選んだとしても、50ギガトンのメタンガスが大気中に噴出して、世界気温が0・6度急速に上昇するとなれば、手をこまねいているのは不可能だろう。そのうえ、これは初回にすぎないのだ。堆積物にはさらに大量のメタンガスが埋蔵されているので、今後も堆積物の融解が進めば、数十年のうちにそれらも噴出するだろう。一方、陸の永久凍土（つぎの節を参照のこと）も長期で考えればさらに大量のメタンガスを放出するだろう。

我々にはなにができるのだろうか。最初に必要なのは、直ちに緊急調査をおこなうことだ。北極にはいまだに未知のことがたくさん存在するのだ。これは真実で、地球温暖化を停止し、逆方向へ反転することができる方法を発見する可能性もあると口にするのは簡単だ。たとえばジオエンジニアリングによって、夏期の北極の海氷をもとへ戻し、大陸棚の水温を以前とおなじ0度に保つことが可能になるかもしれない。そうなれば永久凍土の融解とメタンガス放出も阻止できる可能性はあると。しかし現にメタンガス噴出は起こり、すでに放射強制力が生じているので、超人的な努力をもってしても、気温を下げてこれ以上のメタンガス放出を阻止するのは困難だろう。それが可能なのであれば、とっくに気候変動を克服しており、こんな事態を憂いてはいないはずだ。つまり唯一有効な手段は、現在あるいは近い将来に起こる、海底堆積物からのメタンガス放出を直接阻止するしかない。ところがそれを実行する方法が見つからないのだ。ビニール製のドームもしくは膜状のもので放出したメタンガスを集め、まとめて燃焼処理する案も考慮したが、海底全体からメタンガスが放出していることを考えると、東シベリア海全体を覆うビニール・シートなど実現不可能だ。これまでのところ唯一実現可能と思われるのは、石油産業界から提案された水圧破砕法の翻案ともいえる案だ。噴出が起きている堆積物の下に垂直に穴を掘削すると、やがて堆積物内の空洞へ突きあたる。そうした空洞のメタンガスをポンプでくみ出し、燃焼させることは可能だろう。この方法が理にかなっているのは、メタンガスの分子が燃焼すると二酸化炭素分子が生じるが、二酸化炭素はメタンガスに比べて温室効果がわずか23分の1なのだ。しかし、メタンガスを採取して有効利用できるならば、そのほうが望ましい。そのためには東シベリア海全体に網状に穴を掘削する必要がある。正確にはどれだけの数が必要なのかも、この無謀な賭けにどれだけのコストがかかるのかも、まだ算出した者はいない。しかし、それ以外に解決策が存在しない以上、早急にこの方法について調査し、実行可能だと判明すれば用意を始めるべきである。石油産業界がその進化したテクノロジーで世界を救うのだとすれば皮肉な話だが、神は微笑んでくださるに違いない。

陸の永久凍土崩壊の脅威

北極海の沖合は人類が直面している喫緊の脅威であるが、陸の永久凍土崩壊によるメタンガスおよび二酸化炭素放出の脅威も、現実であるだけでなく、火急の課題である。北極生物学者の慎重な調査により、陸の永久凍土は融解が進んでいることと、凍っていない地表の植生は化学的、生物学的双方の変化が進み、その結果としてメタンガスと二酸化炭素が生じていることが判明している。これは北極海沖合の永久凍土の堆積物融解によって、そこに埋蔵されたメタンガスがいまにも放出されようとしている問題とはまったくべつである。ここではもっと長い時間をかけた化学変化でメタンガスを生成してきたのであり、いま現在も生成されつづけている。

ここで統計データを見てみよう。世界中に存在する陸の永久凍土は、連続永久凍土と不連続（断片的という意）永久凍土の双方含めて１９００万平方キロメートルだ。そして１９８０年代以降、永久凍土帯では気温が2、3度上昇しており、融解が進んでいる。永久凍土は融解すると き、メタンガス、二酸化炭素、そして（少量の）一酸化二窒素を放出するが、これはすべて温室効果ガスである。ＩＰＣＣによると、永久凍土に含まれている炭素量は１４００ギガトンから１７００ギガトンだ。そして２０４０年までにそのうち１１０ギガトンから２５０ギガトンが、その後２１００年までには８００ギガトンから１４００ギガトンが（二酸化炭素またはメタンガスとして）放出され、２０４０年までの放出率は年に4ギガトンから8ギガトン、それ以降は上昇して年に10ギガトンから16ギガトンだと推定されている。

この数値に注目してほしい。つまり、今世紀の終わりまでに陸の永久凍土の融解によって放出される炭素量は、今後10年間で懸念されている沖合のメタンガス噴出による量50ギガトンの30倍なのだ。この炭素量のうちどの程度がメタンハイドレートなのかは不明だが、おそらくは相当な量だと推察される。つまりメタンガスを起爆剤とするさらなる気候温暖化は不可避なのだ――沖合の永久凍土に埋蔵されたメタンガス放出が原因ならば早期に起こる可能性もあり、陸の永久凍土で生成されるメタンガスが原因ならば時間がかかる可能性もある。沖合の永久凍土からの噴出に続いて、陸の永久凍土からゆっくりと大量に放出されて、早期に起きてその後拡大する可能性もある。しかしこの起爆剤によるさらなる温暖化は、遅くとも今世紀終わりに現実となることは間違いない。

また繰り返しになるが、2013年に発表されたIPCC評価報告書の尋常ならざる点は、陸の永久凍土から放出されるメタンガスの数値を挙げておきながら、それが気候温暖化を加速する可能性には触れていないことだ。たしかにその意味するところは沖合のメタンガス噴出と同等か、あるいはさらに悲惨な結果だろうが。

地域の拡大

シャコーヴァとシミョーレトフの発見後、北極海大陸棚の調査が頻繁におこなわれるようになり、沖合の水温の上昇や、東シベリア海以外の大陸棚でも放出されていることなど、多くの発見がなされた。

シミョーレトフとシャコーヴァは東シベリア海の外まで調査範囲を拡大し、２０１４年の夏、スウェーデン政府の砕氷船〈オーデン〉号でラプテフ海へ向かう〝ＳＷＥＲＵＳ－Ｃ３〟の遠征調査に参加した。〈オーデン〉号は大陸棚の外、水深２００メートルから５００メートルの海域で、数キロメートルにわたる範囲で大量のメタンガスの泡が立ちのぼるのを確認した。一方、海岸線近くの水深60メートルから70メートルの海底では、１００箇所のメタン源を発見し、なかには主任研究員のオーヤン・グスタフソンが〝メガ・メタンガス噴出〟と名づけた、水深62メートル海域での激しいメタンガス噴出もあった。この大規模な噴出を発見したのは２０１４年7月22日で、立ちのぼる気泡プルーム群のなかは〝周囲の海水と比較すると、メタンガス濃度は10倍を記録した〟と発表された。大陸棚の堆積物にある試掘用の穴からもメタンガスが噴出していた。[8]

２０１６年1月、１９９０年代から続くロシアとドイツ共同のフィールド調査プロジェクトである、〈ラプテフ海計画〉の報告書が発表され、尋常ではない変化が明らかになった。[9] ２００７年以降、大陸棚の水深40メートルから50メートルの場所に調査ステーションが係留され、海面から海底までの水温や氷の厚さを測定してきた。２０１２年の異常な夏、レナ川から流入する温かい水と突きさすような太陽放射の熱のため、早期に氷の後退が始まり、続いて中程度の水深の水温が上昇したことが計器の記録に残っていた。それぞれの熱は混じりあって海底へと向かうが、到達するまでに時間がかかるので、海底の水温が上昇するのは「冬」になる。海底の水温が０・６度まで上昇したのは２０１３年1月で、２ヵ月半かけてその水温になった。これが原因で堆積物の融解が進み、″SWERUS-C3″で観測されたメタンガス噴出へとつながったと思われる。気候モデルで分析した結果、ラプテフ海は東シベリア海よりも大きなメタン源である可能性があると裏づけられた。[10]

この北極海大陸棚の第二の現象の激しさは、海底からのメタンガス噴出は東シベリア海にかぎった現象ではなく、それ以外の海域でも散見されるばかりか、もしかしたら北極海大陸棚全域で起きているのかもしれないという結論が導きだされる。そうなると、メタンガス噴出に関する我々の推測もおそらく控えめすぎるだろう。「現場」で北極の大気中メタンガス濃度を測定したところ、ときおりバックグラウンド・レベルとは明らかに違うピークが認められた

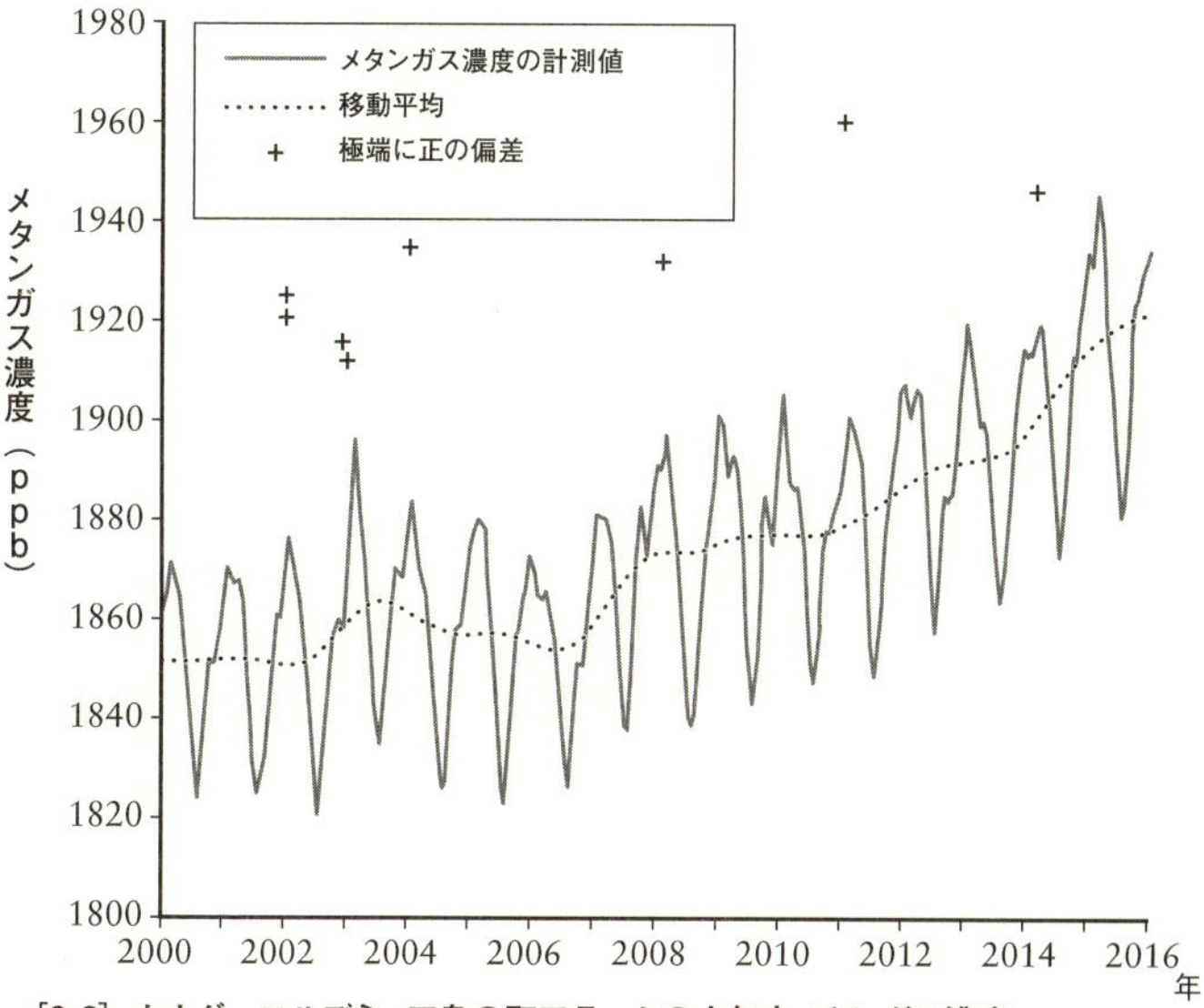

[9-2] カナダ、エルズミーア島の町アラートの大気中メタンガス濃度。

（単一源から例外的な噴出が複数あると予想されるため、デンマーク・グリーンランド地質調査所のジェイソン・ボックスは〝ドラゴンの息〟と名づけた）。それぞれべつの未観測のメタンガス噴出源から発生している可能性もある。エルズミーア島の北端の町アラートのメタンガス・モニタリング・ステーションの記録によると［9‐2］、2000年には1852ppbで安定していたメタンガス濃度は加速度的に増加し、いまや1940ppbに達した。そして上昇率が高いのは最後の3、4年である。

おそらくこれと関連があると思われるのが、2014年8月、シベリア北方ツンドラ地域に出現した3個の謎のクレーターだ。内壁は垂直で、周囲には堆積土が散らばっていた。これまでは地下の堆積物が蓋の役目をしていたが、永久凍土が融解したために、メタンガスがついに蓋を突き破って噴出したあとと考えるのが、もっとも妥当な解釈だろう。

そうしたすべての現象が、北極圏沿岸地域において、これまで観察されたことのないメカニズムで、すでにメタンガス噴出が増加していることを強く示唆している。この現象が気候に対して脅威となることを認識することが重要である。これは差し迫った脅威であるのに、IPCC第5次評価報告書では軽視されていた。

第10章 異様な気象

２００９年から２０１０年、２０１０年から２０１１年、２０１４年（１月）、２０１４年から２０１５年、そして２０１５年から２０１６年にかけての冬、米国東部とヨーロッパ西部は異様な寒波に襲われた。このことは米国のトウモロコシ収穫量に深刻な打撃を与え、アフリカの飢饉対策の食料備蓄に不足が出た。この傾向はある一定の期間続くと予想され、それによる中緯度北部の高生産農業の壊滅は、大規模な飢餓ばかりか脆弱な国々に政情不安を引き起こす可能性がある。１回だけ例外の冬があったのは、単に絶え間なく変わる気象のランダムな変動にすぎないとも考えられるが、７年ごとに繰り返されるとしたら、新しい気候パターンが生まれた可能性もある。そして、地球システムのこれまで観測されたほかの変化と関連があるのかという疑問が湧き起こる。異常気象は中緯度北部全域におよぶうえ、連続する異常気象は正反対の傾向（温暖のあと寒冷、その後また温暖）を示しながら全世界に拡大しているので、ジェット気流の変化が原因である可能性がある。説得力のあるメカニズムを最初に論文で発表したのは、ラトガース大学のジェニファー・フランシスとウィスコンシン大学のスティーヴン・ヴァヴラスで、[1] ジェット気流の変化と帯状風の弱まりは北極の夏期の海氷の後退と関連があると提唱した。それが本当なら、気象の変化は実際には気候の変化であり、厳しい冬と春、そして2012年のハリケーン・サンディのような極端な気象現象によって、中緯度地域の経済的損失は深刻なものとなるだろう。

気象への影響に加えて、海氷の後退は世界人口への食料供給能力にも影響をおよぼす可能性がある。山岳氷河から雪や氷が失われたら、農作物生産地域への春の給水量が減少する。

気象とジェット気流

近年の異常気象は中緯度北部地域に集中している。2014年から2015年にかけての冬だけをとってみても、慢性的な干魃が続くカリフォルニア州のほぼ中央に位置するサンフランシスコは史上初の雨の降らない1月となり、米国中西部と北東部は寒波に襲われ、ニューイングランド地方は豪雪に見舞われた。

北半球の気象は、北極点を中心とする寒帯気団と低緯度にある熱帯気団という、ふたつの大きな気団の持続的かつ複雑な相互作用で決まる。世界の気温は、緯度によって規則正しく徐々に変化しているわけではなく、極域と低緯度の大気は境界線で突然変化する。寒帯前線と呼ばれる境界線は衝突帯でもあり、そこで大西洋の低気圧が生まれ、その移動経路も前線の位置で決まることが多い。境界線の高空は気圧の変化が急なので、対流圏界面（対流圏界面とは、高度を増すにつれ低下する気温がそこを境にまた上昇に転ずる地点をいう。極地では海抜9キロメートル地点）のすぐ下では、狭い範囲に非常に強力な、ときには時速200マイルを越える風が発生する。そうした強い風はどちらの半球でも発生し、ジェット気流と呼ぶ。〝寒帯ジェット気流〟は通常北半球の寒帯前線に発生する。寒帯前線の温度差が大きいほど、寒帯ジェット気流は強くなる。したがって一般的には、極寒で太陽が昇らない北極圏と中緯度地域との温度差が最大になる冬期にいちばん強力になる。大西洋両岸を結ぶ旅客機乗客にとって、ジェット気流は米国発ヨーロッパ行きではパワフルな追い風となり、反対の米国行きでは向かい風となることでおなじみの存在だ。

両端の境界線の速度差が大きいためにジェット気流は不安定で、まっすぐではなく、大きな円蓋に沿うかのようにカーブしている。ジェット気流が遅いほど、大きくゆっくりと蛇行する。最近はジェット気流の蛇行の大きさ、つまり南北の蛇行の幅が拡大している。それにより、また違うエネルギーのフィードバックが発生し、熱帯気団から北へ移動する大気が北極圏に暖気を持ちこみ、北極圏から南へ移動する大気が低緯度地域に冷気を運ぶようになる。それによりジェット気流の蛇行が拡大し、ジェット気流自体が中緯度地域から高緯度地域への熱輸送を促す役目を果たす。そして減少した熱を北極圏の気団と中緯度地域の気団で分けあうことで、今度は北極の温暖化を促進する。その結果、ジェット気流の速度が低下するとともに蛇行の大きさがさらに拡大し、熱交換フィードバックを増大させる。フランシスとヴァヴラスが明らかにしたこのメカニズムは、「ジェット気流フィードバック」と呼ぶのがふさわしい。北極の海氷の後退がジェット気流の位置に影響をおよぼし、そのフィードバックとしてまた海氷の後退を促進するからだ。

蛇行の大きさが増しただけではなく、（東方へ向かって吹く）ジェット気流の蛇行する速度が低下したことで、気象パターンが持続するようになり、干魃、氾濫、熱波、寒波などの現象の激しさが増した。

そうして蛇行が拡大したことによる影響は、ジェット気流が吹く地域ではなく、空気が移動するためにさらに南方に出現する。一例を挙げれば、熱帯大西洋でハリケーンが頻繁に発生するようになったのは、北極へ移動する熱が減少した（北極圏が温暖化したため、低緯度地域との温度差が小さくなった）のが原因だと考えられている。それにより熱帯に熱が停滞し、熱帯大西洋とメキシコ湾の海面温度が上昇したことがハリケーン発生を促しているのだ。

本当にそれは結果なのか

フランシスとヴァヴラスが明らかにしたメカニズムは説得力があるものの、北極圏の海氷の後退が中緯度地域に影響する仕組みはこれだけではない。事実、シアトルの太平洋海洋環境研究所のジェイムズ・オーヴァーランドは、北極圏の温暖化と中緯度地域の気象パターンに直接的な関連があると結論づけるのは慎重になるべきだと、3つの理由を挙げて主張している。[2]

第一に、新たな現象が頻繁に起こり、その関連性が統計学的に有効となるまで、その現象に明確な原因と結果をあてはめるのは、当然科学者としては慎重になるべきだからだ。北極の温暖化増幅も、重大な海氷の後退も、すべて10年以内に起きた現象だ。一方、異常気象が目立ってきたのはここ7年のことだ。地球の気象システムの数多ある現象のなかで、北極という因子が原因だとはっきり認定するには、7年という期間では充分といえない。大気科学者は初期の段階で、気候――大気の作用の長期間のパターン――と気象――数多くの任意要因の地域限定の一時的効果――の違いを教えられたはずだ。最高の気象予報を成し遂げるのは〝スキル〟の力だ。でたらめではなく、14日先の気象をきちんと予報するためにはスキルが必要だ。初日の状態に呼応して14日後に大気がどう動くかを任意に選ぶので、事実、14日というのが気象予報の限界でもある。火星の表面にも大気圧図にも見える画像を前にした科学者は、「パレイドリア」、つまり人間は任意の画像を見て、そこに存在しないパターンを思いえがく傾向にあるという警告を受ける。火星の〝人面岩〟や、心理学のロールシャッハ・テストで意味のある像が見えるのもパレイドリアだ。我々は海氷の後退にパターンを見いだす。異常気象にもパターンを見いだす。そしてある原因が引き起こしたのだと思い込むのだ。

(気象とは無関係だが、わたし自身も1994年に北極でパレイドリアを体験した。個人的にキング・ウィリアム島でフランクリンの墓を〝発見〟したい英国海軍将校の手伝いをしたときのことだ。フランクリンの船が立ち往生した場所に近い島の西岸は、すでに長時間かけて調査済みだった。食料が尽きたので空路で戻るとき、〝墳丘〟［実際は氷河の氷堆丘《ドラムリン》だった］が目に入った。長さ7フィート幅3フィートの空間に平らで四角い石が2列に並んでいて、どこから見ても墓にしか見えなかった。フランクリンが死亡したのは1847年だが、彼の墓はいまだに発見されていない。とうとう本物を見つけたのだろうか。翌年、我々はかなり苦労してその場所を捜しだした。墓所であることは間違いなかった。島の墓地にあるどの墓石よりも強固で墓石らしかった。ハンマーで叩いて反響を調べたところ、墓石の下には穴があった。我々は興奮してカナダの考古学者に連絡した。考古学者は発掘の許可をとり、小型旅客機でやって来た。考古学者の立ち会いのもと、我々はそっと墓石を持ちあげ、その下を見た……レミングの巣だった！　あれほど落胆したことはなかった。さらに調査した結果、ほぼ完璧な立方体に見えた石は、おそらくかつて氷堆丘の上にあった氷河の置き土産で、寒気で何度も割れたために平らで薄くなり、斜面を滑りおちたためにきれいに整列し、それがただの偶然で2列になっていたため、人間がこしらえた墓としか見えなかったとの結論に達した。レミングは巣を作る機会を逃さなかったのだろう）

そうなると、無駄に議論していることになる。7年続けて冬に異常気象が続いたことも、おなじ時期に北極の海氷の後退が起きたことも、すべてただの偶然にすぎないことになる。もちろん今後もおなじ現象が続いた場合、これが無駄だという仮説の支持率はどんどん低くなっていく。

第二に、かなり似た理由だが、フランシスとヴァヴラスが異常気象の原因だとしたジェット気流は非常に無秩序な大気の流れなので、一見したところは確定的な効果をたまたま引き起こすこともめずらしくはないからだ。

第三に、中緯度地域の異常気象を引き起こした可能性があるものは、ほかにも存在するからだ。米国科学アカデミーが2013年9月12日、13日に開催したワークショップには、この問題に興味がある科学者が大勢参加し、広範囲にわたる報告がおこなわれた。[3] 全員にそれぞれお気に入りのメカニズムがあった。可能性のある候補をすべてリストアップした。

――北極圏の温暖化の拡大→温度勾配の減少→ジェット気流の速度が低下し、さらに大きく蛇行するようになった→中緯度地域の気象パターンがさらに持続する（フランシスとヴァヴラスが2012年に唱えたオリジナル説）

――北極の海氷の消滅→高緯度地域の秋期の積雪の増加→秋期および冬期のシベリア高気圧の範囲拡大と強力化→プラネタリー波の上方伝達の増加→成層圏突然昇温の促進→極渦が弱くなり、ジェット気流の速度が低下し、さらに大きく蛇行するようになった（コーエン他2012年[4]、ゴトク他2012年[5]）

――北極の海氷の消滅→地域の熱および他エネルギーの流れの変化→極渦の不安定化→北極の冷気の中緯度地域への移動（オーヴァーランドとワン2010年[6]）

――北極の海氷の消滅→ジェット気流の蛇行の拡大と冬期の大気循環パターンが冬期北極振動

がネガティブの状態に似る→大気の〝ブロッキング〟パターンの頻出（リウ他２０１２年[7]）
――北極の海氷の消滅→夏期ヨーロッパのジェット気流の位置が南方へと移動→ヨーロッパ北西部で雲と雨の多い冷夏の増加（スクリーンとシモンズ２０１３年[8]）
――北極の海氷の消滅→冬期大気循環の反応が北極振動のネガティブの状態に類似する→冬期地中海で豪雨発生（グラッシ他２０１３年[9]）
――北極の海氷の消滅→トリポール風パターンのネガティブの状態→東アジアでの冬期降水量増加と冬期気温降下（ウー他２０１３年[10]）

明らかに、我々がこれまで考えていたような、いくつかの理解しやすいフィードバックで説明できるような単純な問題ではない。こうしたメカニズムについてはさらなる調査が必要だが、「すべて」の説で中緯度地域の異常気象の原因の発端を北極の変化、特に海氷の消滅としている点と、どれもフィードバックが含まれているが、フランシスとヴァヴラスの説だけはフィードバックが直接的で単純である点が目を惹く。

北極の温暖化と海氷の後退が気象事象と関係があるという、正真正銘の強力な証拠となるふたつの現象が発見された。ひとつは東アジアのバレンツ海とカラ海の海氷の消滅と、シベリア高気圧（シベリア上空に持続する高気圧）の強大化は関連があり、それにより東アジアに冷気が爆発的に広がったことだ。もうひとつは米国南東部への冷気の進入は、グリーンランド西部の気温上昇に促進された長波大気風パターンの移動と関連があることだ。

気象事象と食料

異常気象が農作物生産量に影響をおよぼすことは、生産性の高い北半球中緯度地域の農業地帯に影響が出たことで確認されている。それらと北極の海氷の後退やその結果起こる種々の現象に因果関係があるとしたら、地球の気候システムが修正され、異常気象が毎年恒例となる可能性もある。北極の海氷が短期間でもとの状態に戻る可能性はなく、北極の温暖化増幅により温室効果ガス濃度の上昇が続くのは確実となれば、今後何十年で北極の温暖化は急速に進むだろう。気象が世界の農作物に与える影響は非常に大きく、激烈な形をとることもしばしばあるうえ、世界の人口が急速に増加しつづけている実情を考えると、行く手に待ち受けているのは破滅である。不安定な気象下での人類の食料生産能力と世界の食料需要のあいだには、遅かれ早かれ埋められない深い溝ができるだろう。飢餓が世界人口を減少させる事態は不可避かもしれない。この気象パターンの変化である可能性がある現象と地球温暖化は無関係であってほしいと、科学者たちは必死で願っている。おそらく、それゆえ彼らは無意味な推測にしがみつき、目の前に積みあげられていくそれとは正反対の証拠に目をつぶるのだろう。

北極の変化が低・中緯度地域の気象パターンに影響をおよぼすという考えは目新しいものでは

ないが、メカニズムとともに提唱されたことはこれまで一度としてなかった。極地探検家サー・ヒューバート・ウィルキンズの人生と業績を支えたのは、北極は地球の気象マーカーの役目を果たしているという信念だった。オーストラリアの羊牧場に生まれたウィルキンズは、干魃が農夫の暮らしにどれほど悲惨な結果をもたらすかを実際に目にしていた。1928年に刊行された『北極を飛んで』[11]で、アラスカからスピッツベルゲン島まで、初めて北極海横断飛行に成功したときのことを書いている。

どうして極地へ行くのかとしばしば訊かれる……長年かけて採取した事実から、気象学者が科学的に推論を組み立てる。極地で収集したデータとそれ以外の緯度の気象情報との相関関係を検証すれば、かなり正確なシーズンの予測ができるようになるだろう。近年は極地に気象ステーションを維持することが可能になり、北極と南極には直接的な関係があり、その後世界の大生産地帯の状況にも影響をおよぼすことが判明した。

この〝大生産地帯〟こそが、極地との関連でジェット気流の位置が変化したために、どこよりも脅威にさらされているようなのだ。そしてどうやら欧米は失敗したと判断し、自衛手段をとる国もある。一例を挙げれば、中国は世界中、主に南米とアフリカで農地を購入もしくは借りている。彼らが導入した工業型農業は少数の農夫を貧困から救いだすものの、残る大多数は貧困のまま捨て置かれる。また長期的に見ると、土壌、生物多様性、飲料水、そして河川や海の生息環境にダメージを与える。しかし中国はそのときが来るものと備え、充分な食料を供給するべく努力しているのだ。それ以外の国々でも、管理下にある土地で自国の食料供給を担うために準備している。

気候変動が食料生産へおよぼした影響は、国連食料農業機関が発表する世界の食料平均価格の指数である食料価格指数（ＦＰＩ）に現れている。２００２年から２００４年を１００とすると、２００４年以降食料価格は急激に上昇して２０１１年には２４０となったが、それ以降は下降に転じ、２０１７年は１７０である。食料価格指数を政治的事件と対照すると、急騰したあとに２０１１年のアラブの春が起きている。食料価格の高騰が都会の失業者を直撃し、それに抵抗したのがアラブの春の始まりだった。食料価格指数のピークと連動して、かならずといっていいほど第三世界の国々で社会不安が広がるのは、人びとの出費に占める食料価格の割合が高いからである。食料が絶対的に不足するよりも、むしろ価格のほうが食料の欠乏、ひいては飢餓に結びつく原動力であることが多い。１８４５年にアイルランドで起きたジャガイモ飢饉の最中、実はアイルランドはイングランドに食料を輸出していた。小作農が飢餓に苦しんだのは、ジャガイモ不作のために食料価格が高騰し、食料を買う余裕がなかったからだ。食料の絶対量は全員が生存可能だったが、購入する金がないために餓死したのだ。

こうした異常気象などの〝自然〟（もとをたどれば人為起源）な要因だけではなく、食料になる作物をバイオ燃料の原料とすることで、我々人類は意図的に食料事情を悪化させている。もっとも悪名高いのはトウモロコシで、主食であるうえに、アフリカが飢饉のときに米国の食料援助の中心となる作物でもあった。ジョージ・W・ブッシュ大統領はトウモロコシのバイオ燃料利用に熱心だったため、現在ではなんと米国産のトウモロコシの40パーセントがバイオ燃料に使用されている。予想どおり、世界規模で飢饉時の救済に使用できる食料備蓄が欠乏した。EUも米国に追従していたが、2012年にわたしもメンバーのひとりである欧州環境機構の委員会[12]で、バイオ燃料は人類の食料事情を悪化させるばかりか、温室効果ガス削減にも有効ではないと実証するタイムリーな報告がなされた。

要約すると以下のことが判明した。

1　冬期と春期の北半球気候パターンが顕著な変化を見せており、それにともなって極端な気象状況が拡大した。

2　それにより食料生産が混乱状態となると予想されるが、世界人口は急増しており、食料価格指数が上昇すると思われる。そうなった場合、新たな食料欠乏が起こり、自国民に食料供給が困難な国々では市民の不安が起きる可能性もある。

3　メカニズムが実際に夏期の海氷の消滅と関連があるとしたら、自然に改善することは期待できない。

水の問題

人類に充分な食料を確保する問題と密接な関係にあるのが、水の供給の問題である。ヒューバート・ウィルキンズがライフワークである極地の気候に取り組むきっかけとなったのも、オーストラリアの干魃だった。世界的に人口が増えるにつれ、必要充分な水を供給されずにいる人口も増えている。これを「水ストレス」と呼ぶ。ある地域もしくは国の人口ひとりあたり、農業用水も含むあらゆる目的に利用可能な水が年間1700立方メートル未満だと、水ストレス下にあると定義されている。[13] 1700立方メートルから1000立方メートルは〝穏やかな水不足〟、1000立方メートルから500立方メートルは〝慢性的水不足〟、500立方メートル以下は〝絶対的水不足〟だ。2010年には世界人口69億人のうち、36億人がある程度の水ストレス下で暮らしたという尋常ならざる事態を迎えている――総人口の半分以上なのだ。「絶対的」水不足下で生活している人口比率が高い地域は、総人口2億900万人のうち9400万人が該当する北アフリカと、総人口2億1400万人のうち7100万人が該当する中東だ。該当人口が非常に多いうえ、その両地域は急激に人口が増加しているため、2050年にはさらに悪化すると予想される（北アフリカは総人口3億2900万人のうち2億1600万人、中東は総人口3億7900万人のうち1億9000万人）。人口ひとりあたりが利用可能な水量が人口増加率に密接な関係があるのは明らかだが、温暖化も（かならずではないが）たいてい乾燥を招くため、気候変動の結果でもある。それ以外に関連のある要因の筆頭は、傲慢にも木を伐採し、分水界を破壊したことが挙げられる。

氷の存在、正確には氷の減少が、水ストレスを直接的に引き起こす例がひとつある。世界にはインド北部やボリビア高原、チベットのように、近くの高山の春の雪融け水や氷河の融解水を利用している地域がある。こうした地域の水供給が不足したら、充分な雪や氷が存在しないことが原因で、水ストレスが起きる。海氷とは直接の関係はないし、地球温暖化だけが原因でもないが、水と食料の不足の問題は、ふたりの黒い騎士のように我々人類を脅かすことになるのは確実だ。

第11章 チムニーの知られざる性質

グリーンランド海のチムニーが気候変動で果たす役割は科学的に美しいストーリーで、大気、海水、氷がそれぞれの相互作用で変化し、それが全世界の温度分布に大きな変化を生みだす。これは我が国に直接的な影響を与えている。

チムニーとはなにか？　それは回転している垂直な海水の円柱のことで、冷たい表層水を2500メートルの深海へ送りこむ役目を果たしている。これは我々の知る海の安定性とおおいに矛盾する。海は水平に広がる水塊が垂直に重なっていて、それぞれの水塊は温度と塩分が違うために密度が異なる。全体的に海に安定性があるのは、低密度水は高密度水の上に位置し、それが海底まで続いているからだ。その安定性を脅かすことなく、表層水が2500メートルも下に移動することなどできるのだろうかという疑問が湧く。ところが、できるのだ。数少ないかぎられた場所でだけは。そのひとつがグリーンランド海なのである。その特徴を考えるとチムニーはきわめて不安定なはずだが、実際には何年も存在しつづける。その理由はいまだ解明されていない。

地球規模の熱塩循環

まずは熱塩循環から説明しよう。熱塩循環とは地球規模で海水を攪拌しながら低速で循環する動きのことで、ほとんどの海流が風によって起こるのとは違い、水温と塩分によって決まる密度の差が原動力だ。その流れを促進するのはおもに極洋だ。極洋では海氷が形成される過程で（第2章で述べたとおり、ほとんどの塩は海水へ排出するため）表層水の塩が増加し、そのために沈んだ水塊が、熱帯から極地へと熱と塩を運ぶ低速の流れを吸収する。流れは海底の形に沿って形状を変え、地球の自転による「コリオリの力」で北半球では右側へ、南半球では左側へ向きを変える。

海面の循環を見ると（口絵22）、低速の流れが見てとれる（赤帯）。いくつかの点で風が原因の循環に似ているが、凪のときでも起こる点が違う。まずは広範囲で湧昇流が起こるインド洋北部と北太平洋から始めよう。湧昇流によって海面へ上昇した深層水（青帯）が、ゆっくりと南と西へ移動する。太平洋の流れは東インド諸島を経て、インド洋の流れと合流して喜望峰を通過し、熱帯大西洋を北へ向かう。ここでメキシコ湾から流れてきた熱と水量を受けとり、メキシコ湾流や北大西洋海流と同様に北大西洋を北東へ移動する。その流れは北極海まで続くが、北極海に到達すると消え去る。どこかに沈降するのだ。深海で低速の流れとなって北大西洋と南大西洋を通過して南へ向かい、インド洋と太平洋に到達して巨大なコンベヤー・ベルトを完成させる可能性も考えられる――ひとまわりするのに1000年かかる旅だ。ラモント・ドハティ地球観測研究所のウォリー・ブロッカーがこの流れを海洋大循環《グレイト・オーシャン・コンベヤー・ベルト》と命名した。適切な命名だが、ウッズホール海洋学研究所のカール・ヴンシュなど反対意見の科学者もいて、彼によるとこの流れはもっと複雑で、細胞単位にまで分断して考えるべきだと主張している。しかし（口絵22）を見ると、海水のたゆまぬ低速の流れは加熱、冷却、蒸発、循環という非常に基本的な駆動力で地球をめぐっているという印象を受ける。

コンベヤー・ベルトは駆動力を必要とする。海洋大循環を動かす歯車には、インド洋と太平洋の深層水を海面まで移動させる湧昇流と、表層水が深海に移動する沈降流がある。ここでは極圏における交替のみに注目し、広範囲で起こる湧昇流と、大西洋北部で起こるさらに凝縮した形の沈降の駆動力については検証しないことにする。では、それはどの海域で、どのような原因で起きるのだろうか。

交替が起こるのはわずか2箇所で、しかも驚くほど小規模なことが判明した。[1] 1箇所はラブラドル海中央のごく狭い海域だ。冬期にラブラドル半島とグリーンランドに吹く冷たい風によって、表層水が冷却される。冷却された表層水は冬のあいだに密度を増し、密度が充分になると深海へ沈降するのだ。沈降する海水量は冬期の気温によって決まるため、年によってかなりの変動がある。もう1箇所はその過程で海氷が関係しているので、さらに興味深い。グリーンランド海中央、北緯75度西経0度のごく狭い海域で起こる交替は全世界に影響をおよぼすため、我々はこの重要な海域に注目した。

グリーンランド海で起きる対流

グリーンランド海は地理的にもヨーロッパに近く、ヨーロッパの気候とも密接なつながりがあり、比類ない重要性を持つ海域だ。グリーンランド海へ流れこむ海流が運ぶ熱のおかげで、ヨーロッパ西部は同緯度のほかの地域よりも5度から10度平均気温が高い（口絵23）。この熱が運ばれてこなければ、英国とヨーロッパ西部はラブラドル半島のような気候になっていただろう。

グリーンランド海中央は深海をのぞく窓だ。グリーンランド海の沈降流が起きる海域は面積にしたら世界の海の1000分の1にも満たないが、海洋循環にとっては不可欠な存在だ。それは沈降（〝ベンチレーション〟とも呼ぶ）が完璧に垂直で、かつ水平循環も同時に進行することが可能なので、表層水に溶けているガスや栄養素がそのまま深海へ運ばれるからだ。溶けている二酸化炭素もまたこの沈降で深海へ運ばれる。これは海の二酸化炭素吸収量に重大な影響をおよぼし、我々人類が毎年大気中に排出する二酸化炭素の増加分のかなりの割合を海の吸収に頼っている。堆積物や氷床コアの記録から推定できる過去の急激な気候変動は、対流の変化もいくらかは関係したと考えられている。この章ではいくつかの気候モデルを使って、グリーンランド海の対流が衰退した場合、またその結果ヨーロッパ西部の気候が寒冷化した場合を予測してみた。

グリーンランド海で対流が起きるのは低気圧性循環（北半球では左まわりの回転運動）の中心だ。ここで北極海盆の海水や氷を運びこんだ寒流（東グリーンランド海流、ＥＧＣ）は西へ向かい、メキシコ湾流の延長で北へ流れてきた暖流（西スピッツベルゲン海流）は東へ向かい、北緯72度から73度近辺のヤン・マイエン海嶺でＥＧＣから分岐した寒流ヤン・マイエン海流は南へ向かう（口絵26）。グリーンランド海は北極海とそれ以外の海洋とのあいだで熱や海水が行き交う大通りの役目も果たしている。北極海とグリーンランド海をつなぐフラム海峡が、北極海の唯一の深海の開口部だからだ。氷は北極海からグリーンランド海へと流され、南へ移動するにつれ氷が融解するので、グリーンランド海は総じて1年中氷が漂流しており、新しい水の供給源となる。氷の融解によって、グリーンランド海には年に３０００立方キロメートルの新しい水がもたらされる。

とはいえ、冬期はグリーンランド海でも、ヤン・マイエン海流が東へ向きを変える海域で海氷が形成される。水温がすでに低いのは、東グリーンランド海流で運ばれてきた水だからだ。東グリーンランド海流は北極海の氷に覆われた地域の冷水を、グリーンランド沿岸を南下して運んでくる。この水温は低いが氷のない海水が冬の冷気にさらされるうえ、冬期はグリーンランド氷床を吹き抜ける卓越風が西から吹いてくるため、さらに水温が低下する。こうして急激に冷やされたことで、開水域に新たに海氷が形成される。しかし、冬期のグリーンランド海の波エネルギーは莫大なので、その氷は板状には成長できない。そのかわり、典型的な〝晶氷 - 蓮葉氷サイクル〟を繰り返す。まずは水柱内で白く濁った晶氷が形成され、それが直径1メートルから5メートルの小さなパンケーキのような氷に成長し、衝突を繰り返すうち端がめくれ上がった形になる(口絵24 - 26)。波はこうして蓮葉氷を形成するとともに、晶氷を圧縮して塊にする。そうした蓮葉氷と晶氷の塊が、ヤン・マイエン海流が運んできた冷たい北極の海水全体の上に浮いているのだ。これは人工衛星の画像で確認することができる(口絵26)。このオッデン氷舌と呼ばれる端がまくれた舌のような形の氷は、25万平方キロメートルもの範囲に広がっている。この氷を19世紀に発見し、命名したのはアザラシ猟師だった。タテゴトアザラシは春になると小さな蓮葉氷の上でお産をするので、仔アザラシの貴重な白い毛皮を手に入れるために、ノルウェー人猟師は氷縁の外まで猟に行き、その地をオッデンと名づけた(ノルウェー語で岬を意味する)。オッデンの西側は一部開水域の入り江ノールブクタ(ノルウェー語で〝北の入り江〟の意味)で、ゆっくりと泳ぐセミクジラ(あるいはホッキョククジラ)がよく迷いこむため、初期の捕鯨船員たちにもその存在を知られていた。第6章でも取りあげた、偉大な科学者兼捕鯨船員であるウィリアム・スコアズビー・ジュニアは、１８２０年の名作『北極圏——グリーンランド捕鯨の歴史と解説』でこの氷舌と入り江に触れている。[2]

　この蓮葉氷の形成過程のすばらしい点は、海水に含まれていた塩のほとんどは氷に混入することなく、海中へ排出されることだ。わたしも参加した遠征調査で、船のデッキのクレーンで蓮葉氷を持ちあげ、切断して詳しく調べた。すると薄い蓮葉氷の塩分は約１パーセント（海水は３・５パーセント）だったが、厚いものは０・４パーセントと低く、塩の90パーセント近くを失っていた。このブライン排出によって表層水の塩分が上昇し、冷却化の効果も加わって、表層水が沈降するのだ。[3] ラブラドル海よりも沈降が起こりやすいのは、塩分が高いためだ。事実、短期間で形成される蓮葉氷の割合が高いということは、表層水のブライン含有量も増加するわけで、それはグリーンランド海の大規模な対流のため、ひいては大西洋熱塩循環の維持のために不可欠なのだ。こうした蓮葉氷のブライン排出のすばらしい点は、氷が急速に形成されるのでその過程が短期間で終了すること、そして海の安定性に強い影響をおよぼすことが可能な場所で起こることだ。

オッデン氷舌はスカンジナヴィアのアザラシ猟師にとって重要な場所だったため、デンマーク気象研究所が設立されて毎月氷況図を発行するようになる前の１８５５年から、ほぼ毎年出現した範囲が記録に残されている。それはほぼ毎年冬が始まる11月に出現し、４月か、年によっては５月まで続いていたので、その時代にもずっと対流が起こっただろうと推察できる。しかし１９９０年代から、対流を妨害する現象が発生した。１９９４年から１９９５年、そして１９９８年からいまに至るまで、オッデン氷舌はまったく出現しない。グリーンランド海の自然にとっては大きな変化だ。どうして姿を現さなくなったのだろうか。気候が新たな様相へと入り、オッデン近辺の卓越風が東から吹いてくるようになり、気温が上昇したことも原因のひとつだろう（この大気循環システムのふたつの変化は北大西洋振動もしくはＮＡＯと呼ぶ）。しかしより深刻なのは、北大西洋振動が以前の状態に戻ったとき、地球温暖化のために海上の気温が上昇しすぎていて、オッデン氷舌が形成されないことだ。

チムニーの秘密

チムニーとはどういう意味だろうか。そして表層水が深海へと沈降する対流にどのような影響をおよぼすのだろうか。それを判断するために、対流がどのように起こるのかを検証したところ、またしても過程がすばらしいことが判明した。その一部は理解できないものの、それを「チムニー」構造と呼ぶ。チムニーが最初に発見されたのは１９７０年の暖かい地中海北西部のリオン湾で、ＭＥＤＯＣ（地中海海洋循環実験）と題した大規模な海洋実験がおこなわれている最中のことだった。[4]冬に北西のアルプ＝マリティーム県から吹く冷たい強風ミストラルが海上を吹き抜け、冷たい大気が表層水を沈降が起こるほど冷却化したとき、たまに不定形な水塊ではなく、小さくまとまった回転する水柱の形で沈降するのが発見され、チムニーと命名された。チムニーが短期間――ほんの数日――で終了する理由は風向きが変わるためとされ、非常に興味深い現象と受けとめられた。その後１９９０年代にグリーンランド海を研究する科学者たちが、オッデンの下で起きているのはこうした対流ではないかと考えた。わたしは〈ＥＳＯＰ（ヨーロッパ亜極海洋プログラム〉〉というEUのプロジェクトのリーダーを務めていたとき、資金提供はおなじくEUだが、テーマを変え、〈対流〉という名のもうひとつのプロジェクトを立ちあげた。資金提供をしてくれたEUと、ブレーマーハーフェンのアルフレッド・ヴェーゲナー極地海洋研究所やトロムソのノルウェー極地研究所を始めとした海洋学研究機関が参加し、船を提供してくれたことに感謝している。そのおかげで冬至のオッデン海域に遠征調査に行き、どのようにして対流が起こっているかを観測することができた。

　我々全員、自分の目を疑った（口絵27、28）。わずか20キロメートルほど先で、海面が強固な円柱を形成して固体のように右回りに回転し（グリーンランド海の低気圧性循環の反対まわり）、水深3500メートルしかない海域で、信じがたいことに2500メートルの深さまで海水を送りこんでいるのだ。[5] 氷の形成と冷却化で塩分が極度に上昇した表層水は否応なく沈降を始め、周囲の海水が同程度の濃度となると、そこで沈降は止まる。この距離を沈降するため、強固な円柱はすべてのものを通り抜け、分厚い温かい水塊も穴を開けて通過する。（口絵28）のチムニーはマイナス1度の輪郭をトレースしたもので（煙突頭部《チムニー・ポット》につけた通風管にふさわしく赤で塗った）、黄色に塗ったわずかに水温が高いマイナス0・9度の水塊を通り抜けている。チムニーが存在するかどうかは水温と塩分もしくは密度で確認できる。（口絵28）のチムニーのすぐ近くにはもっと小さなチムニーもあるが、こちらはそれほど沈降していない。（口絵27）はふたつのチムニーの断面図の温度を示しており、海洋観測点からの距離を線で表してある。水温と塩分を計測するために、海洋観測点から探測機をふたつのチムニーの中心の真向かいに降下させた。「11－1」を見ると、回転する円柱が驚くほどしっかりとした構造をしていることがわかる。アルフレッド・ヴェーゲナー極地海洋研究所の砕氷船〈ポーラーシュテルン〉号がチムニーの上に停船し、音響を利用する装置（超音波流速計／ADCP）でチムニー内の海水の速度を測定したものだ。[6]円柱のなかの海水が中心からの距離に比例する速度で――言葉を換えれば固形物そっくりに回転しているのを見ることができる。そしてこの回転は右まわり（海洋学では高気圧と呼ぶ）なのを思いだしてほしい。概して左まわりに旋回するグリーンランド海の海流とは正反対なことも、この円柱が形成され、存続する事実に我々が驚愕する理由のひとつだ。

チムニーはどのくらいの数存在するのだろうか。我々は小さな調査船――扱いやすいノルウェーの〈ランス〉号と〈ヤン・マイエン〉号――で移動していたが、その後の航海でも発見したチムニーを地図に記す分にはそれで充分だった。ただ冬のグリーンランド海の悪天候下では、しょっちゅう調査の手を止めて、船を移動させなければいけなかった――台風の目がすぐ目の前を通過していったときのことは忘れられない。気圧は917ミリバールに急降下し、一見平和な時間のあと、風力12の嵐の後半戦が襲いかかってきたのだ。そのときの調査で発見したチムニーは2個とこれまでで最多だったが（ほとんどの冬、発見したチムニーは1個で、かならず北緯75度西経0度の海域だった）、驚異的なほど穏やかな冬だったので、チムニーが存在すれば、どこかの観測点から発見できたはずだ。[7]それゆえ、その年のグリーンランド海中央には2個のチムニーしか存在しなかったと考えている。それ以前のデータを再分析したところ、かつては多数のチムニーが存在したことを示していた。１９９７年にパリのパリ第６大学のジャン＝クロード・ガスカールがおこなったソーファー・フロート（あらかじめ設定しておいた水深で浮くようにおもりをつけたブイ）を使用した調査では、水深２４０メートルから５３０メートルで４個が強大な円の回転に巻きこまれたと報告しているが、これはチムニーに巻きこまれたに違いない。つまり

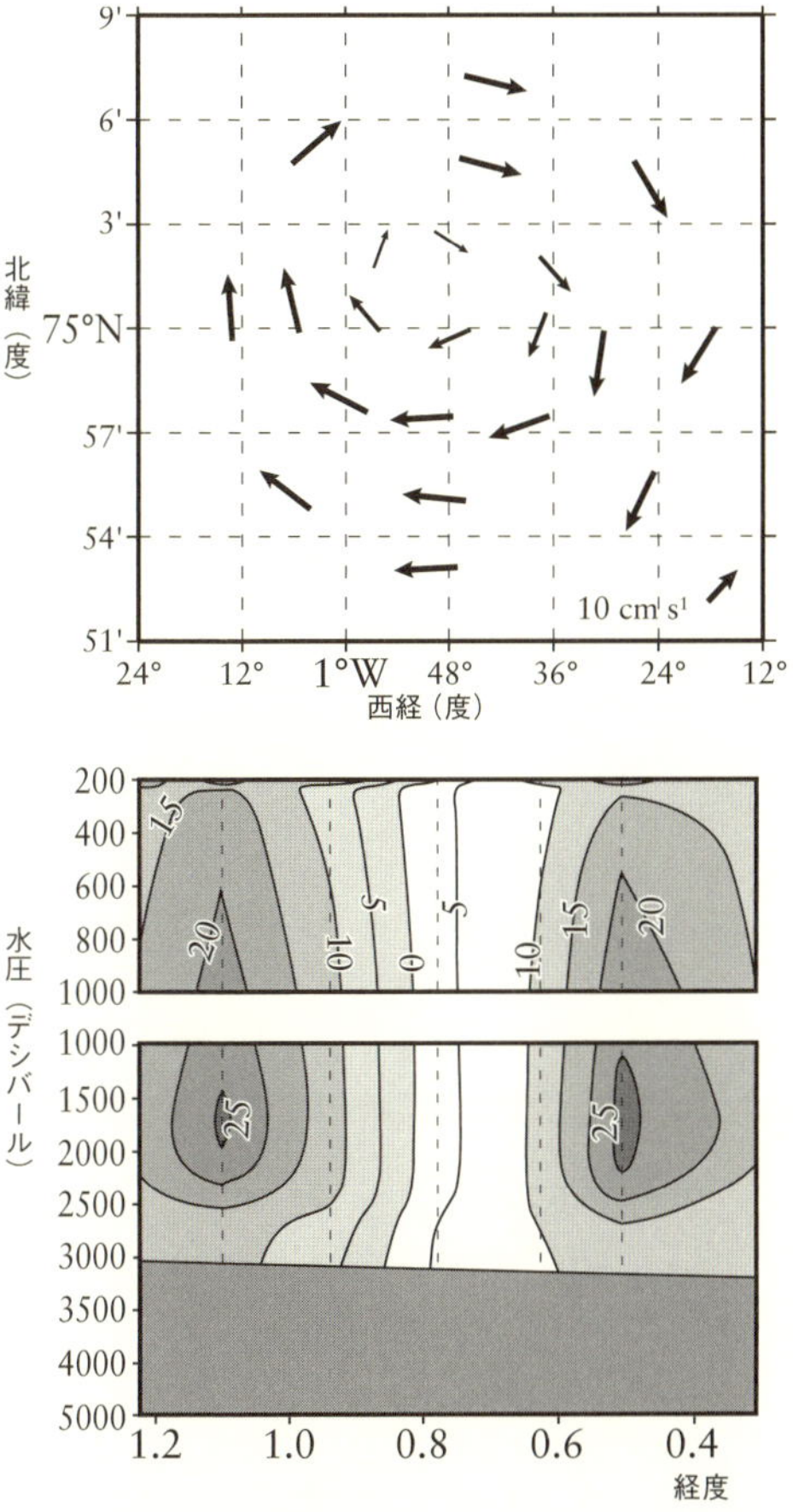

［11-1］グリーンランド海のチムニーの中心の流れの速度は固形物の回転の特徴を示している。上の図は上から見下ろした海面。下の断面図は固形物のような回転が円柱の全体におよぶことを示している（左側は断面図に向かって海水が流れこみ、右側は断面図から流れ出る）。

1990年代には2000年代よりも数多くのチムニーが存在したのだ。当時は氷量も多かったのはただの偶然ではない。

プロジェクト〈対流〉で3年間にわたって冬期旋回の中心の遠征調査をおこなっていたころ(2001年から2003年)、アルフレッド・ヴェーゲナー極地海洋研究所の仲間が調査の狭間の夏に現地を訪れ、そこで驚くべき発見をした。チムニーが長期間存続することが判明したのだ。最初の冬に海面で発見されたチムニーはつぎの夏もおなじ場所に存在して、その上を50メートルほど塩分の薄い海水が覆っていた。海氷や氷河の融解のため、夏のグリーンランド海面にはこうした薄い海水が広がっているのだ。しかし水面下にチムニーは存在し、回転を続けていた。つぎの冬になるとまた海面へ戻り、対流の中心として機能していた。その後もおなじ変化を繰り返し、プロジェクトが終了して追跡調査ができなくなるまでそれは続いた。その後の研究でも、これほど長期間存続するチムニーは発見できていない[8]。海でこのような小規模で強固な現象が長期間存続する例はほかにない。小さな渦巻きは摩擦でエネルギーと速度を失い、数日かせいぜい数週間で〝停止する〟ものなのだ。どうしてチムニーが圧縮された状態で高速の回転を維持できるのかは、まだ解明されていない。どうして停止しないのだろうか。またチムニーがつねにおなじ場所にとどまる理由も不明だ——我々が発見した長期間存続したチムニーは、海の渦巻きにしばしば見られるような、海底の1箇所に固定される要因はなかったが、3年間でわずか10キロメートルしか移動しなかった。チムニーの多くの謎はいまだ解明されていないのだ。気候と密接な関連がある重大な発見をしたので、現地でチムニーの調査を続けたいと繰り返し支援を求めたが、英国の自然環境調査局（NERC）にすべて却下されたことは痛恨の極みである。

いまのところ判明しているのは、オッデン氷舌の消滅と同時に起きためずらしい現象はいまでは貴重な存在となったことと、グリーンランド海での対流の減少は地球の海洋全体に深刻な影響をおよぼすことだ。気候モデルの試算によると、充分な量の深層水を生成しつづけるためには、1年に6個から12個のチムニーが形成され、消散することが必要だ。いまチムニーはどこに存在するのだろうか。氷の助けなしでは出現するのが難しいが、それでもどこかに存在しているのだろうか。深層水の生成は減少もしくは停止しているのだろうか。あるいは違う方法なり、違う場所なりで生成されているのだろうか。

「デイ・アフター・トゥモロー」で描かれたコンベヤー・ベルト

2004年、信じがたいほど不正確な映画「デイ・アフター・トゥモロー」が公開された。映画では、極域の海洋を覆う融解水のために対流の減少が起き、それが引き起こした気候変動が原因でニューヨークはわずか数日で氷に覆われた極地砂漠へと変貌する。そして熱塩循環を乱すべきではないというのが映画のメッセージだ。しかし、いま現在すでに我々人類は熱塩循環を乱している。高緯度地域の対流の衰えが、大西洋での熱輸送の減少を招いている証拠が存在するのだ。大西洋全体の熱塩循環の流量はおよそ15スベルドラップから20スベルドラップ（1スベルドラップは1秒あたり100万トンの水流）で、1ペタワット（1000兆ワット）の熱を北方へ輸送する。しかしフェロー諸島の南を通る深層流は勢いが衰え、コンベヤー・ベルトとして北極圏深海から海水を移動する力が弱まっているのだ。北大西洋海面での熱塩循環の弱体化については、風力が原動力となるメキシコ湾流と北大西洋海流がその海域を支配しているため、しばらく気づかれない可能性はある。しかし暖かい海域でコンベヤー・ベルトの弱体化が続けば、いつか気づくときが来るのは間違いない。

それにより気候、少なくともヨーロッパの大西洋沿岸に暮らす我々の気候は寒冷化するのだろうか。寒冷化はするだろうが、映画で描かれたように急速でもなければ、激しくもない。おそらく実際には、我が国はヨーロッパ大陸よりも温暖化が緩やかという程度だろう。（口絵29）は欧州環境機関の気候モデルの予想図だが、標準の〝これまでどおり〟シナリオだと、2100年にはヨーロッパのほとんどの国は気温が4度高くなり、ヨーロッパ南部は現在の北アフリカと似たような気候となると予想している。しかし、この気候モデルのシミュレーションには大西洋熱塩循環の弱体化も含まれているので、英国、アイルランド、アイスランド、ノルウェーの大西洋海岸地帯、ベルギー、オランダ、ルクセンブルク、フランスの温暖化は低く見積もられている。事実、英国は半分の2度上昇となっている。もちろんその報いとして、低緯度地域がさらに温暖化した場合は、熱帯大西洋の表層水温が急速に上昇し、さらに激しいハリケーンが発生することになるだろう。

グリーンランド南端の東方に位置するイルミンガー海で、2003年に対流が発生していることが発見された事実は、グリーンランド海の対流の消滅に関連がある可能性がある。[9] グリーンランド海よりも沈降する深さは短く、ほとんどの冬は400メートルだが、例外的に寒さが厳しい年は1000メートルに達することもある。しかし対流の形態はまったく違う。謎に満ちたきれいな円柱を形成することはなく、かなり広範囲に分散した沈降流がラブラドル海との相互作用の結果、南西に移動するのだ。それはラブラドル海の対流の一種の前兆とみなすこともでき、その過程に氷は無関係だ。

未来

グリーンランド海を調査した結果、当面の影響がなんであるかは明らかになった。気候モデルはプロジェクト〈対流〉で発見した事実を考慮に入れるべきだ。それとはべつに、プロジェクト〈対流〉は海で起こる物理現象を解明するための物理学プロジェクトだったが、その海には生命体が生息することも忘れてはならない。また生物学と化学もプロジェクトの成果を考慮する必要がある。ハンブルク大学のジャン・バックハウスは、冬期のチムニー内の表層水の単位面積あたりのプランクトン量は春期や夏期と変わらないことを発見した。2500メートルの水柱全体がおなじ密度なので、プランクトンは海面へも、遥か遠い深海へも、栄養分を求めて自由に行き来できるのだ。冬期の暗闇のなかでも、対流が起こるチムニー内は近隣の通常の海域よりも生命体が生息しやすい環境だと判明した。

グリーンランド海中央に現在あるチムニーが消滅し、また新しく形成されるのを観測しながら、気候とそれによって海面の外部因子が変化すると、対流する水量と水深の関係にどう影響があるかを予測する努力は続いている。好ましくない驚きの発見を回避するため、気候科学の多くの分野でさらなる研究が急務となっているが、多くの分野で助成金をもらえないのが現状だ。その一因は、一部の気候学者や多くの科学助成団体がどうやら頭のなかで自主検閲していることにある。近年ではグリーンランド海中央での調査計画について、英国人以外からの申請も含め、膨大な数が却下された。しかし熱塩循環が地球の気候システムで重大な役割を果たしていることは周知の事実で、熱塩循環が変動もしくは崩壊した場合の影響は甚大だ。だからこそ、グリーンランド海に科学者を送りこむ必要があるのだ。

第12章 南極ではなにが起こっているのか

南極の海氷の奇妙な話

本書ではこれまで北極圏に焦点をあててきた。それにはもっともな理由がある。ユーラシア大陸と北米大陸という先進工業国が集まった地域に近いため、北極圏で急激な変化が起これば、その地域が直ちに影響を被るからである。たとえば英国シェトランド諸島はグリーンランド海の海氷と400海里しか離れていない。カナダ、ロシア、米国は、自国の領海内で海氷の形成がおこなわれている。それとは対照的に、南極は遙かに遠い。どの陸地からも遙かに遠くの彼方だ。南極大陸からいちばん近いのは南米大陸だが、そのあいだを隔てるドレーク海峡は600海里ある。それでも南極大陸で起きていることは、地球全体に重大な意味を持つのだろうか。

ふたつの理由で重大な意味を持つ。第一に、氷と雪の後退によるアルベド・フィードバックの影響は地球全体におよぶと算定されている。これまでの章で、北極圏の海氷がいかに急速に後退したかを検証した。どの気候モデルでも、地球全体の温暖化と歩調を合わせてゆっくり後退すると予想したが、見てきたとおり後退の速度はそれを遥かに凌駕していた。その点で北極の海氷は例外的だ。しかし南極の海氷は前進しているのだから、さらに例外的といえる。それほど速くはないが、一定の速度で前進している。それでも南極全体は温暖化しているのだ。南極の海氷の前進が今後も継続するならば、北極の海氷と雪線の後退による地球規模のアルベドの低下を緩和する一助となるかもしれない。第二に、南極の海氷の前進は、急速に後退する北極の海氷と同様に、地球気候モデルへの挑戦なのだ――コンピュータの気候モデルは、北極南極ともにゆっくり後退すると予想したが、どちらの予想もはずれた。2013年9月、ボールダーの米国立雪氷データセンター（NSIDC）によると、南極の海氷面積は過去最高の1947万平方キロメートルを記録した。前回の2012年の記録よりも約3万平方キロメートル拡大し、1981年から2010年の平均を2・6パーセントうわまわる。その後いくらか減少して、2015年に1883万平方キロメートルだったのは、南半球のエルニーニョ大気パターンが発生したことと関連があると思われたが、[1] 2016年から2017年はさらに大きく後退した。これが1年かぎりではなく、新たな減少傾向の始まりかどうかは観察が必要である。

人工衛星の受動型マイクロ波センサーによると、南極の海氷は全体的にゆっくりと前進していることを示しているものの、少なくとも南極大陸の一部――南極半島――は急速に温暖化しており、[2] 2002年には派手な事件――半島の東側ラーセンB棚氷の崩壊――を引き起こした。面積

3250平方キロメートル、厚さ200メートル以上の棚氷が崩壊して氷山の大群へと変貌し、その後漂流を始めた。それにより海岸線と島々は史上初めて船で接近可能となった。

気候温暖化に直面し、棚氷は崩壊したにもかかわらず、どのようにして南極の海氷は前進できたのだろうか。その答えを得るためには、南極の海氷が北極のものとどう違うのかを理解する必要がある。もちろん、北極点が陸地に囲まれた海であるのに比べて、南極点は広大な大陸にあり、その周囲を大海原が囲んでいるという違いはある（興味深いことに、北極海と南極大陸の大きさと形は似通っている）。南極の風のパターンと海流は世界の気象パターンからかけ離れており、北極圏の風や海流とも無関係の傾向を示す。

南極の氷が違う理由

南極の海氷は北極海氷とおなじではない。もちろん、両者とも水が凍結したものだが、南極では違う方法で形成されるため、北極のものとは特徴も外観も異なる。冬になると、南極の海岸線近くで新しい氷の形成が始まり、やがて氷縁が世界最大の海洋、広大な南極海に挑むように北方へ前進する。氷縁が前進する初冬の叢氷帯の探検に成功するまでは、海氷が形成されるメカニズムは謎のままだった。1986年、〈冬期ウェッデル海〉プロジェクトのため、ドイツの砕氷船〈ポーラーシュテルン〉号で南極へ向かったとき、初めてその謎が明らかになった。それは

〈ポーラーシュテルン〉号の記念すべき航海で、わたしは50人の科学者たちと同乗していた。氷縁地帯へさしかかり、我々が慎重に氷の状態と特徴を観察したところ、流氷帯内で一年氷の前段階である、いわゆる「晶氷‐蓮葉氷サイクル」の氷を発見したのだ。[3]

前述したとおり（第2章を参照）、穏やかな海での氷の形成は、最初に薄い膜状の氷がかたまってニラスと呼ばれる透明な薄い氷になることから始まる。その後ニラスの下部の水分子が氷結を始め、結晶軸が水平な結晶を増やしながら氷は下方向へ成長し、やがて一年氷の板となる。ところが南極の氷縁地帯では、南極海で強力な波が荒れ狂うため、そのように一枚のニラスを形成することができず、密度の濃い晶氷を形成する。この懸濁液の固体の微粒子が波のなかで旋回するために周期的に圧縮されて、圧縮される過程でも氷結するため、やがて小さなパンケーキ状の軟氷となる。それがさらに成長し、結晶の氷結が進んで固体化したものを「蓮葉氷（パンケーキ・アイス）」と呼ぶ。晶氷を載せた小さな平たい氷同士が衝突を繰り返すうちに水分が排出され、塊となったものがパンケーキに似ているからだ。氷縁地帯の蓮葉氷は直径数センチメートルという大きさだが、氷縁から離れるにつれ大きさと厚みを増し、直径3メートルから5メートル、厚さ50センチメートルから70センチメートルに成長する。海面が氷で閉ざされていないと海と大気間で大量の熱流束が可能のため、潜熱を放出することができる。そうして周囲の晶氷も密度を増し、蓮葉氷に成長の材料を提供する。これは11章で説明したグリーンランド海のオッデン氷舌の形成とまったくおなじメカニズムだが、その後の氷の成長が異なる。

　氷縁内は広がりも充分あり、氷縁で波がエネルギーを失うので波の影響も小さくなり、複数の蓮葉氷が氷結して一体化する。しかし我々が観測した１９８６年の冬は波のエネルギーが強力だったため、塊が２７０キロメートルの長さに達するまで氷結しなかった。こうして蓮葉氷は合体して初めて大きな氷盤を形成し、それがやがて一枚板の一年氷となる。この段階で開水域がなくなるため、成長速度はがくんと落ち（一日あたりおよそ０・４センチメートル）[4]、一年氷の最終的な厚さは蓮葉氷が合体したものより数センチメートル厚いだけである。[5]

　このようにして形成される一年氷を「連結蓮葉氷」と呼び、下部の形状が北極海氷とは違う。晶氷が「接着剤」の役目を果たして、蓮葉氷だったときの形が乱雑に入り組んでつながったまま氷結しているのだ。その結果、通常の一年氷は蓮葉氷を2枚か3枚重ねた厚さで、下部は非常に起伏の多いぎざぎざの形状、表面も蓮葉氷の端が飛びでている様は小さな石垣で囲まれた野原そっくりで、論文で〝石の多い野原〟という表現を使ったことがある。そうした氷と穏やかな海で形成された氷との違いを比較したのが［12‐1］で、1メートルごとにドリルで穴を開けて調査した断面を図にしてある。ドリルで穴を開けるのは骨が折れたが、１９５９年の南極条約で南極海での潜水艦使用が禁止されたため、氷の下部形状を調査するにはそれが最善策なのだ。

　連結蓮葉氷の起伏のある下部は海面に大きく広がり、藻が繁殖する基盤やオキアミの避難所を提供している。太陽光は薄い氷を通り抜けるため、植物プランクトンの光合成や氷の下での生息が可能なのだ。その結果として豊かな冬の氷の生態系が生まれ、南極海の生物生産の30パーセン

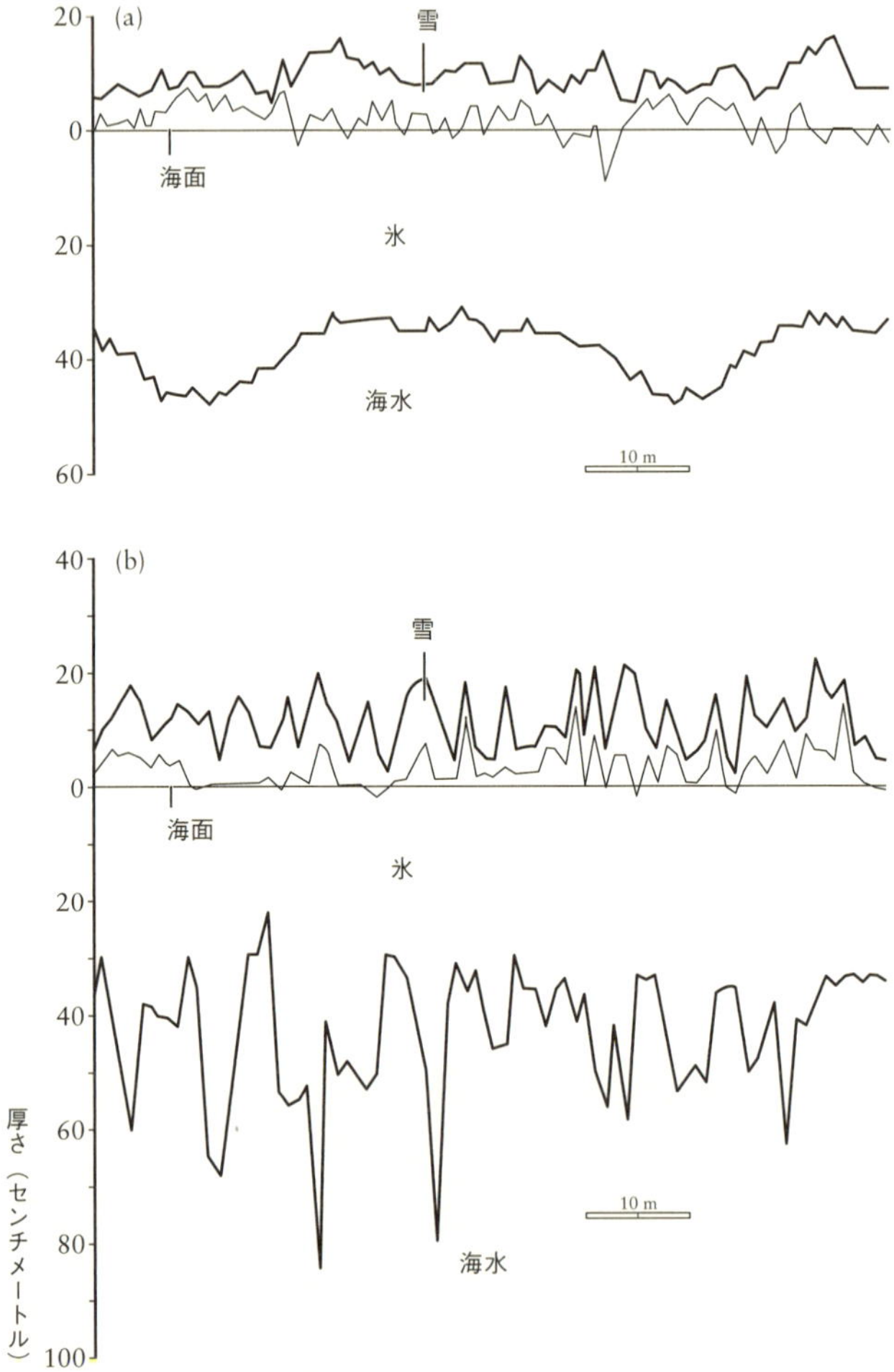

[12-1] 冬期南極海氷野の断面図。1 メートルごとにドリルで穴を開け調査した。穏やかで波のない海面で形成された氷 (a) と、入り乱れた状態の蓮葉氷が合体して氷結したため、下部がぎざぎざの形状で、蓮葉氷 2、3 枚が重なった厚さの連結蓮葉氷 (b) の相違を比較した。

トを担っていると考えられている。

その後30年が経過したが、真冬の南極の叢氷の研究はさほど進んでいない。アルフレッド・ヴェーゲナー極地海洋研究所が1989年に冬期ウェッデル循環調査をおこない[6]、わたしも参加した。また近年、船と南極観測所とが共同でウェッデル海を調査するプロジェクト――〈アイス・ステーション・ウェッデル1〉が1992年に[7]、〈ISPOL（アイス・ステーション・ポーラーシュテルン）〉が2004年から2005年にかけて実施された。[8]我々はいまだ、氷の形成過程で晶氷‐蓮葉氷サイクルが起こるのは、南極氷縁地帯の全体なのかどうかも解明していない。しかし、もしそうであるなら、初冬の南極の蓮葉氷で覆われた地域は600万平方キロメートルにおよぶと推定され、蓮葉氷が地球の表面を覆うのはきわめて稀だが、重要な構成要素となる。それほど広大な地域に白いパンケーキが積み重なった光景は壮観だろうが、その事実はほとんど知られていない。おそらくそれを目にしたことがある者は1000人に満たないだろう。

氷に積もった雪

南極海氷の年間積雪量は北極海に比べて遙かに多い。広大な南極海に近いため湿度が高く、降水量も多いことと、滑降風（南極氷床の斜面の上から吹き下ろす風）が沿岸地域の棚氷の積雪を吹き飛ばし、それを海氷に積もらせるからだ。１９８６年の7月から9月、〈ポーラーシュテルン〉号で東ウェッデル海を調査していたとき、一年氷の平均積雪量はわずか14センチメートルから16センチメートルだった。しかし一年氷自体が薄いので、その積雪量でも穴を開けた氷の15パーセントから20パーセントは表面が海面より低くなる。すると積雪に海水が浸潤し、氷の上に湿って融けかけの雪が残るか、あるいは氷結した場合は、湿っていない雪と一年氷表面のあいだに〝雪氷〟が挟まれることになる。１９８９年9月から10月は積雪量が増加し、特に危険を冒して航海した西ウェッデル海の多年氷はそれが顕著だった。この積雪量となると、ほとんどの場合氷の表面は海面下に沈むことになる。［12－2］は（a）と（b）2種類の氷上の雪の状態を比較したものだ。新雪が覆っている氷と、融けかけた湿った雪が覆っている氷が混在していると、人工衛星のレーダーで氷の厚さを正しく測定することができない。湿った雪はレーダービームを反射してしまうからだ。北極海とは違い、雪と、湿って融けかけた雪が載った氷（〝メテオリック・アイス〟と呼ぶ）が重大な役割を果たしていることは疑う余地がない。[9]

氷の年間サイクルとその変化

この章の始めで述べたとおり、近年南極の海氷の緩やかな前進が観測されているが、地域によってかなりの変動があることは、気候モデルにとっては注意を要する。［12－3］は1978年から2011年の年間サイクルの海氷量を表してある。[10] 北極では最近まで多年氷が圧倒的多数を占めていたが、南極は夏期に海氷が残っているのは西ウェッデル海とロス海だけなので、多年氷が存在する可能性があるのもこのふたつの地域にかぎられる。また、年ごとの変動はごくわずかである。冬が始まると氷縁地帯の北で新しく氷が形成され、海氷は北へ移動し、冬の終わり（8月から9月）には最大南緯55度から南緯66度まで前進するが、それ以降は出発点へ後退を始める。氷縁の北端は東経15度付近のインド洋では南緯55度だが、東南極のほとんどは南緯60度近辺、ロス海では南緯65度にとどまる。西経150度では南緯62度とわずかに北に移動し、アムンゼン海ではまた南緯66度と南下するが、最終的には南極半島沖サウス・シェトランド諸島とサウス・オークニー諸島を囲むようにまた北へ移動し、完全な円を描く。南極大陸をぐるりと1周する形で検証した冬期海氷の限界点の緯度の変動はほぼ11度内に収まる。

氷が前進する北限は南極周極流の端にある寒帯前線、べつの呼び方をするなら南極収束線で、ここで表層水の温度が急激に変化する。この場所ではあらゆることが変化するのだ――南へ向かう船はここを越えると、氷山、ペンギン、アホウドリ、オオトウゾクカモメ、ほか多数の南極に

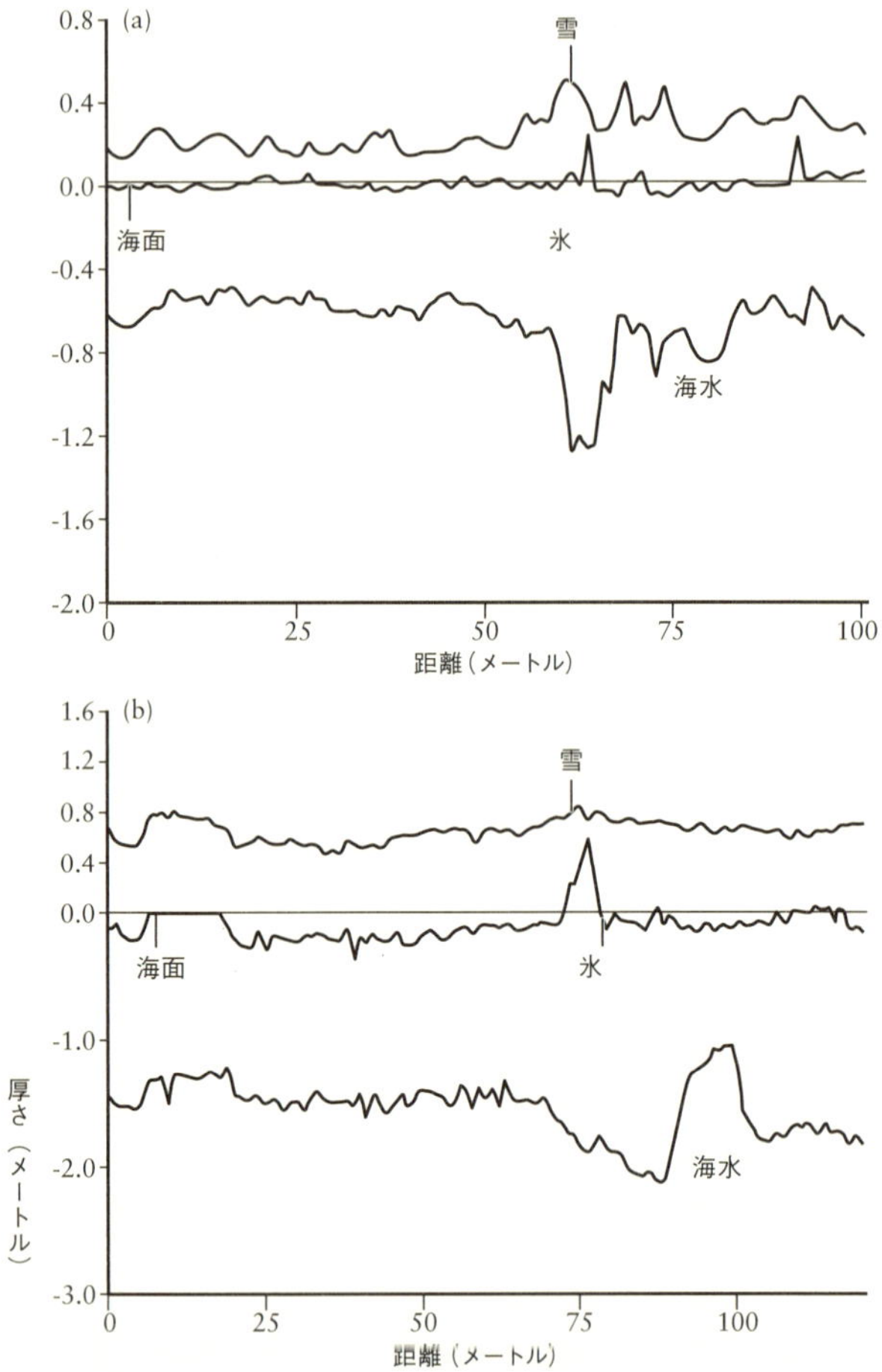

[12-2] 西ウェッデル海の一年氷(a)と多年氷(b)の冬期断面図の相違。積雪の重量で水面下へ沈むことと多年氷のほうがその傾向が強いことを示している。

生息する鳥類、そして豊富なプランクトン（有名なものに海老に似たオキアミがある）とそれを餌とする巨大なクジラと遭遇するようになる。海の色は緑に変わり、大気には生命のにおいが充ち満ちる。もっとも、この自然の境界線である潮境まで氷が到達することは稀だ。ここに至るまでの海の状態（嵐や渦巻きなど）で砕け散るか、あるいは海面の気温が前進を阻むからである。NASAのジェイ・ズワーリーと同僚によると、[11]冬期の氷縁の前進は海水の氷点（マイナス1・8度）よりも低温の地表空気の移動のすぐ後ろを追いかけるため、氷縁とその時点の気温線（等温線）の限界点はほぼ一致する。氷に覆われた地域（氷縁地帯の南端と定義できる）の年間サイクルの変化は、人工衛星で、特にNASAの受動型マイクロ波センサーを備えた衛星（SMMR、SMM／I、SSMISと呼ばれている）ならば容易に計測できる。［12－3］は、1978年から2011年にメリーランド州グリーンベルトのNASAゴダード宇宙飛行センターのメンバーが計測した結果だ。[12]その時期の氷量の最大値と最小値の平均は、それぞれ1850万平方キロメートルと310万平方キロメートルである。

［12－3］を見ると、南極大陸の海氷量の最大値が少しずつ増加傾向にあるのは明らかで、年におよそ1万7100平方キロメートル増えている。しかし、その傾向は実際の地域的、季節的変動に隠れている。増加する速度が最大なのはロス海地区（1万3700平方キロメートル）で、インド洋地区や東ウェッデル海地区はそれほどではない。一方、西南極のベリングスハウゼン海とアムンゼン海は年に8200平方キロメートルの速度で後退している。ワシントン大学のエ

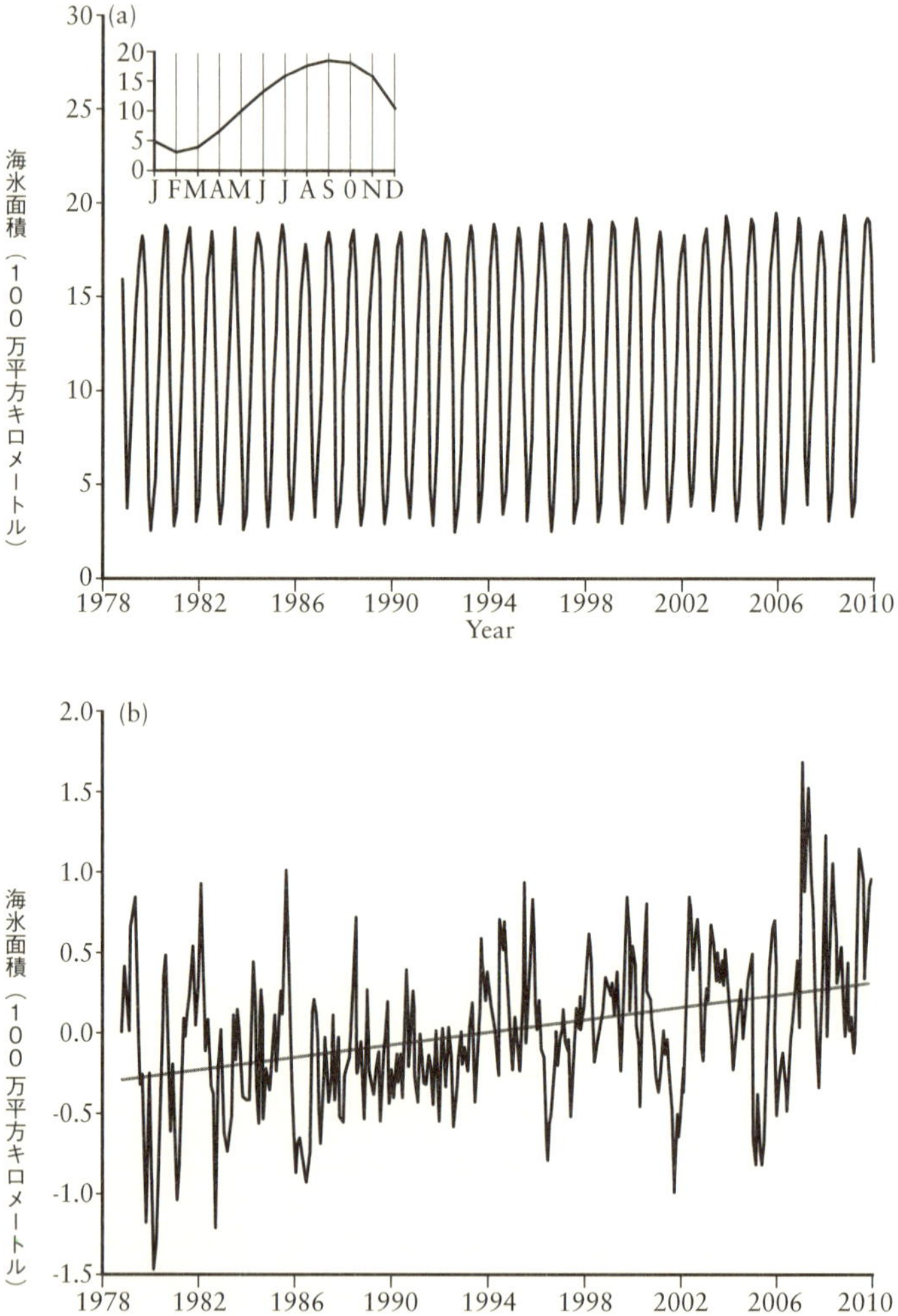

［12-3］（a）南半球の海氷面積の月別平均値。挿入図は年間サイクルの平均値。（b）海氷面積の月別偏差。（1978 年 11 月－ 2011 年 12 月）

リック・スタイグは、南極大陸の太平洋地区（南極半島からロス海まで）の気温がほかの地域に比べて2倍の速度で上昇していることを発見した。[13] またバード基地（西経120度）の気温記録を分析したところ、1958年から2010年のあいだに1・6度から3・2度と急激に上昇していることが判明した。[14] 南極大陸の太平洋地区（西南極）の急な温暖化によって、氷に覆われた期間（1年のうちその地域が氷に覆われた状態になる日数）は1979年から2010年のあいだ年に1日から3日短くなっている。[15] 一方、大西洋―インド洋地区は、氷に覆われた期間は少し増加している。これらの事実が示すメッセージは明らかだ。面積が広大な東南極の氷に覆われた期間は少しずつ増加し、面積の小さい西南極の氷に覆われた期間は急速に減少し、正味の影響はごくわずかではあるが増加している。

もう少し詳しく検証すると、地形要因に関係する氷のヴァリエーションも、通常春と夏は可視化される。地区のはずれにあるエンダービーランドの東経0度から20度の大きな湾は、12月になると海氷密接度が減少するが、それ以外の沿岸地域では11月に減少が始まる。謎めいた冬期ポリニアをかなりスケールダウンした現象といえる。ポリニアは1974年から1976年にこの地区の叢氷帯で発見されたが[16]、それ以来、少なくとも一面に水をたたえたものは発見されていない。これはウェッデル・ポリニアと呼ばれ、水深の浅い海台モード海膨の上に出現した。この海域は1986年の冬に〈ポーラーシュテルン〉号が調査したところ、温かい深層水の湧昇が起こるため、冬期も海面に氷がない南極発散域と呼ばれる地域の一部であることが判明した。[17] この現象は1976年以来起こっていないため、冬の海氷に関してこの海域は不安定なバランスをぎりぎり保っていたのだろう。1986年冬の海氷は密集していたが、厚さはかなり薄かった[18]。また12月の現象としては、ロス海に開水域、いわゆるロス海ポリニアが周期的に現れるが、ポリニアの北にはまだ氷が残っている。11月と12月は東南極沿岸にも小さな沿岸ポリニアがいくつも形成されるが、そのほとんどは形成されるとすぐに離岸（滑降）風が氷を吹き飛ばす。

氷になにが起きているのか

冬期の叢氷は、もとをたどれば蓮葉氷なので厚さが薄い。南極全体の気候は温暖化しているのに、氷が後退ではなく、前進する理由はなんだろうか。地域ごとの特徴は述べたとおりである。「極地」の氷（すなわち南極全体の氷）が拡大している事実について、ワシントン大学のジンルン・チャンは単純に解釈した。南極大陸に吹く風が強まった結果だと考えたのだ[19]。キーとなるのは大還極西風ベルト、別名極渦だ。人工衛星は1970年代から風力が強まっているのを計測していたが、その後も着実に強大化している。平均風速は大きくなり、その風は主に西から吹く。ここで典型的な氷盤を想像してみよう。東に向かって吹く風の応力が直接的に表面に作用するが、風応力は左、つまり北方に流れる傾向にある。これは地球の自転に由来する有名なコリオリの力だ。北半球では右へ、南半球では左へ働き、赤道ではゼロになる。運動する物体を測定するには地表に固定された基準系が必要だが（たとえば南北と東西の軸）、地球は自転しているので、実際には地表の基準系が加速するため、運動する物体はまっすぐではなく、右なり左なりに曲がるのだ。

コリオリの力は地表の物体の速度に比例する。だから風速が大きければ、氷盤に対して働く北向きのコリオリの力も増加する。氷盤の移動自体は東向きの力のほうが優勢だが、北へ移動させる力も増加するのだ。それゆえ、温かい大気が氷盤を融解させる緯度に達しても、融解するよりも早くさらに北へと移動する。つまり南極の叢氷帯は風の力で巨大なメリーゴーラウンドのように移動しており、そのために氷が北の温かい海水まで到達すると考えたのだ。しかしながら、これは単純すぎる解釈かもしれない。第一に、そのメカニズムは氷が存在する力学にしか作用しないので、氷が移動する「範囲」の拡大には結びつくだろうが、「地域」に関係するとはかぎらない。冬期は氷が北に移動したあとに残された開水域は即座に氷結すると説明することもできる。第二に、氷の拡大は一時的な現象にすぎず、地球温暖化が進み、風速がさらに大きくなったとしても、氷はさらに低緯度の海域には移動しない可能性もある。しかしながら、基本的な物理法則と極地の風速が実際に増加している事実に基づいたメカニズムではある。

わたしは、前述した晶氷‐蓮葉氷サイクルと増大した風の力との相互作用の結果だと解釈している。より強力な風が南極に吹き、より大きく、長さもある波が発生する。大きな波は周縁氷帯の奥まで入りこみ、氷縁地帯から遠く離れた場所でも晶氷‐蓮葉氷混在状態を維持することが可能だ。また晶氷－蓮葉氷混在状態は連続した氷よりも成長が早いこともわかっている。大気と海水に接点があるため、海水の熱が大気へ移動するのも早く、急速に氷が形成されるからだ。風が強く、波が大きい期間は、晶氷－蓮葉氷混在状態が拡大し、氷の形成速度が上昇しただけという可能性はないだろうか。

ほかの地域の影響による南極の変化

海氷の「地域」特性を説明するためには、ほかの地域の外部因子が南極の海氷の地域特性を引き起こしている可能性を考慮に入れた気候モデルが必要となる。

影響が出るのは遠い未来となるが、ひとつ明らかに関係ある因子は、おなじ南極の南極氷床だ。氷床は大規模な崩壊が始まっているものの[20]、グリーンランド氷床に比べたら変化は緩やかだ。２０１６年5月にプラハで開催された〈ＥＳＡ生きている地球会議〉で発表された推計によると、現在南極における氷の消滅の総計は年に約84ギガトンで、グリーンランド氷床は最少に見積もっても３００ギガトンだ。南極の氷消滅の速度が上昇すれば、フィルヒナー・ロンネ棚氷とロス棚氷が崩壊し、南極大陸の氷河（たとえば南極横断山脈の氷河）が直接海に流出する事態が起こる可能性もある。それにより、さらに南極氷床の大規模な崩壊が起こり、世界的な海面上昇が加速化するだけではなく、南極の海氷も（そのときにまだ存在していれば）影響を免れないだろう。そうした変化が数世紀のうちに起きると予想されているわけではないが、なかには例外もある。パインアイランド湾周辺の棚氷の崩壊は予想外ではないし、東南極のある地域の氷床は不安定な可能性が高いが、ここは沿岸地域の氷崩壊を防ぐ〝栓〟の役目を果たしていると考えられている。[21]

短期間に現れる影響として、「現在」どの地域の海氷が前進もしくは後退をするのかを決定する要因が挙げられる。我々は低緯度地方の海域と大気、あるいは北半球、さらには北極まで範囲を広げて、テレコネクション（遠隔相関）を探す必要がある。メカニズムに関連がありそうな要因候補はたくさん存在する。スクリップス海洋研究所のレッジ・ピーターソンとウォーレン・ホワイトは[22]、南極周極波だと考えている。これは南極周極流に発生する波動システムで、ゆっくりと東へ伝播し（もっとも海流に関しては西向きだが）、熱帯のエルニーニョ・南方振動（ENSO）と相互作用している可能性もある。エルニーニョ（ホーリーチャイルド海流）とは、12月下旬にエクアドルとペルーのあいだに現れる（それゆえこの名前がついた）強さにむらがある暖流の名前で、ときにすさまじい異常気象を起こすこともあるのだが、いまでは南太平洋全体の風と海流の異常現象そのものの名称となっている。最近の研究は南半球環状モード[23]（SAM）、つまり高緯度地域のべつの大気循環の複雑な変動に集中している。エルニーニョ現象が発生した年はウェッデル海の海氷は増加し、太平洋の海氷は減少するが、ラニーニャ現象（〝ラニーニャ現象〟とは、南米大陸西岸の海面温度が低くなる現象で、4年から12年程度の周期で発生し、太平洋とほかの地域の気象パターンに影響を与える。エルニーニョ現象と正反対の現象）が発生した年は、それと正反対の現象が起こる。[24]だがエルニーニョ・南方振動は最近発見された中部太平洋のエルニーニョ現象とも複雑に絡みあっている。[25]広い緯度にわたるテレコネクションが、ジェット気流の乱れが原因の低緯度地域の異常気象と北極圏の温暖化を結びつけ、[26]さらに熱帯や南半球の気象パターンにも影響をおよぼしている可能性はある。

南極と北極の海氷の動きが違う理由は、南極と北極の海氷は根本から違うからというのがこれ以上ない説明だろう。南極が北極よりも温暖化が緩やかなのは、高い熱容量を有するより広い海に囲まれているうえ、南極周極流が北の温かい海水と大陸のあいだで断熱材の役目を果たしているからだ。南極の海氷の限界は北極とは異なる方法で決まる。夏期、氷は陸まで後退し、ウェッデル海のような奇怪な形状の湾にのみ大量の氷塊を残す。一方、冬期の限界は熱力学と開水域の状態で決まる。対する北極の状況は逆になる。「冬期」の限界は周囲の陸の状況で決まり、夏期、氷は熱力学かつ力学的な限界まで後退する。アルベド・フィードバックも南極では北極ほど重要ではない。夏の太陽の放射エネルギー（太陽放射）が最大となる12月下旬、南極ではすでに大陸近くまで氷が後退しているのに比べ、北極で太陽放射が最大となる夏期（6月）は氷量が最少となる9月まで時間があるため、外部因子の変化を受けいれる余地があるのだ。

温暖化の速度が違う理由の最後のひとつとして、北極の急速な温暖化自体のフィードバックとして温暖化がさらに加速されたことが挙げられる。氷－アルベド・フィードバックが陸の雪線後退というアルベド・フィードバックを引き起こしたように、海氷がなくなった北極海大陸棚のメタンガス噴出が温暖化をさらに深刻なレベルにまで促進する可能性もある。[27] 雪線後退とメタンガス噴出のフィードバックは南極では起こる心配はない。水深の浅い大陸棚もつねに雪で覆われている陸地も存在しないからだ。北極の温暖化増幅と北極のフィードバックの増加を鑑みるに、南極の海氷と穏やかな海にどのような相互作用があろうと、今後数十年は南極ではなく、北極が地球温暖化の速度を決定するだろう。その意味で、地球温暖化ロードレースでは北極は牽引車であり、南極は忘れ去られがちで目立たないトレーラーと考えられる。

第13章

地球の現状

これまで極地の変化に注目してきたが、ここで地球全体がどのような状況なのかを考察してみよう。

第一に、温室効果ガス濃度の上昇速度がやわらぐ見込みはない。政治家の力強い言葉や一部の国の化石燃料依存率を低下させる努力にもかかわらず、大量の化石燃料を使用する中国とインドの経済成長の影響は圧倒的で、二酸化炭素濃度は依然上昇を続けている。現在（2017年初期）は409ppmで、すでに穏やかな気候変動には高すぎる数値なうえ、減少する要素がまったくないいまま加速度的に上昇を続けているのは実に悩ましいかぎりだ。いくらか減速する気配すらない。そして忘れてはならないのは、二酸化炭素「全量」が潜在的に正の放射強制力を有することだ。一定期間は海なり植物なりに吸収されるにしろ、地面から放出されて気候システムに組み入れられ、いまなのか未来なのかはわからないが、放射強制力で地球を温暖化するのだ。9章で述べたとおり、メタンガスはさらに苦慮すべき温室効果ガスである。大気中のメタンガス濃度の増加が横ばいに転じた１９９０年代後半、人びとは胸を撫で下ろし、なんらかの自然の理が作用したのだと考えた。ところがそれは間違いで、２００８年からはふたたび増加が始まり、いまや１９８０年代の増加率に迫っている。メタンガス濃度がふたたび増加したのが、夏期の大規模な海氷の後退とそれに関連した北極海大陸棚海底の融解と同時期に起こったことは、重大な意味を持つ可能性がある。北極海沖での現象と世界のメタンガス濃度に関連があることは着実に証明されつつあり、つまり今後は悪化するしか道はないことになる。

第二に、地球のあらゆる指標がネガティブを示している。現在の人口70億人は２０５０年には97億人に、[1] ２１００年には１１２億人に達すると予想されている。[2] すでに大規模な気候の混乱に見舞われ、世界の穀倉地帯への影響は避けられない状況で、それだけの人口にいきわたる食料を確保するのは難しい。気候温暖化のために、サハラ以南のアフリカなどの地域で耕作地が減少し、一方で理論的には農業が可能になる高緯度地域は異常気象でそれもままならない。我々は森林を破壊している。水源も枯渇しつつある。それだけの人口に食料を供給するためには、エネルギーを消費する集約型農業を確立する必要があるが、そうした農業形態は不可欠な産業資材の不足に弱い。たとえば、ノーベル賞受賞者のパウル・クルッツェンは、人工肥料製造に欠かせぬ原料であるリン不足が加速していると指摘している。国連による２１００年の人口予測は大陸ごとに数値を算出しているため、特に懸念を表明したい。ほとんどの大陸で人口は大幅に増加するが、おそらくそれに対処できるだろう。一方、ヨーロッパは減少する。しかしアフリカの人口は

11億人から44億人と4倍になる。

現在でも充分な食料を供給できないアフリカが、地球温暖化が原因で食料供給が混乱し、砂漠化が進む世界で、どうすれば4倍もの人口に対処できるのだろうか。どう考えてもそれは不可能だ。アフリカ以外の地域から食料を供給する必要があるだろう。しかしほかの地域は自分たちの問題で手一杯で、援助物資も思いやりも不足するのが目に見えるようだ。大規模な飢饉が起きることは避けられないだろう。おのれの利己主義の結果を突きつけられて、人類はどう反応するのだろうか。卑劣な人間性を発揮し、なにもしないことをどう弁明するのかと想像するとおじけづく思いだ。

人口増加は食料だけの問題ではない。すべての人間が二酸化炭素を排出するため、人口が増加すれば、二酸化炭素排出量を削減することがさらに困難になるだろう。すべての人間に不可欠な食料を栽培する場所が必要となるので、二酸化炭素濃度を低下させるために植林が緊要な時代に、世界中で大規模な森林伐採が進むだろう。すべての人間に飲み水が必要だが、真水の水源はすでに

	2015年	2100年
北米	358	500
南米	634	721
ヨーロッパ	738	646
アジア	4,393	4,889
オセアニア	39	71
アフリカ	1,186	4,387

[13-1] それぞれの大陸の人口の現状と予想値（単位・100万人）
出典『世界人口予測　2015年版』国連経済社会局人口局

不足する傾向にある。さらに海水の淡水化に頼るようになり、その過程でエネルギーを大量に消費して、二酸化炭素排出を増加させる可能性もある。人口の増加＝炭素排出の増加という方程式を否定するのは難しい。『成長の限界』（1972年）の著者を筆頭に、[3] 1970年代のアナリストたちはグローバル・システムに懸念を表明していたのに、我々は人口の爆発的増加の重みを失念したようだ。この問題は解消していないし、中国でおこなわれた――思い切った手段での――時間稼ぎ以外、解決策も発見できていない。

世界のがたの来た経済構造は、いまだに安定性を保つために永続的成長を必要としており、銀行システムもよりいっそう社会に寄生するようになっている。中国を含む全人類が実践している現在の資本主義体制下で、持続可能かつ平衡状態を保つ社会が存在するのは不可能だ。なにごとであれ、等比級数的な成長がずっと続くわけはなく、いつか破綻することは常識といえる。しかしどこの国の財務大臣も前任者が作り出した経済的困難から脱出するために経済成長を促進するのに熱心で、持続可能な方向へ導くことなど念頭にないようだ。

なによりも憂えるべきなのは、個人個人が社会に対して麻痺していることだ。1960年代、西側諸国の若者は社会改革――反ヴェトナム戦争、反人種差別――を訴えて団結した。この世界の現状を本気で憂えての行動だった。いまや、より重大で切迫した危機を前にしているというのに、だれもが沈黙している。あらゆる年齢の有権者、企業、政府機関は持続可能な社会の構築に興味はなく、個人的な富と快適な生活にしか頭にないようだ。贅沢を享受し、車を運転し、休暇になると飛行機でビーチ・リゾートへ向かう生活をあと数年続けられるなら、未来に間違いなく待っている疫病、貧困、武力衝突、犯罪、致命的な食料と資源の枯渇、そして飢饉には喜んで目をつむるつもりなのだ。気候システムが急激な変化を迎えれば、こうした事態は避けられない。若者は耳を傾けないか、知っても行動を起こさないし、年長者は教え、導こうとしないのだ。

ミコーバー氏［ディケンズ『ディヴィッド・コパフィールド』の登場人物］に相談したら、救う妙案を考えてくれるかもしれない。しかしどのような解決策があるのだろうか。程度の差こそあれ、まず起こりそうもないシナリオをいくつか挙げよう。

◉神は再臨のときが来たと判断されたのかもしれない（これは気候変動になにも対策を講じない理由として、米国の人口関連の部署から実際に提示されたものだ）。

◉ＵＦＯは実在する可能性がある。彼らが地球に関心があるのは地球の乗っ取りを計画しているからで、それは１９４７年から変わらない。

◉無限にクリーン・エネルギーを供給する、奇跡のような装置が発明される。一般に認められている物理を基にした、20年前から定番の実現可能な高温核融合かもしれないし、物理をテーマにした小説からの発想で、常温核融合かもしれない。

反対にこうも考えられる。

●巨大な小惑星が衝突して、あらゆる生命体は死滅するかもしれない。
●遠いアフリカの森林地域で生まれたウィルスの新種が世界中に蔓延し、全人類もしくはほとんどの人類が死滅するかもしれない。
●大規模な核戦争が勃発するかもしれない。

わたしの意見としては、なにかが起こることを待つ方針は、いい結果よりも悪い結果を生む可能性が格段に高い。だから我々の救済は、我々自身が行動を起こし、我々自身の手でつかむべきだ。

我々人類になにができるだろうか

排出削減

以前から、そして現在でも環境保護団体は、炭素排出を削減して気候変動を緩和するため、個人としてなにができるかを力説する。ゴミをリサイクルする、自宅を断熱仕様にする、小さな車を運転する、食事の肉を減らして野菜を増やす。そうしたすべては有効だし、個人の欲望とはべつに、地球村のための責任を意識するという世界中の市民道徳も浸透してきた。しかし全英国民が日常生活で極力省エネルギーを心がけたところで、（これまでの実績を見ると）使用エネルギーの20パーセントの削減にすぎない。有益には違いないが、英国政府の気候およびエネルギー担当の主任科学顧問を務めた故サー・デイヴィッド・マッカイ教授の言葉どおり〝全員が少し努力したところで、達成できることも小さい〟のだ。[4]

小さい以上の成果を上げるためには、エネルギー生産についての政治判断が不可欠だ。つまり、政府が度胸を決めたところを示す必要があるのだ。しかしＵＮＦＣＣＣ（気候変動に関する国際連合枠組条約）での議論を思い起こすと、失望を禁じえない。初期の京都議定書（１９９７年）のころの楽天主義は、コペンハーゲン（２００９年）とダーバン（２０１１年）の大失敗で雲散霧消した。嘆かわしいことに、気候変動という危機に対する政治家の最初の典型的反応は、今世紀の予想を口にするならまだましで、ＩＰＣＣのグラフが終わる２１００年になったら気候変動も終わると決めてかかる者もいた。２０１３年9月29日、我が英国の元環境・食料・農村地域省大臣オーウェン・パターソンはこういった。信じがたいほど自信満々の口調だった。

最新の報告書によると、きわめて穏やかな上昇が起きているものの、その半分はすでに起きていることを示しているので安心した。彼らによると1度から2・5度ということだ。[5]

まず第一に、いうまでもなく〝彼ら〟というのはＩＰＣＣですらなく、明らかに無知な新聞記事を根拠に発言している。1度から2・5度というのは実際に2050年にはそうなると予想された数字だ。〝その半分はすでに起きていることを示している〟の意味は、気候変動はずっと続くのではなく、IPCCの予測グラフが終わると同時に終了すると考えたのだろう。そしてもちろん〝安心した〟のひと言はまさに本音が漏れたのだ。それと同時に、疑問の余地なく、なにも行動を起こすことなく逃げだせることにも安心したのだろう。

政治家がそのつぎに示す典型的反応は、未来のある時点までに炭素排出を削減することで（たいてい〝2032年までに30パーセント〟とか、そういったたぐいの数字を並べる）、気候変動を制御できると発言することだ。このひと言で政治家は気持ちよく責任逃れすることができる。しかし、それは事実とはかけ離れている。第一に、すでに大気中に排出された二酸化炭素はけず み車効果を発揮する――二酸化炭素の分子は100年以上気候システムに存在しつづけるうえ、現在の二酸化炭素による温暖化がどこまで進行するかわからないのだ（半分しか〝認識〟されていない可能性もある）。だから未来に排出量を削減するよりもいま削減するほうが、いま削減するよりも実際に二酸化炭素濃度を下げるほうが効果がある。なによりも効果的な対策は、炭素を回収して保管するなり、まだ開発されていない技術なりで、大気中の二酸化炭素濃度を低下させることだ。排出量を完全にゼロにする方策は、たとえば100パーセント原子力発電に切り替えるという案があるが、それは世論が許さないだろう。あるいはテクノロジーの力で温暖化を覆う案もある。つまり絆創膏を貼る要領でジオエンジニアリングで蓋をして、時間稼ぎをするのだ。

それ以外に悲惨な大災害を避ける方法はない。もっともその場合でも、当然二酸化炭素排出量の削減は絶対に必要だ。となると、グリーンピースや世界自然保護基金のような、いわゆる〝環境保護〟団体は、原子力発電にもジオエンジニアリングにも反対の立場なので、人類の助けにはならない。

炭素の断続的増加は人口の断続的増加とおなじ傾向を見せている。おおまかに説明すると、間氷期の〝自然な〟大気中の二酸化炭素濃度は280ppmで、現在値は409ppmなので、人類の化石燃料使用で120ppm以上上昇したことになる。そして今後は、人類の二酸化炭素排出が完全に停止したとしよう。では、二酸化炭素濃度が低下するのにどのくらいかかるのだろうか。地球のエネルギー・システムに追加された二酸化炭素は少なくとも100年は存在しつづける。追加された二酸化炭素がシステムから〝離脱する〟のは最大でも年に1パーセントと推定されるので、二酸化炭素ゼロ後の最初の年、二酸化炭素濃度は1・2ppm低下するにすぎない。多くの科学者が〝安全〟だと考える350ppmまで低下するには、45年かかる計算だ。同様に現在の人口70億人の平均寿命が70歳になったと仮定しよう。人類が完全に繁殖を停止したとしても、人口が60億人まで自然減するのに10年かかる。だから気候変動のために食料生産が危機に瀕し、供給できる食料が10億人分減ったとしたら、産児制限だけでその新しい食料生産レベルに迅速に対処することは不可能だ——大規模な飢餓に襲われることは避けられないだろう。

人類がこれまでとおなじ道を歩んでいけば、地球の炭化水素はすべて搾りとられ、燃やし尽くされ、否応なく人類と原油の乱痴気騒ぎは終わりを迎える。しかし、そのころには地球温暖化が進み、人類の生存は不可能ではないにしても、とても耐えられる気温ではなくなっているだろう。大気を浄化する第二のマンハッタン計画［第二次世界大戦中の米国の原爆製造計画］が必要となる。全人類はおなじ空気を吸っているのだから、世界が一丸となって前例のない画期的な計画を実行しなければならない。そうした取り組みをしなければ、気候変動の影響はごく近い未来に非常にはっきりとした形で現れるだろう――20年もしくは30年後には、この世界はいまとはまったく違う、快適にはほど遠い場所へと変貌しているはずだ。２００７年の経済危機を迎える前に負けず劣らず、人類にとって初めて経験する時代となるだろう。人びとは将来を考えなおす必要に迫られ、ノルウェーやカナダのように、人口が少なく、資源が豊富で涼しい国で暮らそうとするだろう。そうなると、深刻な疑問が持ちあがる。人類は社会的、物理的に高炭素排出が〝組みこまれている〟社会で生きているうえ、行動を起こすのが遅すぎて、炭素排出を減少させるなりゼロにするなりしたところで、「すでに」この惑星を維持するのは不可能なのだとしたら、我々人類にできることはなんだろうか。選択肢はふたつしかない。大気中の二酸化炭素濃度はこのまま増加を続けても、なんらかの方法で温暖化の進行を遅らせるか、あるいは大気中の二酸化炭素を実際に除去する技術を開発するかのどちらかだ。

王立協会は２００９年のジオエンジニアリング報告書で、つぎのふたつの方法を明確に示した。[6]

◉「太陽放射管理（ＳＲＭ）」――太陽放射の吸収を減らすことで、増加する温室効果ガスの影響の相殺を試みる。

◉「二酸化炭素除去（ＣＤＲ）」――気候変動の根本原因に取り組み、大気中の温室効果ガスを除去する。

まずは太陽放射管理から始めよう。二酸化炭素排出は継続しながら、温暖化の進行を遅らせる方法を模索する〝絆創膏〟形式だ。そうした手法は「ジオエンジニアリング」と総称される。

ジオエンジニアリング

気候の危機に対する恒久的な解決策を追求するのに時間が必要ならば、テクノロジーの力で貴重な時間を稼ぐしかない。人類がこれほど切迫してテクノロジーを必要としたことはないだろう。ジオエンジニアリングとは、日光を直接ブロックするか、地球のアルベドを増加させて放射収支を変えることで、人工的に地表の気温を下げる一連のテクノロジーだ。北極に関してＳＲＭとＣＤＲの目的は同一で、失った海氷を取り戻し、それによって沖合いの永久凍土の融解を停止し、大規模なメタンガス噴出の可能性を減ずることだ。その目的を達成するためには、温暖化の進行を「遅らせる」だけでは足りず、「反転させる」必要がある。それには様々な方法が検討されているが、それぞれどの程度効果が見込めるかと、その政治的な難しさを検証してみよう。

SRMは迅速な効果が見込める〝絆創膏〟で、穏当なコストで即座に実行可能である。この方法は直接二酸化炭素濃度に対処するのではないため、海洋の酸性化などの現象に対しては効果がない。水温よりも二酸化炭素濃度が主な原因である海洋の酸性化は急速に進行し、珊瑚礁の白化現象、貝類、甲殻類の生存に深刻な影響をおよぼすだけではなく、実際、その影響は海洋生態系全体におよぶ。だからSRMによって、二酸化炭素濃度を低下させるという義務から解放されるわけではない。

現在、甲乙つけがたい2種類の方法が提案されている。1990年にマンチェスター大学のジョン・レイサムは、微細な霧状の水粒子を散布して、下層雲を「白くする」方法を提案した。[7]それにより雲のアルベドが増加し、太陽の入射エネルギーをより多く反射するようになる。エディンバラ大学の優秀な海洋エンジニアであるスティーヴン・ソルターは、散布を実行するシステムを設計した。[8]それ以外では、高地から気球なりジェット機のアフターバーナーなりを利用して微小な固体粒子を散布すれば、それが太陽の入射エネルギーを反射するという案もあった。

「海洋上の雲の白色化（MCB）」作戦は、下層の薄い雲（世界の海面のおよそ4分の1はこの層積雲に覆われている）の表面で宇宙へ反射する日光を増加させ、それによって寒冷化を図る方法だ。反射率を3パーセント増加することができれば、大気中の二酸化炭素濃度の増加が原因の地球温暖化と平衡を保つと推定されている。そのためには、微細な霧状の海水を継続的に雲に散布する必要がある。ソルターは画期的な海水の霧の生成法を考案し、遠隔操作で散布に適した海域に移動させることができる、風力で動く無人船を設計した（口絵30）。その船は帆ではなく、ずっと効率のいい動力を利用する——フレットナーのローターだ。デッキに垂直に備えつけられた回転する円柱は、発明したドイツ人アントン・フレットナーにちなんで、フレットナーのローターと名づけられた。円柱の側面にはマグヌス効果によって圧力差が生じ、風とは直角の力が発生するのだ。ローターを備えた船は1920年代に活躍していたが、燃費のよさで近年また注目を浴びている。

散布機能付きのローター船は、ローターの上部から雲の下部へ霧状の水滴を散布する。散布と通信に必要な電気は、船に備えつけのタービンで発電したものを利用する。この船の設計の特徴は、直径わずか1ミクロン（1メートルの100万分の1）の水滴を製造できる優秀な吹き出し口で、その水滴が大気中で蒸発して（直径1ナノメートルほどの）微細な塩の粒子を生成し、それが雲を白色化するのだ。微粒子の集合体である雲のほうが大きな粒子の雲よりも白いという、いわゆるトゥーミー効果を利用する計画だ。その効果は船から白色化した飛行機雲を観察することができるし、宇宙からも観察できる（口絵31）。目的を達成するためには数百隻の船を世界中に展開する必要があるが、実際にかかる経費は、地球温暖化のために必要となるコストと比較すれば安価である——地球温暖化にかかるコストは数兆ドルだが、この計画は年に数十億ドルだ。この案の長所は、必要な材料は海水だけなうえ、環境に無害な点だ。寒冷化の程度についても人工衛星での観測とコンピューターでのモデル化でコントロールできる。不慮の事態が発生した場合は、作戦を終了すればほんの数日で状況はもとに戻る。

雲の白色化作戦を実行するためには、しなければならないことはたくさんある。テクノロジーの開発を完成させ、粒子を散布した雲と近隣のなにもしない雲の反射率を比較するため、狭い範囲でフィールド実験を実施しなければならない。また気象学的、気候学的に深刻な害をなす事態（一例を挙げれば、水不足の地域の降水量が減少するなど）が派生しないよう詳しく分析し、そのおそれがある場合は解決策を用意する必要がある。問題は、世界規模の効果を得るためには世界中に散布しなければいけないだろうが、かぎられた海域にだけ効果をもたらしたい場合は、ある海域だけなり、ある期間だけなり散布すればいいのかどうかだ。北極は一刻の猶予も許されない火急の事態であることを忘れてはならない。夏に大陸棚全体が開水域となったら、海底の永久凍土が融解し、メタンガス大噴出の可能性が高まる。この事態を回避するために、地球全体を寒冷化することなく、海氷を取り戻すことはできるのだろうか。

2014年にジョン・レイサムと同僚は、かぎられた海域の問題に取り組んだ。[9] すると北極、それもボーフォート海とチュクチ海限定で寒冷化することは可能だが、サハラ以南のアフリカの降水量の減少といった問題が派生する可能性があることが判明した。それでも細心の注意を払えば有望な計画なのは間違いない。初期の研究では、世界の洋上に位置する雲の70パーセントに散布すれば、二酸化炭素濃度倍加による温暖化を抑制し、海氷の消滅も中止できると推定されている。[10] 雲の白色化により海面への太陽放射は原則的に減少するため、ある海域だけを対象とした場合、（海面の水温で決まる）ハリケーンの勢力を減じたり、（海の酸性化と水温が原因の）珊瑚礁白化現象に歯止めがかかるという副次的効果もあるかもしれない。最終的には南極の海氷も影響を受けるだろう。２０１４年の研究では、世界規模での散布によって南極の海氷面積も増加し、現在パイン島およびスウェイツ島の氷河崩壊を引き起こす脅威となっている潜流を根本的に冷却化するだろうと予想されている。この氷河が突然崩壊したら、世界中の海面が３メートル上昇する深刻な事態を引き起こす可能性がある。[11] つまり海洋上の雲の白色化作戦は、地球全体の温暖化だけではなく、地域的な、特に極地での脅威を解消するのだ。

スティーヴン・ソルターは、雲の白色化作戦を実施するにあたって完全な運用有効性を求めた場合、調査と実施で７３００万ポンド必要だと試算した。通常の科学予算としては大金だが、地球の喫緊の課題を解決できると考えればわずかな金額だ。英国が性根を入れて地球温暖化と闘うつもりになったなら、この作戦ならばリーダーを務めることができるだろう。

もうひとつ提案されている大規模なジオエンジニアリング方法が「エアロゾル注入」だ。[12] 英国政府が支援している最近のプロジェクト〈ＳＰＩＣＥ（地球工学による成層圏粒子注入）〉でもいくつか関連のある研究がおこなわれたものの、科学者たちが試験的に実施する前に支援が打ち切られた。これは高度に位置する成層圏に微粒子エアロゾルを大量に散布することで、日光をそのまま宇宙に反射させる計画だ。エアロゾルが次第に高層大気外へ離脱するので、注入は継続的におこなう必要があるだろう。

当初は〈成層圏硫酸塩エアロゾル雲製造計画〉とも呼ばれた。いわゆる前駆体ガス――二酸化硫黄――か直接硫酸を散布する計画だ。二酸化硫黄を散布すると、高層大気が酸化し、散布した地域から離れた場所で水分中に溶けて硫酸の微小な水滴を形成する。この方法は形成される微粒子の大きさをコントロールすることはできないが、散布するにはガスのほうが手間がない。直接硫酸を散布した場合、即座にエアロゾルの微粒子が形成され、基本的にその微粒子は最大の効果が期待できる大きさにコントロールすることができる。成層圏下層にエアロゾルを注入しても、数週間から数ヵ月でその地域の大気の大部分とともに降下するため、何年もとどまらせるには高高度に注入することが必要となる。

では、どのようにしてそれを実行するか。砲弾を飛ばす、航空機で高高度へ移動する、前駆体ガスを詰めた気球を地表から伸びる垂直なパイプで高高度まで届ける、その気球を自由に上昇させて上空で爆発させる、と様々な案が検討された。いちばん低コストなのは、現役の米国空軍のKC‐135かKC‐10空中給油機を利用する案で、大型のKC‐10ならば、わずか9機が1日に3回フライトするだけで、1年で1テラグラム（100万トン）の硫酸を運ぶことができる。低コストという点では、16インチの砲弾や硫化水素を詰めた大量の気球も負けてはいない。もっともべつの前駆体ガスに水素を混ぜたものを気球に詰め、成層圏に到達したら爆発するよう設定するならば、年に商業用気球が3万7000個必要になる。海洋上の雲の白色化作戦よりも単純だが、量が多いうえ、化学薬品を成層圏まで運ばなければならない。

高高度の微粒子が実際に気候に影響を与えることは、火山の噴火で実証されている――

1991年のピナトゥボ山の噴火では、その後3年間世界規模で顕著な寒冷化が起こった。かかるコストも充分許容範囲だ。最初にこの方法を提案したパウル・クルッツェンの試算では、人類がさらに排出する二酸化炭素を相殺するのに、年に250億ドルから500億ドルかかる。[13] しかし、様々な弊害が起こりうる可能性もあることが判明した。降水量が減少し、それがアジアとアフリカのモンスーンに深刻な影響をおよぼす可能性がある。またオゾン層破壊の進行が早まり、ふたたびオゾンホールの拡大が始まるかもしれない。地球全体でどの地域がどの程度寒冷化するかが不明なため、ほかの国よりも寒冷化しない国、それどころか温暖化する国が出るかもしれない。挙げたら切りがない。その背後には、高層大気に有害化学物質を大量に注入する行為への不安がある。海水を利用する海洋上の雲の白色化作戦は、それに比較すると圧倒的に安心で好印象だ。もっともエアロゾル注入に頑として反対していたラトガース大学のアラン・ロボックは、最近宗旨を変え、2016年に共同発表した論文で、[14]〈エアロゾル注入〉は地表に届く放射を減少させるだけではなく、放射の拡散を促進するため、寒冷化と相まって植物の光合成を早めると主張した。植物の生長が促進されること自体、大気中の二酸化炭素濃度を低下させるという、予想外の利点として働く。

それ以外にもいくつかジオエンジニアリングの方法が提案されている。そのひとつである宇宙反射鏡は、巨大な鏡もしくは軌道上での鏡面状の装置で大量の太陽光を宇宙へと反射する計画だ。しかし、莫大なコストをかけて軌道上で鏡の役割を果たすものを組み立てる案ばかりで、いまだにだれひとりとして実行可能な計画を提案できていない。

炭素の除去

　これまで炭素排出量の削減はまず実現不可能、少なくとも必要とされる速度での実現は難しい理由を挙げてきた。そして削減に時間がかかれば、大気中の過剰な二酸化炭素濃度という遺産を未来に残すことになり、さらに温暖化が進行するのは避けられないだろう。ジオエンジニアリングは大気中の二酸化炭素とメタンガスの影響には威力を発揮するが、海の酸性化を進める海中の二酸化炭素には効果がない。しかし海中の二酸化炭素をそのまま放置すると、最終的には海の生態系を破壊する可能性がある（地表の72パーセントは海なので、地球全体の生態系を破壊するに等しい）。わたしが達した結論は厳しいものだ。我々人類の文明を守り、地球温暖化と闘うためには、いつかは（そしてそのときは近いと思われる）地球システムから二酸化炭素を除去する方法を発見しないとならない。では、どうすれば二酸化炭素を除去できるのだろうか。

　まず最初に、我々全員がこの問題すべてを真剣に考えるべきだ。それどころか、世界が直面しているのはこれ以上なく深刻な問題なのだ――暴走寸前の気候変動をもとに戻し、人類が実行可能な生活を維持することは可能なのだろうか。あるいは加速する気候変動によって地球の大部分が居住に適さなくなってから、絶望的な闘いを挑むことになるのだろうか。この点において恥ずべき失態を犯したのはＩＰＣＣだ。２０１３年の第5次評価報告書で、ＩＰＣＣは存続可能な選択肢はRCP2・6シナリオしかないとの見解を示した。わたしはすでに述べたとおり（第7章を参照）、放射強制力を〝RCP〟で公式化する手法は、気候変動による悲劇を避けるためには直視することが必要な現実を不可視化すると考えていた。しかしIPCCはあっさりと発表したが、実は逆説だったのだ。我々自身が生き残る道はRCP2・6シナリオにしかなかった。遠からず二酸化炭素濃度が〝許容しうる〟温暖化の上限（421ppm）に達するのだから、実際に大気中の二酸化炭素を除去するしか選択肢は残されていないのだ。二酸化炭素濃度はそれだけの速度で上昇しているので、今後10年のうちに意識することもなく上限を超えるのは確実で、超えてしまったらあとは炭素除去に希望を託すしかない。IPCCはそれを承知していながら、現実的にどの方法で除去するかという問題に触れなかったのだ。そして二酸化炭素除去に関してさらに重要な問題は、大規模な除去が生態系と生物の多様性に大きな影響をおよぼす可能性だ。大規模な二酸化炭素除去を始める前に、世界規模での影響について研究すべきにもかかわらず、IPCCはまたもやこの点にも触れなかったのだ。

最近は実現の可能性が高いふたつの方法が注目を浴びているようだ。[15]「バイオエネルギー・二酸化炭素回収貯留（BECCS）」と「植林」だ。BECCSには、牧草から木までのバイオエネルギー生産用作物の栽培、発電所での燃焼、その結果生じる廃ガスからの二酸化炭素除去、地下に貯蔵するためにガスを圧縮して液体化するまでが含まれる。植林――木を植えること――もまた光合成で大気中の二酸化炭素を除去する方法で、貯蔵については自然に任せれば木と土壌に貯蔵される。世界の気温上昇を2度以内に抑えるためには、今世紀の終わりまでに600ギガトンの二酸化炭素を除去する必要がある。BECCSでそれを成し遂げるには、二酸化炭素除去の目的のみのために、4億3000万ヘクタールから5億8000万ヘクタールの広さに作物を栽培しなければならない。これは地球の現在の耕作可能な土地のおよそ3分の1、米国の国土面積の約半分にあたる。農業生産性を飛躍的に向上させ、急激に増加する世界人口の要求を超過する生産高を確保しないかぎり、明らかに実行不可能だ。それよりも耕作可能な土地は最優先で人類の食料生産にあてられるとの予想のほうが妥当だろう（どのみち北極の変動が原因の異常気象で、おそらく生産性は低下している）。BECCSは原生林と自然のままの草原を利用することになるだろうが、同時に植林も二酸化炭素除去の効果を期待できるため、そちらを中止するわけにもいかない。しかしそうした野生のままの場所は、大多数の陸生の絶滅危惧種にとって最後に残された安全な砦なので、それが失われたら、地球全体の生態系を持続することが不可能になるかもしれない。さらに根本的な懸念として、BECCSは大気中の二酸化炭素除去に関して、果たして想定しているだけの効果を生むのだろうかというものがある。そうした規模での作物栽培は、少なくとも初期は、土地の開墾にともなう土壌攪拌と肥料使用量の増加で、吸収する以上の二酸化炭素を排出する可能性がある。そうした影響をすべて考慮に入れると、（RCP2・6シナリオで）BECCSによって2100年までに除去できる二酸化炭素は最大391ギガトンと推定されるが、それは気温上昇を2度以下に抑えるために必要とされている量の34パーセントにすぎない。バイオエネルギー生産用作物の栽培にあてられる土地について楽観的な推定を控えれば、2100年までに除去できる正味の量は135ギガトンへ低下する。すでにBECCSだけでは問題を解決できないように思える。なによりも、気候変動が進む地球でバイオエネルギー生産用作物を栽培するとしたら、温暖化した世界でそれに必要な水をどうやって確保するのだろうか。人口過剰のために本当に耕作地の競り合いになったら、どのように食料生産に対抗するのだろうか。そして（ほかの技術同様に）どのようにして二酸化炭素を回収し、どこに貯留するのだろうか。

我々が具体的になにかをするわけではないので、大気中の二酸化炭素を除去する方法として「植林」は控えめな印象を与える。森林地帯が増加するのは環境にとって望ましい事態だとだれもが考えるだろう――アマゾンや南東アジアでは、硬材を入手し、跡地で大豆栽培や家畜飼育をおこなうために森林伐採にいそしんでいるとしても。あらゆる要求が森林伐採に向かっているこの時代に、どのようにして森林を生長させるのだろうか。自然のままの森林を管理された単一種の森林に変えていくのなら、植林は自然の生態系の破壊にもつながる。我々人類は森林に生息する様々な種の研究に着手したばかりだ。世界の生態系の維持という観点からも、キクイムシのような深刻な影響をおよぼす害虫をはびこらせないためにも、様々な種を失うことは望ましくない事態だろう。[16] 新薬の3分の1は森林の植物から開発される。また管理された森林の植物群は、蒸発および植物の蒸散を通じて、雲量、アルベド、土壌水分収支に複雑な影響をおよぼすだろう。

北の亜寒帯林では好ましくない現象が起きている。地球温暖化で高木限界線が北へ移動しているのだ。好ましい変化と感じるかもしれないが、雪に覆われる季節、その一帯は葉の落ちた木の枝もしくは常緑針葉樹の葉に覆われ、平らなツンドラや雪に覆われた草原よりも黒っぽくなるため、全体的にアルベドが低下して実質的な温暖化効果が生じるのは問題である。植林を計画的に運用するならば、木が一定の生長に達したらその伐採（と木材の貯蔵）、その後再植林が必須となる。しかし火災、干魃、害虫、疫病が原因で収穫前に木が枯れれば、計画的な運用は破綻する。

それ以外にも、生物学的、地球化学的、化学的な二酸化炭素除去法が提案されている。おなじ目的にもかかわらず、それぞれを実行した場合の環境への影響となると――実用性、容認性、管理方法はいうまでもなく――気候モデルが示す理論上の可能性はまったく異なる。その適例がこれもまた二酸化炭素除去法である「海洋施肥法」で、政策決定をめぐって延々と調査、議論が続いている。そもそもは、海に塵を投入することで生じる変化は海の生産性や気候条件に関連があることが判明し、人為起源の地球温暖化を回避するには海洋施肥法が有効なのではないかと期待が高まったのが始まりだった。1990年代、研究者は海水に投入した鉄粉の結果生じた植物プランクトン・プルームで、鉄紛1トンにつき数万トンの炭素（したがって二酸化炭素）が海中に固定されると主張した。この予測値は徐々に低下し、14回おこなわれた小規模な現場実験では、そうした――鉄なりほかの栄養なりを海中に投入するか、機械的な手法で増殖させた――プルームに吸収された二酸化炭素は、植物プランクトンが分解されるときに大気中に排出されることが判明した。さらに、ある海域（たとえば南極海全体）で大規模にプランクトンの生産性が増加したら、栄養が枯渇するためにほかの海域の漁獲量が減少するか、水中での脱酸素の可能性が増加する。そうした危険のため、気候に介入する方法としての海洋施肥法は、生物の多様性に関する条約（ＣＢＤ）をはじめとして、ほぼ世界的に拒否反応が起こっている。

最近では、海を利用したべつの二酸化炭素除去法も提案されている。一例を挙げれば、栽培した海藻で世界の海の９パーセントを覆う計画がある。この方法の環境への影響はまだ未知数だ。しかしそうしたアプローチがなんらかの影響をおよぼすのは必至で、経済的価値の高い、特に浅海の海洋生態系を変化させる可能性がある。

陸地へ話を戻そう。わらなどの有機物を鋤で土壌に混ぜ込んで土壌中の炭素量を増加させ、（土壌攪拌の限界まで）耕すか、「バイオ炭」を加えて炭素を削減する方法も提案されている。バイオ炭には興味深い歴史があり、これこそが地球温暖化への解決策だと、熱烈な信奉者たちが世界を説得しようと奮闘中だ。農作物や農業廃棄物は熱分解と呼ばれる過程を経ると、液体と木炭によく似たスポンジ状の物質へと分解される。このスポンジ状の物質を土壌に埋めると、素晴らしい効能があるとされているのだ。しかし、この一連の過程がどのようにして二酸化炭素の除去につながるのか、満足のいく説明をされたことはない。やはり熱心な信奉者が存在する計画に風化促進があり、代表的なものに大気中の二酸化炭素を「ケイ酸塩鉱物」、特にかんらん石に吸収させる方法が挙げられる。表面積を増やすためにケイ酸塩鉱物を細かく砕き、その美しい白い砂をビーチなど地面に敷くと、ゆっくりと化学反応を起こし、二酸化炭素を吸収して酸素を排出するのだ。信奉者によると、これこそまさに、初期の地球で初めて岩石が酸素を排出したのとおなじ化学作用によるものだそうだ。しかし現在の400ppmを350ppmへと下げる、つまり大気中の二酸化炭素を50ppm減少させるには、毎年1平方メートルあたり1キログラムから5キログラムのケイ酸塩鉱物を主に熱帯地方で20億ヘクタールから69億ヘクタールの広さ（地表面積の15パーセントから45パーセント）に敷く必要がある。そのために必要なケイ酸塩鉱物の量は現在の石炭の全世界生産量をうわまわり、コストはトータルで60兆ドルから600兆ドルと推定され、ジオエンジニアリングと比較すると突出している。またジオエンジニアリング同様、実施する場合は継続的におこなわなければならない。化学反応が終了したケイ酸塩鉱物は再利用できないため、その上を新しいもので覆う必要があるからだ。明らかに実行不可能だ。しかし、炭素を永続的に貯留するため、生物学的な方法をさらに研究することは重要である。大規模に実施した場合、環境へ大きな影響をおよぼす可能性もあるので、広範囲にわたる研究が必要だ。

これまで挙げた方法はすべて、致命的ではないにしても深刻な欠点があった。今後開発される方法に期待するとしたら、「ダイレクト・エアー・キャプチャー」（DAC）のような、マンハッタン計画に匹敵するスケールの研究計画が望ましい。DACとはポンプで集めた大気の二酸化炭素だけを除去し、液化して貯留するか、化学的にほかの、できれば有用な物質へと変化させる計画だ。〝今後開発される方法〟という表現を用いたのは、妥当なコストで実施できる方法はまだ開発されていないからだ。ＤＡＣは原理上はそれが可能だ。原理としては、大気を水酸基もしくは炭酸塩基を含む陰イオン交換樹脂を通過させるだけだ。陰イオン交換樹脂は乾燥時は二酸化炭素を吸収し、湿ると放出する性質を持つ。そして二酸化炭素回収貯留技術を利用すれば、分離した二酸化炭素を圧縮し、液化して地中に保管することは可能だ。ＤＡＣの運用コストは風化促進に負けず劣らず莫大で、１トンの炭素あたり１００ドル以上と見積もられたときもあったが、最近（２０１６年）では１トンあたり40ドルと大幅に低下した。分離する過程で土地とおそらく水が必要で、ＢＥＣＣＳと同様、地中の貯留場所から二酸化炭素が漏れる危険がある。そうした危険は液化した状態で海底に保管するか、地球化学的変化、たとえば二酸化炭素とある種の岩石との「その場で」の化学反応を利用すれば、最小限に抑えられる。理論的には、（化学的にではなく）冷却して液化した二酸化炭素は周囲の大気の二酸化炭素を除去する可能性が高い。技術的な実現可能性、コスト、予想しうる環境に与える影響――南極やグリーンランドの極地海台に装置を建設することも含まれる――については今後の調査が待たれる。わたし個人の感想としては、これまで挙げた理由から、ＤＡＣこそが長期間この世界を現状のまま維持できる方法だと確信している。戦時中のマンハッタン計画のように真剣に研究すれば、太陽光発電エネルギーのコストが近年大幅に低下したように、コストダウンも実現するかもしれない。

ジオエンジニアリングや二酸化炭素除去に対しては根拠のある批判が存在するが、二酸化炭素濃度を下げることに関して異論はほとんどない。よって、立証されていない「このまま排出を続け、あとで除去する」戦略ではなく、いまは二酸化炭素排出量の削減に集中するべきだろう。しかし残念なことに、特に西側諸国では、世界市民は化石燃料に依存する便利で快適な生活を諦めきれず、必死でしがみついている。いつかは諦めなくてはいけないのだ。それ以外に選択肢はないのだから。しかし、どうしていますぐなのか。だってもう一度格安航空会社のライアン・エアーを利用したいし、子供を学校に送るのはSUVが便利なのに。だが、いますぐ排出量を削減するために精一杯の努力を始めたとしても、2020年には有効性が立証されたジオエンジニアリングと二酸化炭素除去に着手し、2100年まで毎年20ギガトンの二酸化炭素を除去しないかぎり、世界気温の上昇を2度以内に抑えることはできないのだ。それが実現可能なのかを知らないと、つぎの疑問の答えを考察することはできない。

2015年のパリ協定で人類は救われるのだろうか

2015年12月、気候変動に関する国際連合枠組条約（UNFCCC）に加盟する195国が、パリで開催されたCOP21（第21回締約国会議）で歴史に残る合意に達した。2050年から2100年のあいだに温室効果ガス濃度の安定化を図るとの協定を採択したのだ。（2016年4月から各国が署名を開始した）この協定は、世界平均気温の上昇を産業革命前と比較して〝2度より充分低く〟抑えることを目指したものだ――1・5度以内ならばさらに望ましい。産業および農業分野の排出量をゼロにするために必要な予算と、(早急かつ大幅に排出量を削減したうえで) 大気中の温室効果ガスを実際に除去する予算とのバランスも保たなければならない。気温上昇を2度以内に抑えるために気候モデルが示した最多シナリオは、毎年数ギガトンの二酸化炭素を分離し、安全に保管することだ。さらに野心的な目標を掲げるならば、毎年数十ギガトンの二酸化炭素除去が必要となる。そういうわけでこの章で各手法を検討してみた。

各国政府が合意に達した協定の条項の概要は以下のとおりだ。

◉長期的な到達点として、産業革命前と比較して世界平均気温の上昇を「2度より充分低く」抑えるとした。

◉さらに目標として、気温上昇を「1・5度」以内に抑えることを掲げた。これが可能であれば、かなりリスクは低下し、気候変動への影響も抑えられる。

◉「世界の温室効果ガスの排出量が最大に達する時期をできるかぎり早くする」ためには、開発途上国の排出量が最大に達するのには長期間かかることを認識する必要がある。

◉そして「その後急速に減少」するために最適な科学技術を利用する。

パリでの会議前や会議中に、参加国は〝自国が決定する貢献案〟(INDCs)を提出した。これはそれぞれの国の二酸化炭素排出量削減についての公約である。地球温暖化を2度以内に抑えるためには到底足りないが、その目標を達成するためにまず合意に達することが肝要なのだ。各国政府が合意に達したのは以下のとおりだ。

●5年ごとに最新科学に照らし「さらに高い目標を設定」する。
●各国が目標達成のために実施した施策を公表し、「報告」しあう。
●「透明性と説明責任」を有する強固なシステムでもって、長期的な目標に向けた進捗状況を追跡する。
●気候変動の「影響の大きさを研究する」科学者の能力を高める。
●2025年まで毎年1000億ドルの資金でもって、「開発途上国」が適応するための国際的「支援」を継続、強化する。

また以下についても合意した。

●気候変動の有害な影響による「損害、損失」を回避し、最小限に抑える取り組みの重要性を認識する。
●「協力」体制の必要性を認識し、「理解、行動、支援」を強化するためには、異なる地域でもこのような早期警戒システム、緊急事態への準備、リスク保険が必要となる。

こうしたすべてはなにを意味するのだろうか。プラス面はこれ以上なくはっきりしている。史上初めて世界が気候変動への取り組みについて合意に達したのだ。ふたたび米国を引っぱりこみ、中国、インドなどの大量排出国も参加させた。今回は「筋書き」からして変わった。以前のコペンハーゲンとダーバンでの会議では、参加国は最小限のことしかしないか、なにもしないかのどちらかで、遅々として進まない議論に辛辣な応酬しか起こらなかった。それが今回は、参加国すべてが真摯かつ熱心に、ただひとつの重要な目標に取り組んだのだ。ただの交流ではない、真のパートナーシップを国際社会が構築するチャンスだ。この合意は政治的にも、外交的にも多くの点で大成功を収め、これまでの歴史を振り返れば圧倒的に好ましい結果なのは間違いない。

しかし、これで人類は救われるのだろうか。合意に達しなかったいくつかの問題を検証してみよう。まず最初に、安心安全な気候へ至る道にしては内容が矛盾している。気温上昇を2度以内に抑えることが目標としながら、ＩＮＤＣｓの内容はといえば、たとえすべて達成したところで最低でも2・7度上昇するのだ。１・５度に近づく可能性があるとしたら、大規模なジオエンジニアリングと二酸化炭素除去をおこなう以外にない。だが合意では排出量の削減のみで、ジオエンジニアリングや二酸化炭素除去への言及はない。また同様に、地球温暖化の主な要因である飛行機についての言及もなかった。さらに、いますぐ行動を起こす計画は皆無で、炭素収支ゼロを達成する期限についても〝２０５０年から２１００年のあいだ〟と危険なほど曖昧なままだが、その期間の後半となれば、高い二酸化炭素濃度で炭素収支をゼロにしなければならないことを意味する。ひと言でいえば、検討会議も一助にはなるだろうが、合意は国家の善意と誠実さに負うところが大きいのだ。根本的に、気候変動は〝ストックとフロー〟の問題だ。気温の上昇は時間の経過とともに蓄積された排出量（ストック）と密接な関係があるが、我々人類がコントロールできるのは排出される速度か、ある時点以降の除去（フロー）だけだ。我が地球はすでに大量の排出量を蓄積しているので、大気中の温室効果ガス濃度を安定化させるか低下させるためには、現在の排出量を少なくとも90パーセント削減しなくてはならず、それにはなんらかの排出量削減テクノロジーを利用する必要があるだろう。

合意に達したことで大きく一歩前進したのはたしかだが、それはあくまでも一歩にすぎない。目標は明確になったが、その目標を達成する方策はだれひとり示していないのだ。ジオエンジニアリングと二酸化炭素除去という形で介入しないかぎり、目標達成を盤石のものとすることは不可能だし、二酸化炭素排出量を削減するだけで気温上昇を1・5度から2度に抑えようと懸命に努力したところで、手ひどい失敗に終わるだけだとわたしは確信している。いま、そうした新しいテクノロジーを導入すべきときを迎えたのだ。排出量削減に失敗してつまらない口論が始まり、合意が決裂に終わってからでは遅いのだから。パリ協定の合意は10年か20年前に達しているべき一歩であって、いますぐ真剣に気候変動に取り組むべきなのだ。

第14章 戦闘準備だ

2015年に判明した温室効果ガスに対する地球の気候感度の長期的展望はきわめて重要で[1]、直面する危機に対して我々人類はなにを優先するべきかを示している。「現在の」大気中の二酸化炭素濃度だけで、未来の歓迎しがたい温暖化を引き起こすには充分なことが明らかになったのだ。もはや大規模な気候変動を引き起こすことを心配せずに燃料を使用する〝炭素予算〟は残されていない。これまで炭素予算を使いつづけてきたことが、この結果を招いたのだ。

だから、「二酸化炭素排出量を削減するだけでは充分ではない」のだ。20年か30年ほど前、地球温暖化の最初の徴候が深刻な脅威として認識されたころ、国際社会が真剣に一致協力して化石燃料の使用を控え、原子力を含む継続使用が可能な新しいエネルギーへと転換していたら、地球温暖化を遅らせることができ、危険なほど気温が高くなる前に軟着陸できていたのだろう。しかし、政府も人びともあまりにも大局観がなく、無知で強欲だったために必要な変化を起こせなかったのと、結果としては変わらないのだ。中国やインドのような国で、化石燃料、特に石炭の使用が加速度的に増加している現状では、なにも期待はできない。いまとなっては手遅れなのだ。大気中の二酸化炭素濃度はすでに高すぎて、数十年後にその影響が顕在化したとき、地球の気温は容易ならぬほど上昇しているだろう。

その運命を回避するためには、「排出量ゼロ」だけでは足りなくて、実際に「大気中の二酸化炭素を除去」することが必要となる。悲惨な結末を避けたければ、その方法しか残されていない。しかし前章で述べたとおり、その実行は並大抵ではない困難をともなう。これまで提案された現存のテクノロジーは、二酸化炭素1トンあたり約100ドルとコストが高すぎる。なにしろ毎年排出量の「超過分」も除去しなければならないわけで、その量は350億トンにおよぶのだ。広範囲にわたる分野で研究プロジェクトを立ちあげ、低コストな方法を開発することが急務である。化学反応を利用する方法は研究が進んで、1トンあたり40ドルまで費用が低下した。さらに低コストにできるだろうし、化石燃料の使用を前提としてインフラが構築されている世界中の人びとに、二酸化炭素排出をやめるよう求めるよりも心理的に受けいれやすいだろう。特に米国では、大気中の炭素を除去する方法を開発する一大プロジェクトは、米国民が重きをおく、不可能を可能にする開拓精神への一種の挑戦だと見なされている。

そうした除去法が開発され、実施されるまでのあいだ、地球に絆創膏を貼るジオエンジニアリングも必要だ。ジオエンジニアリングは地球温暖化の原因に干渉しないし、海洋酸性化のような二酸化炭素の影響を解消しないことに異論はないが、予想外の地域に影響をおよぼす副作用が発生し、継続的な対応が必要となる可能性はある。しかし、ジオエンジニアリングの力を借りなければ、気温の上昇とそれにともなうフィードバックは、我々の文明が生き残ることすら許さないだろう。

思慮の足りない開発とテクノロジーの乱用で、我々人類はこの惑星の生命維持装置を破壊してしまった。まずはジオエンジニアリング、そして炭素除去、こうした思慮の行き届いたテクノロジーの開発こそ、いま我々人類を救うために必要とされているものだ。これは人類にとって真剣に取り組むべきなによりも重要な活動であり、いますぐに行動を起こさなければならない。

科学の進歩

しばし地球スケールの話から離れ、スケールダウンして北極の話に戻り、いかにして科学を進歩させることができるか、特に物理学と経済学を融合させることができるかを考えてみよう。北極の温暖化の損害を被るのは全世界の自然だから、北極で起きている変化は極北の国々だけではなく、すべての国がかかわるべきなのは明らかだ。我々が調査した北極海沖合のメタンガス噴出は、わけても環境に大きな影響をおよぼすだろう。様々な北極のフィードバックの経済的影響を明らかにし、今後ひどい被害が出るであろう地域を確定する必要がある。当初、我々が試算したメタンガス噴出の影響ですらかなりのものだったが、北極の変化全体の経済的影響の大きさはそれを遥かに凌駕するのは確実だ。

第一に、北極に出現した物理的変化と、ＰＡＧＥモデルではまだ明確には検討できなかった、時空を超えた経済的影響をすべてまとめるコンピューター・モデルが必要だ。北極海氷面積と北極の平均気温の上昇の関連性や、地球規模の海面上昇と海洋酸性化の関連性なども検討できなくてはならない。またＰＡＧＥモデルの最新版ではまだモデル化されていない、黒色炭素の堆積物やツンドラ永久凍土の融解のフィードバックも必要だ。それらは北極海氷面積と北極の平均気温の上昇の関連性や、北極海氷面積と船舶トン数の増加や世界規模の海面上昇などの経済的影響との関連性ともなんらかのつながりがあるに違いない。そうした北極の変化の経済的影響を統合するモデルは、世界規模の影響の大きさを国なり産業なりの小さな単位でも検証できなければならない。これにより特定の国のある危険、たとえば小さな島国なり、ニューヨークのような沿岸都市だけに注意を喚起することが可能になる。現在の分析ではそうしたフィードバックの関連性は検証されていないが、将来は必要となる。

第二に、そうした統合的な分析――とそれをおこなう人間――は世界経済の議論に参加する必要がある。たとえば世界経済フォーラム（ＷＥＦ）は、２０１２年の秋に北極に関するグローバル・アジェンダ委員会を発足した。経済価値（海運から採鉱まで）[2]の可能性と生態系の脆弱性、どちらの観点でも戦略的重要性を増している北極の問題を世界のリーダーたちが非公式に協議し、検証する必要を感じてのことだった。しかし２０１４年のダボス会議についてのテレビ討論では、専門家たちがずらりと並びながら、〝気候変動〟という言葉はたった1回しか言及されず、その問題の議論はおこなわれずじまいだった。

北極圏の経済的可能性を否定する必要はないが、世界に波及する影響力と北極の変化によって発生する損害を認識するため、厳しい経済分析が求められている。経済アセスメント——たとえば北極の生態系の物理的な変化が、世界経済へおよぼす影響——への秩序と整合性のある斬新なアプローチ法への投資を募るのに、WEFの存在は役に立つだろう。またWEFは特筆すべき召集力を発揮して、世界のリーダーたちに北極の変化によって発生するあらゆる利益と損害を考察させたらどうだろう。いまは船舶トン数やおそらく経済的にも生態学的にも時限爆弾に等しい採鉱といった、短期間の利益に集中している経済的関心の矛先を変えることができるかもしれない。すでに述べたとおり（第9章を参照）、単一のフィードバックだけで今世紀中に37兆ドルから60兆ドルという法外な値札がつけられる可能性がある。そのうえ、その影響のほとんどは貧しい国々に出現し、世界経済におよそ70兆ドルの損害を与えると算出されており[3]、北極の変化が原因で発生するコストは世界経済の基盤に途方もない危険をもたらすのは確実だ。WEFのグローバル・リスク報告書やIMFの世界経済見通し[4]にそのコストを組み入れてそうした変動に対応することはできるが、どちらも北極がもたらす可能性のある経済的脅威をまだ認識できずにいる。

つまり、北極の気候変動をやわらげるための科学的需要を満たすには、新しい科学的アプローチ「総合的北極科学」を開発する必要がある。総合的北極科学は世界経済にとって戦略的な資産をなるだろう。北極になにが起きているかは、生物物理学的にも、政治的にも、「そして」経済的にも世界に重大な影響をおよぼすからだ。それをきちんと認識しないかぎり、経済学者も世界のリーダーも大局を見失ったままとなるだろう。

戦争の危険

2013年に本書の執筆を始めたとき、世界は半世紀前のジョン・F・ケネディの死を覚えていた。それはすなわち、1962年のキューバ危機と、世界が核戦争の一歩手前にいた記憶を呼び起こすことでもある。1962年10月27日、14歳だったわたしはBBCのニュースを観ていて、突然悟った。明日の朝、目覚めることはないかもしれないと。エセックスの2軒1棟の小さな我が家の安全はいとも簡単に吹き飛び、灰燼に帰するかもしれないと。ほとんどの英国民とわが家族を道連れにして。両親も同時におなじことを考えていた。すべては米国に対する小さな島国のある行為が原因だった。あのときケネディとフルシチョフは冷静さを失わずに賢明に行動したと、現在では賞賛されている。しかしキューバ情勢をめぐって意図的に世界を破滅の瀬戸際まで追いこんだことを賢明とはいわない――それは狂気というのだ。現在、冷戦が終わり、こうした表立った衝突がふたたび起こる懸念がないことは喜ばしいものの、米国もロシアも最後の日を迎える兵器を大量に所持したままだ。しかし、いまや穏健な政策の大国だけではなく、イスラエル、北朝鮮、パキスタンなどの激しやすい国が核兵器を手にしている。宗教もしくは政治的妄想に異議を申し立てられたら、核兵器使用も辞さないように思われる国々が、だ。核戦争の脅威はかつてなく高まっている。今後核戦争が起きるとしたら2国間紛争が原因だろうと予想されるが、気候変動は水源、水不足、食料生産の破綻と迫る飢饉の不安など、そうした紛争に新たな緊張を提供する可能性がある。発明されてしまった核兵器は、人間の本質が変わらないかぎり世界から消滅することはないだろう。理性的な国が放棄すれば分別の欠けた国もそれに続くはずだと信じるしかないからだ。しかし人間の本質は変わらないどころか、衰えているように見える。アレクサンドル・ソルジェニーツィンは20世紀を〝穴居人の世紀〟と評し、新しい世紀は我々のイラクへの不法な侵攻で幕を開けた。不条理に命を奪われた何百万の人びとは不服を訴えることさえできなかった。だが、人間の本質が変わらないかぎり核兵器を根絶することができないのであれば、人間の本質を変えることなど不可能なのだから、いつの日か核兵器は使われるだろう。気候変動を原因とする世界規模の緊張が、人類滅亡の発火点となるかもしれない。この現実もまた、相互に拮抗する国々の集団ではなく、おなじ種として協力して気候変動へ取り組むきわめて重大な理由となるだろう。この惑星の大きな混乱を回避するための時間はあまり残されていないが、いまならまだ間に合う。だが核戦争が勃発したら、人類の猶予時間はその瞬間、永遠に失われるのだ。

拒絶の黒い流れ

１９８０年代初頭、気候変動の最初の徴候に科学者たちが気づきはじめたが、当時は総じて楽観的だった。事実とメカニズムを政治家と人びとに説明すれば、二酸化炭素排出の抑制、再生可能エネルギーへの転換など、気候変動の最悪の事態を回避するためには不可欠の施策は、国際社会の圧倒的な支持を得られるものと信じていた。実際、そのとおりになるかに思われた。英国では当時の首相マーガレット・サッチャーは化学の専攻で、直ちに科学原則に理解を示し、首相任期の後半は気候変動への国際社会の対応になによりも精力的に取り組んだ。１９９０年には英国気象庁に気候研究および予測のためのハドレーセンターを設立し、国際的な協力を推進した。サッチャー元首相は極地の重要性を理解しており、それは１９８９年に砕氷船で南極調査中だったわたしに届いたメッセージにも現れている。国連総会でおこなう演説で発表する、極地の変化についての報告書の要請だった。そして１９８９年11月8日の演説では、〝南極海航海中の英国科学者〟の意見をこのように引用している。

「現在、極地では人類が引き起こした気候変動のきざしと思われるものを目にする。ハリー研究基地から送られてくるデータとわたしが乗船している船の機器の計測結果は、南極は春のオゾン層破壊の状態にあり、史上最低ではないものの、記録に残る最低の年と同程度の状況であることを示している。1988年には完全に回復に転じたことが観測されたにもかかわらず。この船で観測したオゾン全量が最低を記録したのは9月で、計測結果はわずか150ドブソン、同時期の平常値は300ドブソンなので、非常に深刻な状況であることは間違いない」

彼によると、海氷の厚さも著しく薄くなっており、報告書にはこう書いてあります。南極の「データによると、海氷のほとんどを占める一年氷は非常に薄く、現在のかなり上昇した気温下ではおそらく融解は免れないと思われる。海氷が海水と大気を隔てている面積は3000万平方キロメートルにおよぶ。海氷が太陽放射のほとんどを反射し、地表を寒冷に保っている。海氷面積が減少したら、海の太陽放射の吸収量が増加し、地球温暖化が加速する」

報告書は続きます。「こうした極地の現象を観察したかぎりでは、人類が原因の環境もしくは気候の変動は自動的に継続する、つまり〝暴走する〟性質があり……そのうえ不可逆性を有している疑いが濃厚である」。これは現在極地の現象を調査中の科学者の報告書からの引用です。

報告書はいま起こっている現象について、目を開かされるような指摘に満ちています。彼はますます極地の研究に興味を持ったようで、今後も世界の気候システムを研究して、そのメカニズムを我々に教示してくれるでしょう。[5]

国連は１９９２年にリオ・デ・ジャネイロで開催された地球サミットで、気候変動に関する国際連合枠組条約（ＵＮＦＣＣＣ）を採択した。それに先立つ１９８８年、世界気象機関（ＷＭＯ）と国連環境計画（ＵＮＥＰ）が気候変動に関する政府間パネル（ＩＰＣＣ）を設立し、ＩＰＣＣは１９９０年に第１次評価報告書を発表した。[6] サッチャー元首相も非常に感動的な演説のなかで、ＩＰＣＣは長期間継続して評価報告書を発表する組織となるだろうと評価していた。だがその後、政治によるリーダーシップは期待できなくなった。英国では、気候変動に関して国際条約を捺印する準備を進めていたサッチャー元首相が、１９９０年に気候とは無関係の理由で辞任した。その後任のメージャー、ブレア、ブラウン、キャメロン元首相は特に科学的な教育を受けておらず、政治的立場が弱いこともしばしばあり、気候変動へ取り組む国際的な協力体制を推進すると決まり文句を口にはするものの、実際の行動はほぼ皆無だ。米国の事情はさらに悪く、ふたりのブッシュ元大統領は石油産業界の利益の恩恵を受けているため、彼らの覇権を脅かす可能性がある措置にはいかなるものでも反対した。そしてクリントンとオバマ元大統領は演説こそ感動的だったものの、実際に行動を起こしたことは皆無に等しい。１９９７年、京都議定書は二酸化炭素排出量の削減に取り組むことを定めたが、米国は署名をすることを拒否した。国際社会は米国に署名させようと全力を尽くしたにもかかわらず。たとえば、ごく小さい文字で軍事飛行は削減対象から免除すると規定したが、これはそれ以外の国々全体を合計したよりも軍事飛行が多い米国を慮っての配慮で、民間機よりも軍事機が排出する二酸化炭素分子のほうが地球への影響は少ないとの事実の捏造に、参加国すべてが同意しての措置だった。

政治のリーダーシップは不在ながらも、その後も国際協力は続いていたが、コペンハーゲンとダーバンで開催されたUNFCCC〝サミット〟の失敗で、事態はさらに悪化した。先進国グループの悪意に満ちた組織のメンバーが参加国を煽動し、気候変動に対処する行動にささやかな抵抗を起こすよう仕向けたのだ。その組織はメディアには作り話を吹きこみ、気が小さいか無知な政治家のことは、地球温暖化が事実だとしても、それに対策を講じる余裕はないと説得したのだ。彼らの目的とやり口はまさにタバコ産業のロビイストとおなじだった——温暖化の影響の有害性について疑念を植えつけられた普通の人間は、混乱して傍観を決めこむことを容認する。気候変動は起こっていないと説得する必要はない——世界を救うためには労力、コスト、辛抱が不可欠だから、疑いの種さえ蒔けば、実はなにもしなくていいとのささやきにはまず抵抗できない。こうした傾向の強烈な例としては『世界を騙しつづける科学者たち』という本が挙げられる。[7]

いまや否定派は、石油産業界と秘密主義の実業家から年に10億ドルもの資金を提供されていると推測されているが、彼らの行動はふたとおりに分かれる。ひとつは、気候変動の真の専門家で、それゆえ歯に衣着せぬ意見を表明しがちな気候学者のキャリアに対する悪質な個人攻撃だ。その戦法が最初に大きな勝利を収めたのは2002年だった。エクソンモービルのランディ・ランドルがホワイトハウスのブッシュ元大統領に宛てた恥ずべきメモで、IPCC議長ロバート・ワトソン教授をよりくみしやすい人物へ交代させるよう、米国代表団に指示することを求めたのだ。これが実現したのは、米国はIPCCにとって一国としては最大の資金提供者だからだ。精力的で優秀な気候学者であるワトソンは、危険なほどの情熱の持ち主に見えた。特に1990年代後半、炭素循環の処理方法を向上させた気候モデルの最新改訂版によると、世界の気候は従来の想定の3倍の速さで温暖化すると発表したときは、とりわけそうだっただろう。後任は穏やかな物腰のインド人ラジェンドラ・K・パチャウリだったが、彼も世界が直面している脅威の規模に次第に急進派へと変貌し、2007年には（アル・ゴアとともに）ノーベル平和賞を受賞した。1990年当時はIPCCの報告書執筆者だったわたしは、〝ノーベル平和賞受賞に貢献した〟との証明書を受けとったときのことをよく覚えている。そこにはパチャウリとIPCC事務局長〝R・クライスト〟の署名があり、後者を目にしたときは一種敬虔な気持ちになったものだ。一緒にプラスティックの襟章も拝受したが、あまりにべたべたしているので、わたしも知人の科学者たちもだれひとり身につけたことはない。

つぎに否定派の標的となったのは、つい最近までNASAゴダード宇宙科学研究所長を務めたジェイムズ・ハンセンだ。彼は大気科学者で、つねに気候変動の危険性に警鐘を鳴らしてきた。否定派の戦法が功を奏したのは、ハンセンが政府機関所属の科学者だったからだ。ハンセンの発言や行動のほとんどすべてが、本来ならば執務に専念しているべき勤務時間内には不適切だと糾弾されたのだ。彼は職を失うのは免れたものの、雇用主を含む多方面から想像を絶するハラスメントを受けた。その詳細は、科学界の検閲制度をテーマにしたぞっとするほど勉強になる本に記してある。[8]

英国での否定派の主流は、2009年に元財務大臣ローソン卿が設立した悪意に満ちた団体だ。地球温暖化政策財団と呼ばれているが、資金源を明らかにすることを拒んでいる。理事を務めるのはベニー・ペイザーで、気候関係の資格といえば、リバプール・ジョン・ムーア大学でスポーツ科学を教えていた経歴があるだけだ。秘密主義かつスタッフに科学的信頼性が欠如しているにもかかわらず、財団は驚くべき手腕で、みずから〝これまでもっとも環境に配慮した政府〟になると標榜した現在の英国政府を、気候変動対策は〝エコロジーな戯言〟と切り捨てるまで変貌させることに成功した。2009年には〝クライメートゲート事件〟が起こった。世界でも指折りの気候研究所である、イースト・アングリア大学の気候研究ユニットの個人メールが大量に流出したのだ。ロシアに本部を置くが、資金源は謎のプロのクラッキング組織が故意に侵入し、盗んだものが流出したのだった。何通かのいくらか決まり悪い電子メールについては、不誠実なマスメディアが大がかりな陰謀が明らかになったかのごとく大騒ぎした。しかしクラッキング行為が捜査もされず、処罰も受けていないことこそが真の陰謀といえるだろう。

わたし自身はというと、個人攻撃が始まったのは2012年だった。2012年9月、海氷面積はさらに最低記録を更新し、BBCは海氷後退の動画を作成した。わたしも海氷後退を示す人工衛星の画像についてインタビューを受けた。そして2012年9月5日にその動画を放送し、その後スタジオでの討論をおこなうことになったので、BBCは〝双方〟の代理人を出席させるべきだと考えた。気候学者全体の代表として、イングランド・ウェールズ緑の党の次期党首が決まっていたナタリー・ベネットが参加した。彼女は立派な人物だが、北極についてはなにも知らなかった。少人数の否定派を代表するのは、保守党政権で大臣を務めた経験もあるピーター・リリー下院議員で、ローソン卿の財団から資金提供を受けて、気候変動対策はなにもせず、スターン報告は無視することを勧める本を刊行したばかりだった。リリーは、BBCは虚偽の内容を放送した、（海氷後退を示す人工衛星画像が提示されているにもかかわらず）いま流れた動画はでっち上げだと主張し、わたしのことは〝人騒がせなデマを飛ばすので有名〟だと表現した。ちなみにその誹謗中傷は5回繰り返された。さらに、夏期の海氷は21世紀の終わりまで消滅しないと結論づけた、2007年のIPCCの評価報告書を引用できることを理由に、気候変動についてはわたしよりも詳しいと主張したのだ。中央アジアを中心に活動している石油会社テティス石油の副社長にもかかわらず、その後リリーは下院の環境と気候委員会に加わり、気候変動政策を決定するのに有利な立場となった。つまりローソン卿の秘密主義の財団は、政府の委員会で発言権を持つ代理人を手に入れたのだ。リリーひとりではない——特に米国の共和党内には似たような立場にある人物が大勢いる。事実を不正確に伝えて人びとの理解を妨げ、結果として人類存亡の危機になにも行動を起こさせない勢力を、リリーは体現しているのだ。

討論する機会はほとんどないが、ローソンの地球温暖化政策財団は、かつての気候変動を徹底的に否定する立場をいくらか改めたようだ。とはいえ、気候が変動している可能性については同意したが、その原因が人類の活動という点は認めず、変動への対応はやわらげるのではなく、適応するのだと主張する。〝やわらげる〟というのは、気候変動の原因になんらかの形で働きかけるという意味で、つまりは二酸化炭素の排出量を削減するか、大気中の温室効果ガスを除去するか、あるいは、ジオエンジニアリングで太陽放射を調整することだ。〝適応する〟というのは、実質的には〝そのまま自然に任せ、共存を図る〟の意味だ。問題は、そのまま自然に任せた場合にどこまで温暖化するかだ。控えめなＩＰＣＣモデルが予測したとおり、今世紀終わりに4度気温が上昇するだけでも、地球上の生命体の維持は難しくなるだろう。二酸化炭素濃度をこのまま放置していたら、来世紀になっても温暖化が続き、さらに気温は上昇するだろう。

迫りくる気候の脅威について公言する科学者は、国家安全保障を攻撃したと見なされ、それ相当の反応が返ってくる。英国では、環境・食料・農村地域省（ＤＥＦＲＡ）の主任科学顧問イアン・ボイドが、科学者は〝政策の是非に言及するのは避けるべき〟であり、〝(わたしのように)助言してくれる同僚と一緒に仕事をし、公共の場では反対意見ではなく理性の声にしたがって〟意見を表明するべきだと述べている。この驚くほど傲慢な意見から推察するに、ボイドの知性はずば抜けており、つねに〝権力者に真実を伝える〟ようになるだろう。しかしこうした態度をとるためには、英国政府の依頼で研究している科学者の指示下に入るしか手はないのだ。最近の政権交代が起こる以前のカナダやオーストラリア政府では、英国よりもさらに科学者が弾圧されていて、気候が原因の様々な変動の規模を確定する研究をこれ以上進めさせないためだけに、大量の環境科学者が馘になった。世界を気候変動から救うため、重大な決定を下せるのは各国の政府以外にはない。しかし不幸なことに、そのような重要な決定をおこなうどころか、望ましくない研究結果をもたらしそうな科学者を弾圧することのほうに熱心なようだ。

気候変動否定派が重視する適応とはなにを意味するかを、ロバート・P・アベル教授がわかりやすく解説している。

我々人類が地球に対して致命傷となるほどに危害を加えたとしたら、我々自身に危害を加えたということだ。それも致命傷となるほどに。つまり、死滅した地球がもたらすものは人類の滅亡である。人類とそのリーダーまたはどちらかが、心理学的と倫理学的またはいずれか一方で地球人が加える危害の結果に無関心となれば、長期間生存できるはずはない。

それよりも1世紀以上前の、首長シアトルの言葉のほうがより説得力があるかもしれない。

すべてのことはつながっている。地球に降りかかる出来事は、もれなく地球の子供たちにも降りかかるのだ。

この惑星を破滅に追いやるのは、我々人類を破滅に追いやることなのだ。我々人類にはほかに移住できる場所はない。かわりの惑星も存在しない。このままでは氷に別れを告げるにとどまらず、人生に別れを告げることになる。

闘いのときが来た

本書の読者のいちばん多数を占めるのは、かならずしも科学者ではなく、知性的で未来を憂慮する一般市民だろうと推測している。では、世界を救うために、我々が個人的に、あるいは集団でできることはなんだろうか。もちろん分厚いリストができあがるが、実際に効果がある行為をいくつかお教えしよう。

まず最初に、気候変動否定派たちがたれ流す嘘と欺瞞を、全身全霊の力で捨て去ってほしい。彼らは、我々がなにも行動を起こさずに、ただ気候変動が消えるのを祈っていてほしいのだが、絶対に消えてなくなりはしないのだ。そして首相をはじめとする政治家が発する、一見それとわかりにくい不正確な情報に絶えず用心し、彼らの言動のなかで不自然に目立つものを見極めることが必要になる。徹底的に二酸化炭素排出を削減するというパリ協定に大真面目に合意したあとで、太陽光発電の固定価格買取制度を撤回し、再生可能エネルギーの開発研究の支援をせず、水圧破砕法で採取した化石燃料の使用拡大に熱心な政治家たち。選ばれた代表である彼らが偽善者であることは間違いない。行動を改めないかぎりは投票しないと、決意を突きつけてやることが必要だ。気候変動を研究している科学者は、自分のキャリアを危険にさらし、政府機関からの恩恵にあずかる可能性をふいにする覚悟で、率先して口を開くべきだ。少なくとも火あぶりの刑に処される心配はない。気候変動の現実は日々心を蝕むはずだ。勇気を出して声を上げた科学者は、侮辱や脅迫を受けることなく、尊敬の的となるだろう。

第二に、毎日の生活でなにかを選択するときは、つねにエネルギー、特に化石燃料の使用量が必要最小限のものを選ぼう。なぜ断熱仕様の家がもっと増えないのだろうか。家を断熱仕様にするのはもっともエネルギー効率がよく、そのうえ時折消極的になる政府でも助成金を給付してくれる。運転するのは低燃費の車かオートバイにしよう。通勤や都市内、町内の移動は電動自転車にするのは非常に効果が高い。固定価格買取制度の助成金を受けとれないとしても、自宅の屋根にソーラーパネルを設置しよう。

第三は国家規模の話になる。発電政策で支持する政権を決めよう。英国はこの点際だって無責任で、2015年になってもエネルギーの82パーセントは化石燃料だ。我が国は波力と海流タービンの独創的な開発では世界のトップに立っており、波の荒い西海岸、オークニー諸島間の流れの速い海流、セヴァーン川の海嘯と、そうした新しいアイデアを実践できる海洋環境にも恵まれている。ところが、「海中工学」誌で指摘したとおり[9]、新しいエネルギー・システムの開発者に対し、政府は雀の涙ほどしか資金援助をしていないのだ。ごく最近、援助に値する革新的な波力会社がようやく支援を受けられるようになった。[10] 英国は資源としての風にも恵まれているが、風力タービンの試作にすらたどり着けず、この分野はデンマークの後塵を拝している。太陽光発電はかつてよりも低コストになり、曇り空が多い英国でも、家庭用のみならず、大規模な太陽光発電所の条件を満たしている。エネルギー貯蔵の問題は、現実的な（夜は日光が射さない）問題についていては、大型電池と液体変換システムでほぼ解決したに近い。液体変換システムとはエネルギーを液体薬品の形で外部タンクに貯蔵する方法で、液体が燃料電池のような役目を果たし、タンクの容量一杯まで大量のエネルギーを貯蔵することができる。マイケル・アズィズ教授率いるハーヴァード大学の研究室は、２０１４年にキノン（有機化合物）を液体として使用する液体変換システムに成功した。[11] こうした計画を実用化するためには政府の全面的な支援が必要だ。ところが（英国では）どのような申請をしたところで、緊縮財政という理由で却下される。だがその理由はまやかしだ。再生可能エネルギーは――事実、そうあるべきだが――未来のエネルギー源だから、いまの状況に適応し、変化を促していれば、産業界が新しいテクノロジーを確立してくれると考えているのだ。

国家規模の話が続くが、原子力発電所を忌諱するのはやめよう。炭素排出はゼロを保ちつつ、明かりを灯しつづけるためには、基本的なエネルギーとして原子力は頼りになる存在だ。むしろ英国のような稚拙なアプローチこそ忌諱するべきだ。我が国はフランスから（あるいは中国製かもしれないが）時代遅れかつ危険な水冷却炉を購入し、これから10年かけて建設することを決定した。過去40年間で起こった過酷な原子力事故――スリーマイル島、チェルノブイリ、福島――はすべて水を冷却剤として使用する複雑な冷却システムの原子炉で起こっているうえ、すでにそれよりも遥かにいい方法がふたつも開発されているのだ。そのひとつである「ペブルベッド原子炉」は、ドイツの研究開発連合が１９６０年代に開発したもので、基本的には塔状の原子炉だ。最上部に不活性化した丸石（ペブル）状の燃料を投入し、塔内で核反応を起こさせる。冷却材にはガスを使用し、使用済み核燃料は下部から取りだす。きわめて単純な仕組みで、故障する可能性は低い。そのうえ、このタイプの原子炉は大きさの制約があまりないため、巨大な発電所から、ある地域だけの小規模発電まで対応できるという利点もある。さらなる研究を進めていた南アフリカはその後中止したものの、中国では研究を続けている。もうひとつの選択肢は、燃料にトリウム２３２を使用する「トリウム原子炉」だ。原子力開発の初期には、トリウムはウランの強力なライバルだった。ウラン原子炉だけが世界的に広まったのは、原子力発電の開発が原子力潜水艦の設計の転用から始まったからだ。潜水艦の推力としては、反応が急速かつ融通性に富むウランを使用する必要があったのだ。[12] トリウムはウランよりも低コストのうえ、核分裂生成物が軍事利用されないという利点もあるため、不安を感じさせる政権がこのタイプの原子炉を建設してもなんら問題はない。

国際社会に期待するのは、すでに述べたとおり、なによりもの急務であるジオエンジニアリングおよび二酸化炭素除去に関して、広範囲にわたる科学技術研究プログラムを立ちあげることだ。温暖化の進行を遅らせるためには、ジオエンジニアリングが不可欠なのだ、なにしろ二酸化炭素排出を迅速に削減できる可能性は低いうえに、科学的にも、技術的にも、管理体制的にも山積している問題を解決しないかぎり、国際社会が一丸となって進むこともままならないのだ。いうまでもなく、雲の白色化作戦と広範囲でのエアロゾル注入の両方、またはどちらか一方を試してみるというのも一案だ。スティーヴン・ソルターは蒸気注入の実際の効果を査定する高感度な試験法を考案した。安全を期すならば、大規模にそうした作戦を展開する前に、ジオエンジニアリングの影響の大きさを調査する気候モデルを開発すべきだろう。

最後に、なによりも重要なのは、大気中の二酸化炭素を除去する方法を発見することだ。この世界を救う唯一の策であり、科学技術力とそれを支える文明がまだ維持できているうちに実行することが望ましい。これまでに提案された、砕いた岩に吸収させる方法からバイオ炭、植林、BECCSに至るまで、数多の間接的二酸化炭素除去法の欠点はすべて説明した。人類を救う唯一の方法は、直接大気中の二酸化炭素を除去することだ。片側から大気を吸いこみ、もう一方から二酸化炭素のみ除去した気体を排出するような装置を開発する必要がある。それも実現可能なコストで。化学、物理、科学技術にまたがる非常な難問ではあるが、研究所の単一原子だけから、その核反応で激烈な被害をもたらす爆弾を開発することに比べたら、さほどの難問ではないだろう。これは我らの世界が直面した最重要な問題なのだ。これを解決できたなら、人類の文明は今後も継続可能となり、人口増加、水と食料の不足、病気、戦争など、無数にある課題に専念することができる。解決に失敗したら、人類は終末を迎える。一度は氷に別れを告げる事態を迎えても、大気と気候の安定化に成功すれば、また氷が復活し、我々の子孫は驚きながらも、喜びを享受することができるかもしれない。

謝辞

データやアイデア、インスピレーションを与えてくれた多くの方に感謝する。ポール・ベクウィス、ピーター・カーター、フローレンス・フェタラー、マーティン・ハリソン、クリス・ホープ、チャールズ・ケネル、ダニエル・キーヴ、シーリー・マーティン、ウォルター・ムンク、ジョン・ニッスン、ジム・オーヴァーランド、ハンス・ヨアヒム・シェルンフーバー、デイヴィッド・ワズデル、ゲイル・ホワイトマンといった方々だ。また、原稿全体を読み、加筆や変更の助言をくれたカール・ヴンシュ、デイヴィッド・ワズデル、シュブハンカー・バネルジーに感謝を捧げる。長期間にわたって科学的支援を継続してくれた米国海軍研究所には感謝の言葉もない。おかげで本書を世に出すことができた。イタリアのカセッテ・デーテ（フェルモ）にあるグラーフィケ・フィオローニのアンドレア・ピズッチにはイラストレーションでお世話になった。そして、最大の感謝をイタリア、フェルモの極地博物館〝シルヴィオ・ザヴァッティ〟館長でもある妻のマリア・ピア・カザリーニに捧げる。インスピレーションを与えてくれ、生涯にわたる個人的なサポートに多謝。

本書の書名を（アーネスト・ヘミングウェイに心中で詫びながら）“A Farewell to Ice”としたのは、現在この惑星の海氷が大量に姿を消しつつある事実を示すだけではなく、その合間に長年この世界で過ごしてきたわたしの個人的なエピソードを挟むことで、海氷というごく特殊な分野に光をあて、結果として海氷の消滅に注目を集めたいと考えたからだ。

第12章は『気候変動——惑星地球への影響』2版トレヴァー・レッチャー編（アムステルダム、エルゼビア出版、２０１５年刊）に収録された〝南極海氷の変化とその意味——氷の年間サイクルとその変化〟に加筆したものだ。

Realities of Now. www.apollogaia.org.
2 Emmerson, C. and G. Lahn (2012), *Arctic Opening: Opportunity and Risk in the High North*. London: Chatham House/Lloyd's Risk Report. www.chathamhouse.org/publications/papers/view/182839.
3 International Monetary Fund (2013), *World Economic Outlook, April 13*. New York: I M F.
4 Ibid.
5 演説全文はマーガレット・サッチャー財団のウェブサイト www.margaretthatcher. に掲載されている。
6 Houghton, J. T., G. J. Jenkins and J. J. Ephraums (eds.) (1990), *Climate Change*. The IPCC Scientific Assessment. Cambridge: Cambridge University Press.
7 Oreskes, N. and E. M. Conway (2010), *Merchants of Doubt: How a Handful of Scientists Obscured the Truth on Issues from Tobacco Smoke to Global Warming*. London: Bloomsbury Press.
8 Bowen, M. (2008), *Censoring Science: Inside the Political Attack on Dr. James Hansen and the Truth of Global Warming*. New York: Dutton Books.
9 Wadhams, P. (2015), New roles for underwater technology in the fight against catastrophic climate change. *Underwater Technology*, 33 (1),1-2.
10 Merry, S. (2016), Outlook for the wave and tidal stream industry in the UK . *Underwater Technology*, 33 (3), 139-40.
11 Huskinson, B., M. P. Marshak, C. Suh, E. Süleyman, M. R. Gerhardt, C. J. Galvin, X. Chn, A. Asparu-Guzik, R. G. Gordon and M. J. Aziz (2014), A metal-free organic-inorganic aqueous flow battery. *Nature*, 505, 195-8; Lin, K. et al. (2015), Alkaline quinone flow battery. Science, 349, 1529.
12 Martin, R. (2012), *Superfuel. Thorium, the Green Energy Source for the Future*. London: Palgrave Macmillan.

chances? http://mahb.stanford.edu/blog/collapse-whats-happening-to-our-chances?
2 UN(2015), *World Population Prospects, the I Revision.* New York: United Nations Population Division, Department of Economic and Social Affairs.
3 Meadows, D. H, D. L. Meadows, J. Randers and W. W. Behrens I I I (1972), *The Limits to Growth.* Universe Books.
4 MacKay, Sir David J. C. (2009), *Sustainable Energy - Without the Hot Air.* U I T Cambridge Ltd. Available for download, www.withouthotair.com.
5 Paterson, Owen. The State of Nature: Environment Question Time Conservative Party fringe, Manchester, 29 September 2013.
6 Royal Society (2009), *Geoengineering the Climate: Science, Governance and Uncertainty.* London: Royal Society.
7 Latham, J. (1990), Control of global warming? *Nature,* 347, 339-40.
8 Salter, S., G. Sortino and J. Latham (2008), Sea-going hardware for the cloud albedo method of reversing global warming. *Philosophical Transactions of the Royal Society,* A366, 3989-4006.
9 Latham, J., A. Gadian, J. Fournier, B. Parkes, P. Wadhams and J. Chen (2014), Marine cloud brightening: regional applications. *Philosophical Transactions of the Royal Society,* A372, 20140053.
10 Rasch, P., J. Latham and C-C. Chen (2009), Geoengineering by cloud seeding: influence on sea ice and climate system. *Environmental Research Letters,* 4, 045112, doi:10.1088/1748-9326/4/4/045112.
11 Rignot, E., J. Mouginot, M. Morlinghem, H. Senussi and B. Scheuchi (2014), Widespread, rapid grounding line retreat of Pine Island, Thwaites, Smith and Kohler Glaciers, West Antarctica, from 1992 to 2011. *Geophysical Research Letters,* 41, 3502-9, doi:10.1002/2014GL060140.
12 Jackson, L. S., J. A. Crook, A. Jarvis, D. Leedal, A. Ridgwell, N. Vaughan and P. M. Forster (2014), Assessing the controllability of Arctic sea ice extent by sulphate aerosol geoengineering. *Geophysical Research Letters,* 42, 1223-31, doi:10.1002/2014GL 062240.
13 Crutzen, P. J. (2006), Albedo enhancement by stratospheric sulfur injections: a contribution to resolve a policy dilemma? *Climatic Change,* 77, 211-20.
14 Xia, L., A. Robock, S. Tilmes and R. R. Neely I I I (2016), Stratospheric sulfate engineering could enhance the terrestrial photosynthesis rate. *Atmospheric Chemistry and Physics,* 16, 1479-89.
15 Williamson, P. (2016), Emissions reduction: scrutinize CO2 methods. *Nature,* 530, 153-5.
16 Halter, R. (2011), *The Insatiable Bark Beetle.* Victoria BC: Rocky Mountain Books.

第14章　戦闘準備だ

1 Wasdell, D. (2015), *Facing the Harsh*

and D. T. Shindell (2009), Warming of the Antarctic ice-sheet surface since the 1957 International Geophysical Year. *Nature,* 457, 459-62.

14 Bromwich et al. (2013), Central West Antarctica among the most rapidly warming regions on Earth.

15 Maksym, T., S. E. Stammerjohn, S. Ackley and R. Massom (2012), Antarctic sea ice - a polar opposite? *Oceanography,* 25, 140-51.

16 Zwally, H. J. and P. Gloersen (1977), Passive microwave images of the polar regions and research applications. *Polar Record*, 18, 431-50; Steig et al. (2009), Warming of the Antarctic ice-sheet surface.

17 Bagriantsev, N. V., A. L. Gordon and B. A. Huber (1989), Weddell Gyre - temperature maximum stratum. *Journal of Geophysical Research*, 94, 8331-4; Gordon, A. L. and B. A. Huber (1990), Southern ocean winter mixed layer. *Journal of Geophysical Research,* 95, 11655-72.

18 https://nsidc.org/data/seaice_index/archives

19 Zhang, J. (2014), Modeling the impact of wind intensification on Antarctic sea ice volume. *Journal of Climate,* 27, 202-14.

20 Jacobs, S., A. Jenkins, H. Hellmer, C. Giulivi, F. Nitsche, B. Huber and R. Guerrero (2012), The Amundsen Sea and the Antarctic ice sheet. *Oceanography,* 25, 154-63.

21 Mengel, M. and A. Levemann (2014), Ice plug prevents irreversible discharge from East Antarctica. *Nature Climate Change*, 4, 451- 5, doi:10.1038.

22 Peterson, R. G. and W. B. White (1998), Slow oceanic teleconnections linking the Antarctic Circumpolar Wave with the tropical El Niño-Southern Oscillation. *Journal of Geophysical Research*, 103, 24573-83.

23 Comiso J. C., R. Kwok, S. Martin and A. L. Gordon (2011), Variability and trends in sea ice extent and ice production in the Ross Sea. *Journal of Geophysical Research*, 116, C04021, doi:10.1029/2010JC 006391.

24 Rind, D., M. Chandler, J. Lerner, D. G. Martinson and X. Yuan (2001), Climate response to basin-specific changes in latitudinal temperature gradients and implications for sea ice variability. *Journal of Geophysical Research*, 106, 20161-73.

25 Wilson, A. B., D. H. Bromwich, K. M. Hines and S.-H. Wang (2014), El Niño flavors and their simulated impacts on atmospheric circulation in the high-southern latitudes. *Journal of Climate,* 27, 8934-55, doi:10.1175/JC L I-D-14-00296.1.

26 Francis, J. A. and S. J. Vavrus (2012), Evidence linking Arctic amplification to extreme weather in mid-latitudes. *Geophysical Research Letters*, 39, L06801, doi:.10.1029/2012GL 051000.

27 Whiteman, G., C. Hope and P. Wadhams (2013), Vast costs of Arctic change. *Nature*, 499, 401-3.

第13章　地球の現状

1 Ehrlich, P. R. and A. H. Ehrlich (2014), Collapse: what's happening to our

K. Våge and R. S. Pickart (2012), Convective mixing in the central Irminger Sea: 2002-2010. *Deep-Sea Research*, I, 63, 36-51.

第12章 南極では なにが起こっているのか

1 ウェブサイト https://nsidc.org/data/seaice_index/archives を参照。

2 Rignot, E., J. L. Bamber, M. R. van den Broeke, C. Davis, Y. Li, W. J. van de Berg and E. van Meijgaard (2008), Recent Antarctic ice mass loss from radar interferometry and regional climate modelling. *Nature Geoscience*, 1 (2), 106-10.

3 Wadhams, P., M. A. Lange and S. F. Ackley (1987), The ice thickness distribution across the Atlantic sector of the Antarctic Ocean in midwinter. *Journal of Geophysical Research*, 92 (C13), 14535-52; Lange, M. A., S. F. Ackley, P. Wadhams, G. S. Dieckmann and H. Eicken (1989), Development of sea ice in the Weddell Sea Antarctica. Annals of Glaciology, 12, 92-6.

4 Wadhams et al. (1987), The ice thickness distribution across the Atlantic sector of the Antarctic Ocean in midwinter.

5 Ibid.

6 Wadhams, P. and D. R. Crane (1991), SPR I participation in the Winter Weddell Gyre Study 1989. *Polar Record*, 27 (160), 29-38.

7 Ackley, S. F., V. I. Lytle, B. Elder and D. Bell (1992), Sea-ice investigations on Ice Station Weddell. 1: ice dynamics. *Antarctic Journal of the US*, 27, 111-13.

8 Hellmer, H. H., M. Schröder, C. Haas, G. S. Dieckmann and M. Spindler (2008), Ice Station Polarstern (ISPOL). *Deep-Sea Research* II, 55, 8-9.

9 Massom, R. A., H. Eicken, C. Haas, M. O. Jeffries, M. R. Drinkwater, M. Sturm, A. P. Worby, X. Wu, V. I. Lytle, S. Ushio, K. Morris, P. A. Reid, S. G. Warren and I. Allison (2001), Snow on Antarctic sea ice. *Reviews of Geophysics*, 39, 413-45; Eicken, H., M. A. Lange, H.-W. Hubberten and P. Wadhams (1994), Characteristics and distribution patterns of snow and meteoric ice in the Weddell Sea and their contribution to the mass balance of sea ice. *Annals of Geophysics*, 12, 80-93.

10 Parkinson, C. L. and D. J. Cavalieri (2012), Antarctic sea ice variability and trends, 1979-2010, *The Cryosphere*, 6, 871-80, doi:10.5194/tc-6-871-2012.

11 Zwally, H. J., J. C. Comiso, C. L. Parkinson, W. J. Campbell, F. D. Carsey and P. Gloersen (1983), *Antarctic Sea Ice 1973-1976: Satellite Passive Microwave Observations*. Washington, DC: NASA, Rept. SP-459.

12 Bromwich, D. H., J. P. Nicolas, A. J. Monaghan, M. A. Lazzara, L. M. Keller, G. A. Weidne and A. B. Wilson (2013), Central West Antarctica among the most rapidly warming regions on Earth. Southern ocean winter mixed layer. *Nature Geoscience*, 6, 139-45.

13 Steig, E. J., D. P. Schneider, S. D. Rutherford, M. E. Mann, J. C. Comiso

(2013), Arctic sea-ice reduction and extreme climate events over the Mediterranean region. *Journal of Climate*, 26, 10101-10, doi:10.1175/JC L I-D-12-00697.1.

10 Wu, B., D. Handorf, K. Dethloff, A. Rinke and A. Hu (2013), Winter weather patterns over northern Eurasia and Arctic sea ice loss. *Monthly Weather Review*, 141, 3786-800, doi:10.1175/M W R-D-13-00046.1.

11 Wilkins, Sir Hubert (1928), *Flying the Arctic*. New York: Grosset and Dunlap.

12 Haberl, H., D. Sprinz, M. Bonazountas, P. Cocco, Y. Desaubies, M. Henze, O. Hertel, R. K. Johnson, U. Kastrup, P. Laconte, E. Lange, P. Novak, I. Paavolam, A. Reenberg, S. van den Hove, T. Vermeire, P. Wadhams and T. Searchinger (2012), Correcting a fundamental error in greenhouse gas accounting related to bioenergy. *Energy Policy*, 45, 18-23.

13 Arnell, N. W. and B. Lloyd-Hughes (2014), The global-scale impacts of climate change on water resources and flooding under new climate and socio-economic scenarios. *Climatic Change*, 122, 1-2, 127-40, doi: 10.1007/s10584-013-0948-4.

第11章　チムニーの知られざる性質

1 Marshall, J. and F. Schott (1999), Open-ocean convection: observations, theory and ideas. *Reviews of Geophysics*, 37, 1-63.

2 Scoresby, William Jr (1820), *An Account of the Arctic Regions With a History and Description of the Greenland Whale-Fishery*. 2 vols. London: Constable (reprinted 1968, David and Charles, Newton Abbot).

3 Wilkinson, J. P. and P. Wadhams (2003), A salt flux model for salinity change through ice production in the Greenland Sea, and its relationship to winter convection. *Journal of Geophysical Research*, 108 (C5), 3147, doi:10.1029/2001JC 001099.

4 M E DOC Group (1970), Observations of formation of deep-water in the Mediterranean Sea, 1969. *Nature*, 227, 1037-40.

5 Wadhams, P., J. Holfort, E. Hansen and J. P. Wilkinson (2002), A deep convective chimney in the winter Greenland Sea. *Geophysical Research Letters*, 29 (10), doi:10.1029/2001GL 014306.

6 Budéus, G., B. Cisewski, S. Ronski, D. Dietrich and M. Weitere (2004), Structure and effects of a long lived vortex in the Greenland Sea. *Geophysical Research Letters*, 31, L053404, doi:10.1029/2003 62 017983.

7 Wadhams, P., G. Budéus, J. P. Wilkinson, T. Loyning and V. Pavlov (2004), The multi-year development of long-lived convective chimneys in the Greenland Sea. *Geophysical Research Letters*, 31, L06306, doi:10.1029/2003GL 019017.

8 Wadhams, P. (2004), Convective chimneys in the Greenland Sea: a review of recent observations. *Oceanography and Marine Biology*. An Annual Review, 42, 1-28.

9 De Jong, M. F., H. M. Van Aken,

why the estimates from PAGE 09 are higher than those from PAGE2002. *Climatic Change*, 117, 531-43.

7 Stern, Sir Nicholas (2006), *The Economics of Climate Change*. London: H M Treasury.

8 Overduin, P. P., S. Liebner, C. Knoblauch, F. Günther, S. Wetterich, L. Schirrmeister, H. W. Hubberten and M. N. Grigoriev (2015), Methane oxidation following submarine permafrost degradation: Measurements from a central Laptev Sea shelf borehole. *Journal of Geophysical Research. Biogeosciences*, 120, 965-78, doi:10.1002/2014JG 002862.

9 Janout, M., J. Hölemann, B. Juhls, T. Krumpen, B. Rabe, D. Bauch, C. Wegner, H. Kassens and L. Timokhov (2016), Episodic warming of near bottom waters under the Arctic sea ice on the central Laptev Sea shelf. *Geophysical Research Letters, January* 2016, doi: 10.1002/2015GL 066565.

10 Nicolsky, D. J., V. E. Romanovsky, N. N. Romanovskii, A. L. Kholodov, N. E. Shakhova and I. P. Semiletov (2012), Modeling sub-sea permafrost in the East Siberian Arctic shelf: The Laptev Sea region. *Journal of Geophysical Research*, 117, F03028, doi:10.1029/2012 JF002358.

第10章　異様な気象

1 Francis, J. A. and S. J. Vavrus (2012), Evidence linking Arctic amplification to extreme weather in mid-latitudes. *Geophysical Research Letters*, 39, L06801, doi:.10.1029/2012GL 051000.

2 Overland, J. E. (2016), A difficult Arctic science issue: mid-latitude weather linkages. *Polar Science* 10(3),312-22

3 National Academy of Sciences (2014), *Linkages Between Arctic Warming and Mid-Latitude Weather Patterns*. Washington, DC: National Academies Press.

4 Cohen, J., J. A. Screen, J. C. Furtado, M. Barlow, D. Whittleston, D. Coumou, J. Francis, K. Dethloff, D. Entekhabi, J. Overland and J. Jones (2014), Recent Arctic amplification and extreme mid-latitude weather. *Nature Geoscience*, 7 (9), 627-37, doi:10.1038/ngeo2234.

5 Ghatak, D., A. Frei, G. Gong, J. Stroeve and D. Robinson (2012), On the emergence of an Arctic amplification signal in terrestrial Arctic snow extent. *Journal of Geophysical Research*, 115, D24105.

6 Overland, J. E. and M. Wang (2010), Large-scale atmospheric circulation changes are associated with the recent loss of Arctic sea ice. *Tellus A*, 62, 1-9.

7 Liu, J., C. A. Curry, H. Wang, M. Song and R. M. Horton (2012), Impact of declining Arctic sea ice on winter snowfall. *Proceedings of the National Academy of Sciences*, 109, 4074-9, doi: 10.1073/pnas.1114910109.

8 Screen, J. A. and I. Simmonds (2013), Exploring links between Arctic amplification and mid-latitude weather. *Geophysical Research Letters*, 40, 959-64, doi: 10.1002/grl.50174.

9 Grassi, B., G. Redaelli and G. Visconti

Research, 76 (6), 1550-75.
2 Perovich, D. K. and C. Polashenski (2012), Albedo evolution of seasonal Arctic sea ice. *Geophysical Research Letters,* 39 (8), doi:10.1029/2012GL 051432.
3 Pistone, K., I. Eisenman and V. Ramanathan (2014), Observational determination of albedo decrease caused by vanishing Arctic sea ice. *Proceedings of the National Academy of Sciences*, 111 (9), 3322-6.
4 Rignot, E. and P. Kanagaratnam (2006), Changes in the velocity structure of the Greenland ice sheet. *Science,* 311 (5763), 986-90.
5 McMillan, M., A. Shepherd, A. Sundal, K. Briggs, A. Muir, A. Ridout, A. Hogg and D. Wingham (2014), Increased ice losses from Antarctica detected by CryoSat-2. *Geophysical Research Letters,* 41, 3899-905.
6 Wadhams, P. and W. Munk (2004), Ocean freshening, sea level rising, sea ice melting. *Geophysical Research Letters*, 31, L11311, doi:101029/2004GLO20039.
7 Quinn, P. K., A. Stohl, A. Arneth, T. Berntsen, J. F. Burkhart, J. Christensen, M. Flanner, K. Kupiainen, H. Lihavainen, M. Shepherd, V.Shevchenko, H. Skov and V. Vestreng (Arctic Monitoring and Assessment Programme (AMAP)) (2011), *The Impact of Black Carbon on Arctic Climate*. Oslo: Arctic Monitoring and Assessment Programme(AMAP).

第９章　北極のメタンガス

1 Westbrook, G. K. et al. (2009), Escape of methane gas from the seabed along the West Spitsbergen continental margin. *Geophysical Research Letters,* 36 (15), doi: 10.1029/2009GL 039191.
2 Shakhova, N., I. Semiletov, A. Salyk and V. Yusupov, (2010), Extensive methane venting to the atmosphere from sediments of the East Siberian Arctic Shelf. *Science*, 327, 1246.
3 Dmitrenko, I. A., S. A. Kirillov, L. B. Tremblay, H. Kassens, O. A. Anisimov, S. A. Lavrov, S. O. Razumov and M. N. Grigoriev (2011), Recent changes in shelf hydrography in the Siberian Arctic: Potential for subsea permafrost instability. *Journal of Geophysical Research,* 116, C10027, doi:10.1029/2011JC 007218.
4 Shakhova, N., I. Semiletov, I. Leifer, V. Sergienko, A. Salyuk, D. Kosmach, D. Chernykh, C. Stubbs, D. Nicolsky, V. Tumskoy and Ö Gustafsson (2013), Ebullition and storm induced methane release from the East Siberian Arctic Shelf. *Nature Geoscience*, 7, doi: 0.1038/ NGEO2007; Frederick, J. M. and B. A. Buffett (2014), Taliks in relict submarine permafrost and methane hydrate deposits: Pathways for gas escape under present and future conditions. *Journal of Geophysical Research Earth Surface*, 119, 106-22, doi:10.1002/2013J F002987.
5 Whiteman, G., C. Hope and P. Wadhams (2013), Vast costs of Arctic change. *Nature*, 499, 401-3.
6 Hope, C. (2013), Critical issues for the calculation of the social cost of CO2:

Cliffs: Prentice-Hall, pp. 235-45.
14 Wadhams, P. (1978), Wave decay in the marginal ice zone measured from a submarine. *Deep-Sea Research*, 25 (1), 23-40.
15 MIZEXGroup (33 authors, inc. P. Wadhams) (1986), MIZEX East: The summer marginal ice zone program in the Fram Strait/Greenland Sea. EOS , *Transactions of the American Geophysical Union*, 67 (23), 513-17.

第7章　北極の海氷の未来

1 Laxon, S. W. et al. (2013), CryoSat-2 estimates of Arctic sea ice thickness and volume. *Geophysical Research Letters*, 40, 732-7.
2 Rothrock, D. A., D. B. Percival and M. Wensnahan (2008), The decline in Arctic sea-ice thickness: separating the spatial, annual and interannual variability in a quarter century of submarine data. *Journal of Geophysical Research Oceans*, 113, C05003.
3 Kwok, R. (2009), Outflow of Arctic Ocean sea ice into the Greenland and Barents Seas: 1979-2007. *Journal of Climate*, 22, 2438-57; Polyakov, I. V., J. Walsh and R. Kwok (2012), Recent changes of Arctic multiyear sea-ice coverage and the likely causes. *Bulletin of the American Meteorological Society*, doi: 10.1175/BAMS-D-11-00070.1.
4 Tietsche, S., D. Notz, J. H. Jungclaus and J. Marotzke (2011), Recovery mechanisms of Arctic summer sea ice. *Geophysical Research Letters*, 38, L02707.
5 I PCC (2013), *Climate Change I3. The Physical Science Basis. Working Group I Contribution to the Fifth Assessment Report of the Intergovernmental Panel on Climate Change. Summary for Policymakers. Cambridge*: Cambridge University Press, p. 21.
6 Wadhams, P. (2014), The 'Hudson-70' Voyage of Discovery: First Circumnavigation of the Americas. In D. N. Nettleship, D. C. Gordon, C. F. M. Lewis and M. P. Latremouille, *Voyage of Discovery, Fifty Years of Marine Research at Canada's Bedford Institute of Oceanography.* Dartmouth: BIO-Oceans Association, pp. 21-8.
7 Humpert, M. (2014), Arctic Shipping: an analysis of the 2013 Northern Sea Route season. *Arctic Yearbook* 20I4, Calgary: Arctic Institute of North America. See also Arctic Council (2009), *Arctic Marine Shipping Assessment 2009 Report.*
8 National Research Council of the National Academies (2014), *Responding to Oil Spills in the U. S. Arctic Marine Environment.* Washington, DC: National Academies Press.
9 Wadhams, P. (1976), Oil and ice in the Beaufort Sea. *Polar Record*, 18(114), 237-50.

第8章　北極のフィードバックの促進効果

1 Maykut, G. A. and N. Untersteiner (1971), Some results from a timedependent thermodynamic model of Arctic sea ice. *Journal of Geophysical*

(1975), Chlorofluoromethanes in the environment. *Reviews of Geophysics and Space Physics*, 13, 1-35.
7 Wasdell, D. (2015), *Facing the Harsh Realities of Now*. www.apollogaia.org.
8 Screen, J. A. and I. Simmonds (2010), The central role of diminishing sea ice in recent Arctic temperature amplification. *Nature*, 464, 1334-7.

第６章　海氷溶解がまた始まった

1 Scoresby, William Jr (1820), *An Account of the Arctic Regions With a History and Description of the Greenland Whale-Fishery*. 2 vols. London: Constable (reprinted 1968, David and Charles, Newton Abbot).
2 Kelly, P. M. (1979), An Arctic sea ice data set 1901-1956. *Glaciological Data*, 5, 101-6, World Data Center for Glaciology, Boulder, CO.
3 Parkinson, C. L., J. C. Comiso, H. J. Zwally, D. J. Cavalieri, P. Gloersen and W. J. Campbell (1987), *Arctic Sea Ice, 1973-1976: Satellite Passive-Microwave Observations*. Washington, DC: National Aeronautics and Space Administration, SP-489.
4 Wadhams, P. (1981), Sea-ice topography of the Arctic Ocean in the region 70° W to 25° E. *Philosophical Transactions of the Royal Society*, London, A302 (1464), 45-85; Comiso, J. C., P. Wadhams, W. B. Krabill, R. N. Swift, J. P. Crawford and W. B. Tucker (1991), Top/bottom multisensor remote sensing of Arctic sea ice. *Journal of Geophysical Research*, 96 (C2), 2693-709.
5 Wadhams, P. (1990), Evidence for thinning of the Arctic ice cover north of Greenland. *Nature*, 345, 795-7.
6 Rothrock, D. A., Y. Yu and G. A. Maykut (1999), Thinning of the Arctic sea-ice cover. *Geophysical Research Letters*, 26, 3469-72.
7 Wadhams, P. and N. R. Davis (2000), Further evidence of ice thinning in the Arctic Ocean. *Geophysical Research Letters*, 27, 3973-5.
8 Polyakov, I. V., J. Walsh and R. Kwok (2012), Recent changes of Arctic multiyear sea-ice coverage and the likely causes. *Bulletin of the American Meteorological Society*, doi: 10.1175/BA M S-D-11-00070.1.
9 Morello, S. (2013), Summer storms bolster Arctic ice. *Nature*, 500, 512.
10 Parkinson, C. L. and J. C. Comiso (2013), On the 2012 record low Arctic sea ice cover. Combined impact of preconditioning and an August storm. *Geophysical Research Letters*, 40, 1-6.
11 Zhang, J., R. Lindsay, A. Schweiger and M. Steele (2013), The impact of an intense summer cyclone on 2012 Arctic sea ice extent. *Geophysical Research Letters*, 40 (4), 720-26.
12 Maslowski, W., J. C. Kinney, M. Higgins and A. Roberts (2012), The future of Arctic sea ice. *Annual Reviews of Earth and Planetary Science*, 40, 625-54.
13 Macovsky, M. L. and G. Mechlin (1963), A proposed technique for obtaining directional wave spectra by an array of inverted fathometers. In *Ocean Wave Spectra*, Proceedings of a Conference held at Easton, Maryland, 1-4 May 1961. Englewood

めてスノーボール・アースという言葉を使った(1992年)。続いてスノーボール・アース説にP・F・ホフマン、A・J・コーフマン、G・P・ハーヴァーソン、D・P・シュレッグという強力な推進者が現れた(1998年)。

2 Turco, R. P., O. B. Toon, T. P. Ackerman, J. B. Pollack and Carl Sagan (1983), Nuclear Winter: Global consequences of multiple nuclear explosions. *Science*, 222 (4630), 1283-92.

第4章　現代の氷期のサイクル

1 Stothers, R. B. (1984), The Great Tambora eruption in 1815 and its aftermath. *Science*, 224 (4654), 1191-8.

2 Croll, J. (1875), *Climate and Time in their Geological Relations; a Theory of Secular Changes of the Earth's Climate*. Reprinted 2013 by Cambridge University Press, Cambridge Library Collection.

3 Wasdell, D. (2015), *Facing the Harsh Realities of Now*. www.apollogaia.org.

4 Mann, M. E., R. S. Bradley and M. K. Hughes (1999), Northern hemisphere temperatures during the past millennium: inferences, uncertainties and limitations. *Geophysical Research Letters*, 26, 759-62.

5 Arenson, S. (1990), *The Encircled Sea. The Mediterranean Maritime Civilisation*. London: Constable.

6 Tzedakis, P. C., J. E. T. Charnell, D. A. Hodell, H. F. Kleinen and L. C. Skinner (2012), Determining the natural length of the current interglacial. *Nature Geoscience*, doi:10.1038/ngeo1358.

7 Ganopolski, A., R. Winkelmann and H. J. Schellnhuber (2016), Critical insolatio -CO2 relation for diagnosing past and future glacial inception. *Nature*, doi:10.1038/nature 16494.

第5章　温室効果

1 Houghton, Sir John (2015), *Global Warming: The Complete Briefing*, 5th edn. Cambridge: Cambridge University Press.

2 Arrhenius, S. (1896), On the influence of carbonic acid in the air upon the temperature of the ground. *Philosophical Magazine and Journal of Science*, 41, 237-76.

3 Wasdell, D. (2014), *Sensitivity and the Carbon Budget: The Ultimate Challenge of Climate Science*. www.apollo-gaia.org.

4 Farman, J. C., B. G. Gardiner and J. D. Shanklin (1985), Large losses of total ozone in Antarctica reveal seasonal ClOx/NOx interaction. *Nature*, 315, 207-10.

5 Norval, M., R. M. Lucas, A. P. Cullen, F. R. de Grulil, J. Longstreth, Y. Takizawa and J. C. van der Leun (2011), The human health effects of ozone depletion and interactions with climate change. *Photochem. Photobiol. Sci.*, 10 (2), 199-225.

6 Molina, M. J. and F. S. Rowland (1974), Stratospheric sink for chlorofluoromethanes: chlorine atom-catalysed destruction of ozone. Nature, 249, 810-12. There is a more complete account in Rowland, F. S. and M. J. Molina

出典及び参考文献

第1章　はじめに

1 Wadhams, P. (1990), Evidence for thinning of the Arctic ice cover north of Greenland. *Nature*, 345, 795-7.
2 Rothrock, D. A., Y. Yu and G. A. Maykut (1999), Thinning of the Arctic sea-ice cover. *Geophysical Research Letters*, 26, 3469-72; Wadhams, P. and N. R. Davis (2000), Further evidence of ice thinning in the Arctic Ocean. Geophysical Research Letters, 27, 3973-5.
3 Wadhams, P. (2009), *The Great Ocean of Truth*. Ely: Melrose Books.
4 Headland, R. K. (2016), Transits of the Northwest Passage to end of the 2013 navigation season. Atlantic Ocean - Arctic Ocean - Pacific Ocean. *Il Polo*, 71 (3), in press.
5 Rothrock, et al., Thinning of the Arctic sea-ice cover.
6 2008年9月17日、M・セレズはナショナル・ジオグラフィック・ニュースに「海氷は死のスパイラルを描いており、夏期の海氷は今後数10年のうちに消滅すると予想される」と語った。2010年9月9日、M・セレズは温暖化の進行について「北極海氷は回復傾向にあり、厚さも増していると主張する団体もいくつかあるが、それはまったく事実と異なる。北極海氷はいまも死のスパイラルを描いて減りつづけている」と発表した。

第2章　氷、驚異の結晶

1 Pauling, L. (1935), The structure and entropy of ice and other crystals with some randomness of atomic arrangement. *Journal of the American Chemical Society*, 57, 2680-84.
2 Hobbs, P. V. (1974), *Ice Physics*. Oxford: Clarendon Press. See also Petrenko, V. F. and R. W. Whitworth (1999), *Physics of Ice*. Oxford: Oxford University Press; Chaplin, M. (2016), Water structure and science. www.lsbu.ac.uk/water/ice_phases.html.
3 Weeks, W. F. and S. F. Ackley (1986), The growth, structure and properties of sea ice. In Norbert Untersteiner, ed., *The Geophysics of Sea Ice*, New York: Plenum, pp. 9-164.
4 Woodworth-Lynas, C. and J. Y. Guigné (2003), Ice keel scour marks on Mars: evidence for floating and grounding ice floes in Kasei Valles. *Oceanography*, 16 (4), 90-97.

第3章　地球の氷の歴史

1 J・L・カーシュヴィングは短い論文で初

【カバー写真】© Severin Sadjina /500px/amanaimages

【著者】ピーター・ワダムズ（Peter Wadhams）

1948年生まれ。1987年〜92年、ケンブリッジ大学スコット極地研究所所長、92年〜2015年、同大学海洋物理学教授。日本の国立極地研究所、米国の海軍大学院、ワシントン大学等での客員教授も務める。W・S・ブルースメダル、極地メダル受賞。王立地理学会のフェロー、フィンランドアカデミーのメンバーでもある。

【日本語版監修】榎本浩之（えのもと・ひろゆき）

北海道大学工学部卒業、筑波大学大学院環境科学研究科、スイス国立工科大学大学院地球科学研究科修了。国立極地研究所副所長（教授）、国際北極環境研究センター長。理学博士（極地気候学）。共著書に『大気水圏科学からみた地球温暖化』（1996年、名古屋大学出版会）、『地球温暖化はどこまで解明されたか』（小池勲夫編、2006年、丸善）、『北極読本』（2015年、盛山堂）、『南極大陸大紀行』（2017年、盛山堂）など。

【訳者】武藤崇恵（むとう・たかえ）

英米翻訳家。主な訳書にワイルド『ミステリ・ウィークエンド』、バークリー『ロジャー・シェリンガムとヴェインの謎』『パニック・パーティ』、モンゴメリー『スーザン・ボイル 夢かなって』（共訳）、アボット『処刑と拷問の事典』（共訳）など多数。

A FAREWELL TO ICE
by Peter Wadhams

北極《ほっきょく》がなくなる日《ひ》

●

2017年11月27日　第1刷

著者…………ピーター・ワダムズ

日本語版監修…………榎本浩之《えのもとひろゆき》

訳者…………武藤崇恵《むとうたかえ》

装幀…………伊藤滋章

発行者…………成瀬雅人

発行所…………株式会社原書房

〒160-0022 東京都新宿区新宿 1-25-13
電話・代表 03（3354）0685
http://www.harashobo.co.jp
振替・00150-6-151594

印刷…………新灯印刷株式会社

製本…………東京美術紙工協業組合

ISBN978-4-562-05444-2, Printed in Japan